U0736344

大学物理实验

方立新　主编

中国海洋大学出版社
·青岛·

图书在版编目（CIP）数据

大学物理实验/方立新主编. —青岛：中国海洋
大学出版社，2017.7（2025.1重印）
ISBN 978-7-5670-1536-4

Ⅰ.①大…　Ⅱ.①方…　Ⅲ.①物理学—实验—高等学
校—教材　Ⅳ.①O4-33

中国版本图书馆 CIP 数据核字（2017）第 201344 号

出版发行	中国海洋大学出版社		
社　　址	青岛市香港东路 23 号		
邮政编码	266071		
出 版 人	杨立敏		
网　　址	http://www.ouc-press.com		
电子信箱	2586345806@qq.com		
订购电话	0532-82032573（传真）		
责任编辑	矫恒鹏	电　话	0532-85902349
印　　制	日照报业印刷有限公司		
版　　次	2017 年 8 月第 1 版		
印　　次	2025 年 1 月第 7 次印刷		
成品尺寸	185 mm×260 mm		
印　　张	16.75		
字　　数	387 千		
印　　数	9 901～10 900		
定　　价	39.00 元		

编委会

前　言

　　大学物理实验作为一门实践性课程,是理工科学生在本科阶段所必修的公共基础课。在提倡素质教育、培养工程应用型人才的今天,大学物理实验课程有着不可替代的重要地位。

　　教材是教学的基本依据。本书是在王金城、方立新等编写的《大学物理实验》)(2011年版)基础上,结合实验仪器的更新换代、实验方法的改进,并总结了7年来所发现的问题修改、编写而成。为了能通过强化课前预习的质量,提高实验课上的效率和效果,新加了"预习导读"章节的内容。本着"传授物理知识、培养科学精神、训练实践技能、鼓励探索创新"的教学理念,新教材仍然将实验分为力学和热学、电磁学、光学三类,共包含了32个实验,可根据学生专业和学时的不同进行选择。

　　本书在编写、修改过程中得到物理实验教学中心的各位同仁,尤其是李冬萍、姜永清、赵培刚、栾晓宁、徐炳明等老师的支持和帮助。特别要感谢元光教授的大力支持和所给出的建设性意见。

　　实验教学的探索是一个精益求精、永无止境的任务,所以教材的编写也是一个不断改进、完善的过程。由于大学物理实验内容较丰富,涉及的知识点较多,限于编者水平,疏漏不足之处难免,恳请读者、师友指正。

编　者

2017年6月

目　次

第 5 章　光学实验

第 6 章　实验预习导读

附录

参考文献

绪　论

物理学是工程技术学科的理论基础,它本质上是一门实验科学。物理规律的发现和物理理论的建立,都必须以严格的科学实验为基础,并为以后的科学实验所验证,物理学的发展是在实验和理论两方面相互推动和密切配合下进行的。

在物理学史上,16 世纪意大利物理学家伽利略首先摒弃了形而上学的空洞的思辨,代之以注重观察、勤于实验,并把物理实验作为物理学理论的基础、依据和发展物理学必不可少的手段,从而使物理学走上真正的科学道路。在物理学发展史上,这方面的例子不胜枚举。如对光的本性认识中,牛顿倡导的微粒说和惠更斯主张的波动说进行了一个多世纪的争论,孰是孰非,莫衷一是。最后托马斯·杨在 1800 年发表了双缝干涉实验,结果才使波动说得到了确认。然而,到了 19 世纪末 20 世纪初,由于光电效应实验又揭示了光的粒子性,从而使人们认识到光具有波粒二象性。又如 19 世纪初,多数物理学家对光和电磁波的传播不需要媒质的观点是不能接受的,因此假设宇宙空间存在着一种称之为"以太"的媒质,它具有许多异常而又不合理的特性。正是在这种情况下,迈克尔逊和莫雷合作,用干涉仪进行了有名的"以太风"实验,实验的"零结果"否定了"以太"的存在。

物理实验也是推动科学技术发展的有力工具。20 世纪科学技术,如现代的核技术是建立在铀、钍和镭等元素天然放射性的发现、α 粒子散射实验、重核裂变和核的链式反应的实现等物理实验基础之上的,才有后来的原子弹、氢弹的爆炸,核电站的建立。激光技术,如激光通讯、激光熔炼、激光切割、激光钻孔、激光全息术、激光外科手术和激光武器等几乎都是从物理实验室中走出来的。而信息技术则是在量子力学和固体能带理论的建立与验证的基础上,于 1974 年在物理实验室中研制出晶体管,并发展成现在的大规模集成电路、超大规模集成电路,集成度以每 10 年 1 000 倍的速度增长。可见,现代技术的突破,大多是从实验室中诞生的。

随着物理学的发展,人类积累了丰富的实验思想和实验方法,创造出了各种精密巧妙的仪器设备;同时,用于实验的数学方法以及计算机科学在实验中的应用等,使物理测量技术不断得到发展。这实际上已赋予物理实验以极其丰富的、不同于物理学本身的特有的内容,并逐步形成一门单独开设的具有重要教育价值和教育功能的实验课程。它不仅可以加深对理论的理解,更重要的是能使同学们获得基本的实验知识、技能和科学创新的能力,为今后从事科学研究和工程实践打下扎实的基础。

0.1　物理实验课教学的任务

作为一门独立的基础课程,物理实验具有自身独特的教学内容、教学方法及教学目的。物理实验课程对学生能力和素质的培养不仅包括一般的实验技能,也包括实验过程中发现问题和解决问题的能力、综合分析的能力、创造性思维的能力、总结表达的能力,还包括实验者的科学态度和求是精神,以及爱护实验仪器,节省实验材料的良好品德和科学习惯。这是理论思维能力所不能替代的。物理实验课程的主要任务具体如下。

（1）通过对物理实验现象的观察、测量和分析,学习物理实验知识,理论与实验相互补充,以加深和巩固对物理学一些基本概念和规律的认识和理解。

（2）培养和提高学生的科学实验能力。其中包括：

① 通过阅读教材或资料,做好实验的准备。

② 正确使用基本仪器设备,掌握基本物理量的测量方法和测量技术。

③ 运用物理理论对实验现象进行初步分析判断。

④ 正确记录和处理实验数据、分析实验结果、撰写合格的实验报告。

⑤ 完成简单的具有设计性内容的实验。

（3）培养和提高学生的科学实验素养。要求学生具有对待科学实验一丝不苟的严谨态度,理论联系实际和实事求是的工作作风,勇于探索、创新的精神,以及遵守纪律、团结协作、爱护公物的优良品德。

0.2　物理实验课教学的特点

物理实验课与理论课不同,它的特点是同学们在教师的指导下自己动手,独立或相互协作完成实验任务。一般地,物理实验课的基本程序一般可分为以下 3 个阶段。

1. 课前预习

为了保证在规定的课时内高质量地完成实验课的任务,学生在做实验前必须进行预习。预习时应仔细阅读实验教材,理解教材所叙述的实验原理,明确实验操作的大体步骤,必要时还需查阅有关参考资料,在此基础上写好实验前的预习报告。在预习报告中应简单扼要地叙述实验原理,列出实验所依据的主要公式,作出必要的原理图示(或线路图示),并画好数据记录表格。

物理实验的预习工作是以学生自习为主的,它是学生了解实验和学习实验的第一步,同学们应在思想上引起重视,自觉地抓好这一环节。

2. 课堂实验

课堂实验是实验课的重要环节。开始实验前,要熟悉有关仪器的性能及操作规程,进一步明确本实验的具体要求。做实验时,应按实验步骤和要求,认真调试仪器,仔细观察测量有关的物理量,并正确、如实地记录测量数据填在预习报告的数据记录表格内。此外,还应记录必要的实验条件,仪器编号、规格以及实验现象等。在与他人合作做实验时,应分工协作,各司其职,互相配合。

实验完毕,应将测量的数据记录交给指导教师审阅,经教师认可签字后,整理好仪器方可离开实验室。

3. 完成实验报告

写实验报告是对实验全过程进行总结和深入理解的一个重要步骤。实验报告的书写具体参见第6章第3节内容。

0.3　物理实验课遵守规则

为了保证实验正常进行,以及养成严肃认真的工作作风和良好的实验工作习惯,须遵守下列规则。

(1)参加实验的同学,要遵守纪律,进入实验室后,将背包等物品放在柜子里,按指定座位就座。

(2)动手实验前,应先检查仪器是否齐全,如有缺损,及时报告老师请求补发或调换,不得任意到其他桌上拿取。

(3)实验前要了解本次实验的内容、实验目的和操作步骤,严格遵照老师指导去做实验。

(4)实验必须按步骤进行,仔细观察现象,如实记录数据,周密思考分析,一丝不苟写好实验报告;不得弄虚作假,伪造数据凑答案。

(5)使用电器要严格按操作顺序,在老师许可下才可接通电源,使用完毕立即将电源切断,杜绝违章操作。

(6)实验完毕,应整理好所用仪器。如有损坏及时向老师报告,根据具体情况,追究赔偿责任。

(7)实验室内的一切物品,未经老师许可,不得带出实验室。离席时将凳子摆放整齐,置于实验桌下,并不得大声喧闹。

第1章 测量误差和数据处理

1.1 测量与误差

1.1.1 测量

在物理实验中,不仅要观察物理现象,而且要定量地测量物理量的大小。所谓测量就是采取一定的方法,利用某种仪器将被测量与标准量进行比较,确定被测量的量值。按测量方法可将测量分为两类。

(1) 直接测量(简单测量):直接用计量仪器读出被测量值的测量过程。例如,用直尺测量物体长度、用天平称物体的质量、用秒表测时间、用电流表测电路中的电流强度等。这些由直接测量获得的未经任何处理的数据称作原始数据。

(2) 间接测量(复合测量):多数物理量,不便或不能直接测量。但是我们可以先对可直接测量的相关物理量进行测量,然后依据一定的函数关系,计算出待测的物理量,这称为间接测量。例如,要测量一圆柱体的体积 V,可以先用米尺(或卡尺)对直径 d 和高度 h 进行直接测量,然后根据公式计算出它的体积。

当然一个物理量应直接测量还是间接测量,不是绝对的。要根据所用的仪器和测量方法来定。如上例中的圆柱体投入盛有一定量水的量筒中,从液面的上升即可直接得到体积。

1.1.2 测量误差

测量的目的是要获得待测物理量的真值。所谓真值是指在一定条件下,某物理量客观存在的真实值。但由于测量仪器的局限,理论或测量方法的不完善,实验条件的不理想及观测者欠熟练等原因,所得到的测量值与真值之间总存在着一定的差异,这种差异称为测量误差,简称误差。任何测量都有误差,误差贯穿于测量的全过程。

某一物理量的误差,定义为该量的测量值 x 与真值 μ 之差,即

$$\delta = x - \mu$$

它反映了测量值偏离真值的大小和方向,故又被称为绝对误差。一般来说,真值仅是一个理想的概念。实际测量中,一般只能根据测量值确定测量的最佳值,通常取多次重复测量的平均值作为最佳值。由于真值测不出来,误差又不可避免,所以测量的目的就是,在给定的条件下,求出被测量的最可信赖值,并对它的精确程度给予正确的估计。

在我们的实验中,最可信赖值取多次测量的算术平均值,它是真值的最好近似,也称近似真值。用公式表示为

$$\overline{x} = \frac{1}{n} \sum_{i=1}^{n} x_i$$

由于前边近似真值是采用多次测量的方法得出的,所以误差我们使用平均绝对误差。用公式表示为

$$\overline{\Delta x} = \frac{1}{n} \sum_{i=1}^{n} \Delta x_i = \frac{1}{n} \sum_{i=1}^{n} | x_i - \overline{x} |$$

至此,测量的结果可表示为

$$x = \overline{x} \pm \overline{\Delta x}$$

绝对误差可以评价某一测量的可靠程度,但若要比较两个或两个以上的不同测量结果时,它就无能为力了,这就需要用相对误差来评价测量的优劣。例如,测量两个物体的长度,结果分别为

$$l_1 = (100.00 \pm 0.05)\,\text{cm}$$
$$l_2 = (1.00 \pm 0.05)\,\text{cm}$$

从绝对误差看,对两者的评价是相同的。但前者的误差占测量值的 0.05%,后者则占 5%。显然前者的相对精密度比后者高得多。因此,我们有必要引入相对误差:即

$$E = \frac{\overline{\Delta x}}{\overline{x}} \times 100\%$$

如果被测量有公认值或理论值,还可用"百分差"来表征:

$$E_0 = \frac{|测量值 - 公认值|}{公认值} \times 100\%$$

绝对误差、相对误差和百分差通常只取 $1 \sim 2$ 位数字来表示。

既然测量中的误差是不可避免的,因此实验者应根据实验要求和误差限度来制定或选择合理的测量方案和仪器,分析测量中可能产生的各种误差,尽可能消除其影响,并对测量结果中未能消除的误差做出估计。

1.1.3　误差分类

在物理实验中,根据误差的性质及其来源,我们通常把误差分为系统误差、随机误差和粗大误差 3 大类。

1. 系统误差

实验系统的组成包括:实验仪器、环境、实验的理论和方法以及实验人员。由这四种组成所引起的有规律的误差称之为系统误差。

2. 随机误差

由某些偶然的、不确定的因素所造成的误差称之为随机误差,又称偶然误差。若从一次测量来看,随机误差是随机的,没有确定的规律,也不能预测。但当测量次数足够多时,随机误差遵从一定的统计分布。因此,增加测量的次数,可以明显地减少随机误差。

3. 粗大误差(过失误差)

凡是明显歪曲测量结果,又无法根据测量的客观条件做出合理解释的误差,都称为粗

大误差。产生粗大误差的原因是多方面。主要原因是观测者的缺乏经验,或过于疲劳而造成的,出现测错、读错、记错、算错等测量过失。此外,外界的突发性干扰使实验条件发生不能容许的偏离而未被发现等,也是粗大误差产生的原因。

需要注意的是,系统误差和随机误差之间并不存在绝对的界限。随着对误差性质认识的深化和测试技术的发展,有可能把过去作为随机误差的某些误差分离出来作为系统误差处理,或把某些系统误差当作随机误差来处理。

1.1.4 评价测量的结果

在实验中,常用到精密度、准确度和精确度三个不同的概念来定性地评价测量结果的好坏。

(1)精密度:反映测量结果中随机误差的影响程度。精密度高说明测量数据集中,随机误差小。

(2)准确度:反映测量结果中系统误差的影响程度。准确度高说明测量结果的近似真值与真值非常接近,系统误差小。

(3)精确度:反映测量结果中系统误差和随机误差综合的影响程度。精确度高说明随机误差和系统误差都小。测量数据集中在真值附近。我们希望获得精确度高的测量结果。

在一组测量中,精密度高的准确度不一定高,准确度高的精密度也不一定高,但精确度高,则精密度和准确度都高。

为了进一步说明精密度与准确度的区别,可用下述打靶的例子来说明。如图 1-1-1 所示。

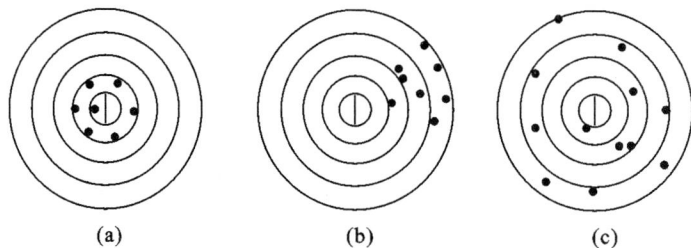

图 1-1-1　精密度和准确度的关系

图 1-1-1(a)中表示精密度和准确度都很好,则精确度高;图 1-1-1(b)表示精密度很好,但准确度却不高;图 1-1-1(c)表示精密度与准确度都不好。在实际测量中没有像靶心那样明确的真值,而是设法去测定这个未知的真值。

学生在实验过程中,往往满足于实验数据的重现性,而忽略了数据测量值的准确程度。绝对真值是不可知的,人们只能订出一些国际标准作为测量仪表准确性的参考标准。随着人类认识运动的推移和发展,可以逐步逼近绝对真值。

1.1.5 测量仪表的精确度

测量仪表的精确等级是用最大引用误差(又称允许误差)来标明的。它等于仪表示值中的最大绝对误差与仪表的量程范围之比的百分数。

$$\delta_{\max} = \frac{最大示值绝对误差}{量程范围} \times 100\% = \frac{d_{\max}}{X_n} \times 100\%$$

式中，$\delta_{\max}$ 为仪表的最大测量引用误差；$d_{\max}$ 为仪表示值的最大绝对误差；X_n 为标尺上限值－标尺下限值。

通常情况下是用标准仪表校验较低级的仪表。所以，最大示值绝对误差就是被校表与标准表之间的最大绝对误差。

测量仪表的精度等级是国家统一规定的，把允许误差中的百分号去掉，剩下的数字就称为仪表的精度等级。仪表的精度等级常以圆圈内的数字标明在仪表的面板上。例如某台压力计的允许误差为 1.5%，这台压力计电工仪表的精度等级就是 1.5，通常简称 1.5 级仪表。

仪表的精度等级为 a，它表明仪表在正常工作条件下，其最大引用误差的绝对值 $\delta_{\max}$ 不能超过的界限，即

$$\delta_{n\,\max} = \frac{d_{\max}}{X_n} \times 100\% \leqslant a\%$$

由上式可知，在应用仪表进行测量时所能产生的最大绝对误差（简称误差限）为

$$d_{\max} \leqslant a\% \cdot X_n$$

而用仪表测量的最大值相对误差为

$$\delta_{n\,\max} = \frac{d_{\max}}{X_n} \leqslant a\% \cdot \frac{X_n}{X}$$

由上式可以看出，用只是仪表测量某一被测量所能产生的最大示值相对误差，不会超过仪表允许误差 $a\%$ 乘以仪表测量上限 X_n 与测量值 X 的比。在实际测量中为可靠起见，可用下式对仪表的测量误差进行估计，即

$$\delta_m = a\% \cdot \frac{X_n}{X}$$

例 1　用量限为 5 A，精度为 0.5 级的电流表，分别测量两个电流，$I_1 = 5$ A，$I_2 = 2.5$ A，试求测量 I_1 和 I_2 的相对误差为多少？

$$\delta_{m1} = a\% \times \frac{I_n}{I_1} = 0.5\% \times \frac{5}{5} = 0.5\%$$

$$\delta_{m2} = a\% \times \frac{I_n}{I_2} = 0.5\% \times \frac{5}{2.5} = 1.0\%$$

由此可见，当仪表的精度等级选定时，所选仪表的测量上限越接近被测量的值，则测量的误差的绝对值越小。

例 2　欲测量约 90 V 的电压，实验室现有 0.5 级 0～300 V 和 1.0 级 0～100 V 的电压表。问选用哪一种电压表进行测量为好？

用 0.5 级 0～300 V 的电压表测量 90 V 的相对误差为

$$\delta_{m0.5} = a_1\% \times \frac{U_n}{U} = 0.5\% \times \frac{300}{90} = 1.7\%$$

用 1.0 级 0～100 V 的电压表测量 90 V 的相对误差为

$$\delta_{m1.0} = a_2 \% \times \frac{U_n}{U} = 1.0\% \times \frac{100}{90} = 1.1\%$$

上例说明,如果选择得当,用量程范围适当的 1.0 级仪表进行测量,能得到比用量程范围大的 0.5 级仪表更准确的结果。因此,在选用仪表时,应根据被测量值的大小,在满足被测量数值范围的前提下,尽可能选择量程小的仪表,并使测量值大于所选仪表满刻度的 2/3,即 $X > 2X_n/3$。这样就可以达到满足测量误差要求,又可以选择精度等级较低的测量仪表,从而降低仪表的成本。

1.2　系统误差

系统误差是由某些固定不变的因素引起的,这些因素影响的结果永远朝一个方向偏移,其大小及符号在同一组实验测量中完全相同。当实验条件一经确定,系统误差就是一个客观上的恒定值,多次测量的平均值也不能减弱它的影响。误差随实验条件的改变按一定规律变化。

系统误差的特点是测量结果向一个方向偏离,其数值按一定规律变化,具有重复性、单向性。我们应根据具体的实验条件,系统误差的特点,找出产生系统误差的主要原因,采取适当措施降低它的影响。

1.2.1　系统误差的来源

系统误差的主要来源有:

(1) 仪器误差:由仪器本身的固有缺陷、较正不完善等引起的。例如:测量仪器本身刻度的偏差、零点不准等。

(2) 环境误差:仪器所处的外界环境的变化引发的误差。例如:温度、湿度、电磁场等环境的变化。

(3) 方法误差:由于计算公式本身的近似,没有完全满足理论公式所给定的条件。

例如:单摆测重力加速度的实验中,公式 $T = 2\pi\sqrt{\dfrac{l}{g}}$ 采用了 $\sin\theta \approx \theta$ 的近似条件。

(4) 人员误差:由测量者的个人因素造成的误差。例如:按秒表时总是超前或滞后,读数时头总是向一边偏等。

1.2.2　系统误差的分类

(1) 按照误差掌握的程度,分为已定系统误差和未定系统误差。

已定系统误差是指误差绝对值和符号已经确定的系统误差;未定系统误差是指误差绝对值和符号未能确定的系统误差,但通常可估计出系统误差。

(2) 按照误差出现的规律,分为不变系统误差和变化系统误差。

不变系统误差是指误差绝对值和符号为固定的系统误差;变化系统误差是指误差绝对值和符号为变化的系统误差,按其变化规律又可分为线性系统误差、周期性系统误差和复杂规律系统误差。

1.2.3　系统误差的减小和消除

为了尽量减小或消除系统误差对测定结果的影响,可以用以下方法来减小和消除系统误差。

(1) 对测量仪器仪表进行校正。在准确度要求高的测量中,引用修正值进行修正;对于常用仪表,经过检定,测出标度尺每一刻度点的绝对误差,列成表格或作出曲线,在使用该仪表时,可根据示值和该示值的修正值求出被测量的实际值,这样就可消除由于测量工具引起的系统误差。

(2) 消除产生误差的根源。正确选择测量方法和测量仪器,尽量使测量仪器在规定的使用条件下工作,消除各种外界因素造成的影响。

(3) 采用特殊的测量方法。实际测量中可根据测量仪器仪表和被测量的不同,采用不同的测量方法来达到减小误差的目的,如采用正负误差补偿法、等值替代法、换位消除法、对称观测法等。

例如,用电流表测电流时,考虑到外磁场对读数的影响,可以把电流表放置的位置转动 180°,分别进行两次测量。两次测量中,必然出现一次读数偏大而另一次读数偏小的情况,取两次读数的平均值,作为测量结果,其正、负误差抵消,可以有效地消除外磁场对测量结果的影响。

除此以外,在测量之前,要仔细检查全部量具和仪表的安装及调整情况,合理选择配线方式,防止测量工具互相干扰;选好观测位置,消除视差;并避免外界条件所产生的急剧变化,以消除产生系统误差的来源。

1.3　随机误差

随机误差又称偶然误差,即使在完全消除系统误差这种理想情况下,多次重复测量同一测量对象,仍会由于各种偶然的、无法预测的不确定因素干扰而产生测量误差,称为随机误差。

随机误差的特点是对同一测量对象多次重复测量,所得测量结果的误差呈现无规则涨落,既可能为正(测量结果偏大),也可能为负(测量结果偏小),且误差绝对值起伏无规则。

1.3.1　随机误差的高斯分布

虽然对于某一次测量来说,其误差的大小、正负都无法预知,纯属偶然。但是当测量次数足够多时,随机误差遵从一定的统计规律。根据实验情况的不同,随机误差出现的分布规律有高斯分布(又称正态分布)、t 分布、均匀分布等。按照教学要求,这里仅简要地介绍随机误差的高斯分布。

如果测量列中不包括系统误差和粗大误差,从大量的实验中发现,遵从高斯分布规律的随机误差具有如下几个特征：

（1）绝对值小的误差比绝对值大的误差出现的机会多，即误差的概率与误差的大小有关。这是误差的单峰性。

（2）绝对值相等的正误差或负误差出现的次数相当，即误差的概率相同。这是误差的对称性。

（3）极大的正误差或负误差出现的概率都非常小，即大的误差一般不会出现。这是误差的有界性。

（4）随着测量次数的增加，随机误差的算术平均值趋于零。这是误差的抵偿性。

根据上述的误差特征，可得出误差出现的概率分布图，如图 1-1-2 所示。图中横坐标表示偶然误差，纵坐标表示该误差出现的概率，图中曲线称为误差分布曲线，以 $y = f(x)$ 表示。其数学表达式由高斯提出，具体形式为

$$y = \frac{1}{\sqrt{2\pi}\,\sigma} e^{-\frac{x^2}{2\sigma^2}}$$

或

$$y = \frac{h}{\sqrt{\pi}} e^{-h^2 x^2}$$

上面两式称为高斯误差分布定律，亦称为误差方程。式中，σ 为标准误差，h 为精确度指数，σ 和 h 的关系为 $h = \dfrac{1}{\sqrt{2}\,\sigma}$。

若误差按上述函数关系分布，则称为正态分布。σ 越小，测量精度越高，分布曲线的峰越高且窄；σ 越大，分布曲线越平坦且越宽，如图 1-1-3 所示。由此可知，σ 越小，小误差占的比重越大，测量精度越高。反之，则大误差占的比重越大，测量精度越低。

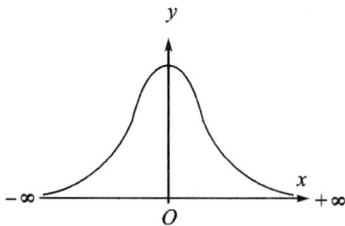

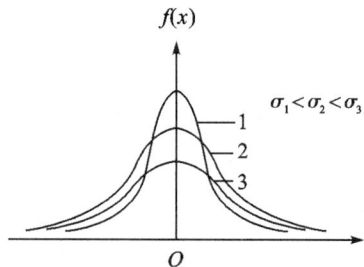

图 1-1-2　误差分布曲线　　　　　图 1-1-3　不同 σ 的误差分布曲线

1.3.2　测量集合的最佳值

在测量精度相同的情况下，测量一系列观测值 $M_1, M_2, M_3, \cdots, M_n$ 所组成的测量集合，假设其平均值为 M_m，则各次测量误差为

$$x_i = M_i - M_m, \quad i = 1, 2, \cdots, n$$

当采用不同的方法计算平均值时，所得到误差值不同，误差出现的概率亦不同。若选取适当的计算方法，使误差最小，而概率最大，由此计算的平均值为最佳值。根据高斯分

布定律,只有各点误差平方和最小,才能实现概率最大。这就是最小乘法值。由此可见,对于一组精度相同的观测值,采用算术平均得到的值是该组观测值的最佳值。

1.3.3　标准误差

随机误差有多种表示方法,通常采用标准误差(亦称为均方根误差)的形式表示。标准误差的定义式为

$$\sigma = \sqrt{\frac{\sum D_i^2}{n}}$$

上式适用于无限多次测量的场合,式中 $D_i = x_i - x_0$,其中真值 x_0 是不可知的。实际测量工作中,测量次数总是有限的,而多次测量的平均值 $\overline{x}$ 可计算得出,若令 $d_i = x_i - \overline{x}$,则 n 次测量中某一次测量值的标准误差(或称标准偏差)可用下式表示:

$$S = \sqrt{\frac{\sum d_i^2}{n-1}}$$

对于 n 次测量结果的平均值 $\overline{x}$ 的标准误差(偏差)为

$$S(\overline{x}) = \frac{S}{\sqrt{n}} = \sqrt{\frac{\sum_{i=1}^{n} d_i^2}{n(n-1)}} = \sqrt{\frac{\sum_{i=1}^{n}(x_i - \overline{x})^2}{n(n-1)}}$$

上式的物理意义是,在多次测量的随机误差遵从高斯分布的条件下,对 n 次测量结果,真值在 $[\overline{x} - S(\overline{x}), \overline{x} + S(\overline{x})]$ 区间内的概率为 68.3%。

标准误差不是一个具体的误差,它的大小只说明在一定条件下等精度测量集合所属的每一个观测值对其算术平均值的离散程度,标准误差的值愈小则说明每一次测量值对其算术平均值离散度就小,测量的精度就高,反之精度就低。

采用标准误差(偏差)计算时,测量次数不宜过少,以 $n \geqslant 10$ 为宜。如果只进行几次或单次测量,则标准误差为

$$S = \frac{\Delta_{仪}}{\sqrt{3}}$$

仪器误差 $\Delta_{仪}$ 的取值通常有以下几个原则:

(1) 注明精度等级的仪器,$\Delta_{仪} = AK\%$(A 是仪器的量程,K 是精度等级)。

(2) 可估读的测量仪器,$\Delta_{仪} = a/2$(a 是仪器的最小分度值)。

(3) 不可估读的测量仪器,$\Delta_{仪} = a$(a 是仪器的最小分度值)。

在物理实验中,标准误差(或最大误差)一般只取 1 位,而相对误差一般取 2 位,在对误差截尾时,为了不人为地缩小误差范围,都采用只进不舍的原则。例如,对标准误差 0.38 和 0.31 都应取成 0.4。

1.3.4　可疑观测值的舍弃

由概率积分知,随机误差正态分布曲线下的全部积分,相当于全部误差同时出现的概率,即

$$p = \frac{1}{\sqrt{2\pi}\,\sigma} \int_{-\infty}^{\infty} \mathrm{e}^{-\frac{x^2}{2\sigma^2}} \mathrm{d}x = 1$$

若误差 x 以标准误差 σ 的倍数表示,即 $x = t\sigma$,则在 $\pm t\sigma$ 范围内出现的概率为 $2\Phi(t)$,超出这个范围的概率为 $1 - 2\Phi(t)$。$\Phi(t)$ 称为概率函数,表示为

$$\Phi(t) = \frac{1}{\sqrt{2\pi}} \int_0^t \mathrm{e}^{-\frac{t^2}{2}} \mathrm{d}t$$

$2\Phi(t)$ 与 t 的对应值在数学手册或专著中均附有此类积分表,读者需要时可自行查取。在使用积分表时,需已知 t 值。由表 1-1-1 和图 1-1-4 给出几个典型及其相应的超出或不超出 $|x|$ 的概率。

表 1-1-1 误差概率和出现次数

t	$|x| = t\sigma$	不超出 $|x|$ 的概率 $2\Phi(t)$	超出 $|x|$ 的概率 $1 - 2\Phi(t)$	测量次数 n	超出 $|x|$ 的测量次数
0.67	0.67σ	0.497 14	0.502 86	2	1
1	1σ	0.682 69	0.317 31	3	1
2	2σ	0.954 50	0.045 50	22	1
3	3σ	0.997 30	0.002 70	370	1
4	4σ	0.999 91	0.000 09	11 111	1

由表 1-1-1 知,当 $t = 3$,$|x| = 3\sigma$ 时,在 370 次观测中只有一次测量的误差超过 3σ 范围。在有限次的观测中,一般测量次数不超过几十次,可以认为误差大于 3σ,可能是由于过失误差或实验条件变化未被发觉等原因引起的。因此,凡是误差大于 3σ 的数据点应予以舍弃。这种判断可疑实验数据的原则称为 3σ 准则。由图 1-1-4 可看出,多次测量误差落在 $(-3\sigma, +3\sigma)$ 区域之间的概率为 99.73%。我们把 3σ 称为极限误差。

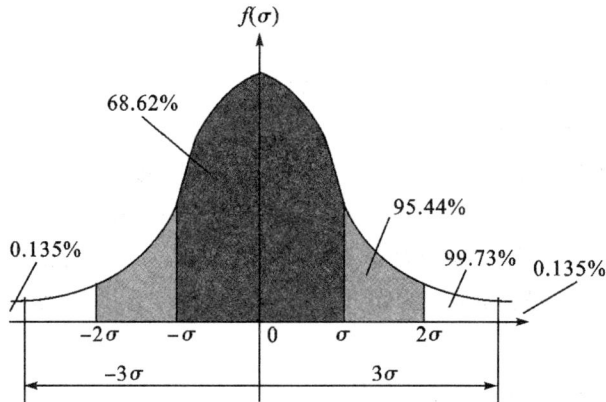

图 1-1-4 误差分布曲线的积分

1.4　函数误差

前述讨论主要是直接测量的误差计算问题,但在许多场合下,往往涉及间接测量的变量,所谓间接测量是通过直接测量的量之间有一定的函数关系,并根据函数关系式计算出被测的量。因此,间接测量值就是直接测量得到的各个测量值的函数,其测量误差是各个测量值误差的函数,故称这种误差为函数误差。研究函数误差的内容,实质上就是研究误差的传递问题,而对于这种具有确定关系的误差计算,也称之为误差合成。

1. 函数误差的一般形式

在间接测量中,因为直接测量有误差,所以间接测量也会有误差,这就是误差的传递。误差传递的基本公式可由间接测量量和直接测量量之间函数关系式的全微分公式演化得出(考虑到基础物理实验的教学需求,在误差传递过程中,对直接测量量的误差是属于系统误差还是随机误差不加区别)。

设间接测量量量 $N = f(x_1, x_2, x_3)$,式中 x_1, x_2, x_3 均为彼此相互独立的直接测量量,那么间接测量量 N 的最可信赖值(用平均值 $\overline{N}$ 表示)为

$$\overline{N} = f(\overline{x_1}, \overline{x_2}, \overline{x_3})$$

(1) 算术合成法求误差传递公式。

绝对误差传递公式:

$$\Delta N = \left| \frac{\partial f}{\partial x_1} \right| \Delta x_1 + \left| \frac{\partial f}{\partial x_2} \right| \Delta x_2 + \left| \frac{\partial f}{\partial x_3} \right| \Delta x_3$$

相对误差传递公式:

$$\frac{\Delta N}{N} = \left| \frac{\partial \ln f}{\partial x_1} \right| \Delta x_1 + \left| \frac{\partial \ln f}{\partial x_2} \right| \Delta x_2 + \left| \frac{\partial \ln f}{\partial x_3} \right| \Delta x_3$$

(2) 方和根合成法求标准误差(偏差)传递公式。

标准误差传递公式:

$$S_N = \sqrt{\left(\frac{\partial f}{\partial x_1} \right)^2 S_{x_1}^2 + \left(\frac{\partial f}{\partial x_2} \right)^2 S_{x_2}^2 + \left(\frac{\partial f}{\partial x_3} \right)^2 S_{x_3}^2}$$

相对偏差传递公式:

$$\frac{S_N}{N} = \sqrt{\left(\frac{\partial \ln f}{\partial x_1} \right)^2 S_{x_1}^2 + \left(\frac{\partial \ln f}{\partial x_2} \right)^2 S_{x_2}^2 + \left(\frac{\partial \ln f}{\partial x_3} \right)^2 S_{x_3}^2}$$

2. 某些函数误差的计算

(1) 函数 $y = x \pm z$ 绝对误差和相对误差。

由于误差传递系数 $\frac{\partial f}{\partial x} = 1, \frac{\partial f}{\partial z} = \pm 1$,则函数最大绝对误差:$\Delta y = \pm (|\Delta x| + |\Delta z|)$

相对误差:

$$\delta_r = \frac{\Delta y}{y} = \pm \frac{|\Delta x| + |\Delta z|}{x + z}$$

（2）函数形式为 $y = K\dfrac{xz}{w}$，x、z、w 为变量。

误差传递系数为

$$\frac{\partial y}{\partial x} = \frac{Kz}{w}, \qquad \frac{\partial y}{\partial z} = \frac{Kx}{w}, \qquad \frac{\partial y}{\partial w} = -\frac{Kxz}{w^2}$$

函数的最大绝对误差为

$$\Delta y = \left| \frac{Kz}{w}\Delta x \right| + \left| \frac{Kx}{w}\Delta z \right| + \left| \frac{Kxz}{w^2}\Delta w \right|$$

函数的最大相对误差为

$$\delta_r = \frac{\Delta y}{y} = \left| \frac{\Delta x}{x} \right| + \left| \frac{\Delta z}{z} \right| + \left| \frac{\Delta w}{w} \right|$$

现将某些常用函数的最大绝对误差和相对误差列于表 1-1-2 中。

表 1-1-2　某些函数的误差传递公式

函数式	误差传递公式	
	最大绝对误差 Δy	最大相对误差 δ_r
$y = x_1 + x_2 + x_3$	$\Delta y = \pm(\lvert \Delta x_1 \rvert + \lvert \Delta x_2 \rvert + \lvert \Delta x_3 \rvert)$	$\delta_r = \Delta y / y$
$y = x_1 + x_2$	$\Delta y = \pm(\lvert \Delta x_1 \rvert + \lvert \Delta x_2 \rvert)$	$\delta_r = \Delta y / y$
$y = x_1 x_2$	$\Delta y = \pm(\lvert x_1 \Delta x_2 \rvert + \lvert x_2 \Delta x_1 \rvert)$	$\delta_r = \pm\left(\left\lvert \dfrac{\Delta x_1}{x_1} + \dfrac{\Delta x_2}{x_2} \right\rvert \right)$
$y = x_1 x_2 x_3$	$\Delta y = \pm(\lvert x_1 x_2 \Delta x_3 \rvert + \lvert x_1 x_3 \Delta x_2 \rvert + \lvert x_2 x_3 \Delta x_1 \rvert)$	$\delta_r = \pm\left(\left\lvert \dfrac{\Delta x_1}{x_1} + \dfrac{\Delta x_2}{x_2} + \dfrac{\Delta x_3}{x_3} \right\rvert \right)$
$y = x^n$	$\Delta y = \pm(n x^{n-1} \Delta x)$	$\delta_r = \pm\left(n\left\lvert \dfrac{\Delta x}{x} \right\rvert \right)$
$y = \sqrt[n]{x}$	$\Delta y = \pm\left(\dfrac{1}{n} x^{\frac{1}{n}-1} \Delta x \right)$	$\delta_r = \pm\left(\dfrac{1}{n}\left\lvert \dfrac{\Delta x}{x} \right\rvert \right)$
$y = x_1 / x_2$	$\Delta y = \pm\left(\dfrac{x_2 \Delta x_1 + x_1 \Delta x_2}{x_2^2} \right)$	$\delta_r = \pm\left(\left\lvert \dfrac{\Delta x_1}{x_1} + \dfrac{\Delta x_2}{x_2} \right\rvert \right)$
$y = cx$	$\Delta y = \pm \lvert c\Delta x \rvert$	$\delta_r = \pm\left(\left\lvert \dfrac{\Delta x}{x} \right\rvert \right)$
$y = \lg x$	$\Delta y = \pm\left\lvert 0.434\,3\,\dfrac{\Delta x}{x} \right\rvert$	$\delta_r = \Delta y / y$
$y = \ln x$	$\Delta y = \pm\left\lvert \dfrac{\Delta x}{x} \right\rvert$	$\delta_r = \Delta y / y$

1.5　不确定度与测量结果表示

用标准误差来评估测量结果可靠程度的做法不是很完善，有可能会遗漏一些影响测量结果准确性的因素,例如系统误差、仪器误差等。为了更准确地表述测量结果的可靠程度,提出了采用不确定度的建议和规定。

1.5.1　测量不确定度

测量不确定度从词义上理解,意味着对测量结果可信性、有效性的怀疑程度或不肯定程度,是定量说明测量结果质量的一个参数。实际上由于测量不完善和人们的认识不足,所得的被测量值具有分散性,即每次测得的结果不是同一值,而是以一定的概率分散在某个区域内的许多个值。虽然客观存在的系统误差是一个不变值,但由于我们不能完全认知或掌握,只能认为它是以某种概率分布存在于某个区域内,而这种概率分布本身也具有分散性。测量不确定度就是说明被测量之值分散性的参数,它不说明测量结果是否接近真值。

国际标准化组织 ISO、国际电工委员会 IEC、国际计量局 BIPM、国际法制计量组织 OIML、国际理论化学与应用化学联合会 IUPAC、国际理论物理与应用物理联合会 IU-PAP、国际临床化学联合会 IFCC 等 7 个国际组织于 1993 年,联合发布了《测量不确定度表示指南》(*Guide to the Expression of Uncertainty in Measurement*),简称 GUM。我国于 1999 年,经国家质量技术监督局批准,颁布实施由全国法制计量管理计量技术委员会提出的《测量不确定度评定与表示》(JJF1059—1999)。适用范围包括国家计量基准、标准物质、测量及测量方法、计量认证和实验室认可、测量仪器的校准和检定、生产过程的质量保证和产品的检验和测试、贸易结算以及资源测量等测量技术领域。在新的国际标准和我国新的计量技术规范中,将“总不确定度”改称为“扩展不确定度”。

在测量不确定度的发展过程中,人们从传统上理解它是“表征(或说明)被测量真值所处范围的一个估计值(或参数)”;也有一段时期理解为“由测量结果给出的被测量估计值的可能误差的度量”。这些曾经使用过的定义,从概念上来说是一个发展和演变过程,它们涉及被测量真值和测量误差这两个理想化的或理论上的概念(实际上是难以操作的未知量),而可以具体操作的则是现定义中测量结果的变化,即被测量之值的分散性。

在实践中,测量不确定度可能来源于以下方面:

(1) 对被测量的定义不完整或不完善;

(2) 实现被测量的定义的方法不理想;

(3) 取样的代表性不够,即被测量的样本不能代表所定义的被测量;

(4) 对测量过程受环境影响的认识不周全,或对环境条件的测量与控制不完善;

(5) 对模拟仪器的读数存在人为偏移;

(6) 测量仪器的分辨力或鉴别力不够;

(7) 赋予计量标准的值和参考物质(标准物质)的值不准;

(8) 引用于数据计算的常量和其他参量不准;

(9) 测量方法和测量程序的近似性和假定性;

(10) 在表面上看来完全相同的条件下,被测量重复观测值的变化。

由此可见,测量不确定度一般来源于随机性和模糊性,前者归因于条件不充分,后者归因于事物本身概念不明确。这就使得测量不确定度一般由许多分量组成,其中一些分量可以用测量列结果(观测值)的统计分布来进行估算,并且以实验标准误(偏)差表征;而另一些分量可以用其他方法(根据经验或其他信息的假定概率分布)来进行估算,并且也以标准误(偏)差表征。所有这些分量,应理解为都贡献给了分散性。若需要表示某分量是由某原因导致时,可以用随机效应导致的不确定度和系统效应导致的不确定度,而不要用"随机不确定度"和"系统不确定度"这两个业已过时或淘汰的术语。例如,由修正值和计量标准带来的不确定度分量,可以称之为系统效应导致的不确定度。

标准不确定度用符号 u 表示,它不是由测量标准引起的不确定度,而是指不确定度以标准误(偏)差表示,来表征被测量之值的分散性。由于测量结果的不确定度往往由许多原因引起,对每个不确定度来源评定的标准误(偏)差,称为标准不确定度分量,用符号 u_i 表示。

1.5.2 测量不确定度与误差

测量不确定度和误差是误差理论中两个重要概念,它们具有相同点,都是评价测量结果质量高低的重要指标,都可作为测量结果的精度评定参数。但它们又有明显的区别,必须正确认识和区分,以防混淆和误用。

从定义上讲,误差是测量值与真值之差,它以真值或约定真值为中心;而测量不确定度是以被测量的估计值为中心。因此误差是一个理想的概念,一般不能准确地知道,难以定量;而测量不确定度是反映人们对测量认识不足的程度,是可以定量评定的。

不确定度与误差有区别,也有联系。误差是不确定度的基础,研究不确定度首先需研究误差,只有对误差的性质、分布规律、相互联系及对测量结果的误差传递关系等有了充分的认识和了解,才能更好地估计各不确定度分量,正确得到测量结果的不确定度。用测量不确定度代替误差表示测量结果,易于理解、便于评定,具有合理性和实用性。但测量不确定度的内容不能包罗更不能取代误差理论的所有内容,如传统的误差分析与数据处理等均不能被取代。客观地说,不确定度是对经典误差理论的一个补充,是现代误差理论的内容之一,但它还有待于进一步研究、完善与发展。

1.5.3 (标准)不确定度的分类

测量结果的不确定度一般包含几个分量,按其数值的评定方法,这些分量可归入两大类,即 A 类分量(或称为 A 类评定)和 B 类分量(或称为 B 类评定)。

(1) A 类不确定度分量:用统计方法处理得到的分量,常用 u_A 表示。

(2) B 类不确定度分量:用一些非统计方法处理得到的分量,常用 u_B 表示。

A 类标准不确定度与 B 类标准不确定度仅仅是评定方法不同,并不表明不确定度的性质不同。对某一项不确定度分量既可用 A 类方法评定,也可用 B 类方法评定,应由测量人员根据具体情况选择。特别应当指出的是,"A 类""B 类"与"随机""系统",在性质上并无对应关系。为避免混淆,不再使用"随机不确定度"和"系统不确定度"这两个术语。

1.5.4 不确定度评定的简化方法

1. A 类不确定度 u_A

由于大学物理实验中大部分直接测量可看成等精度测量,以 n 次测量的算术平均值

$\overline{x}$ 作为测量结果的最佳估计值,用 $S(\overline{x})$ 来估算测量值的标准误差,A 类不确定度分量为

$$u_A = tS(\overline{x})$$

式中的 t 称为"t 因子",它与测量次数和"置信概率"(真值落在 $\overline{x} \pm u_A$ 范围内的概率)有关。当测量次数较少或置信概率较高时,$t > 1$;当测量次数 $n \geqslant 10$ 且置信概率为 68.3% 时,$t \approx 1$。在大多数普通物理实验中,为了简便,一般就取 $t = 1$。

2. B 类不确定度 u_B

B 类不确定度分量是用非统计方法计算的分量,它应考虑到影响测量准确度的各种可能因素,因此,u_B 通常是多项的。u_B 的估计是测量不确定度估算中的难点,这有赖于实验者的学识、经验以及分析和判断能力。从物理实验教学的实际出发,我们通常主要考虑的因素是仪器误差,在这种情况下,不确定度的 B 类分量可简化用仪器标定的最大允差 $\Delta_{仪}$(参见 1.3.3 中仪器误差的取值原则)来表述,即

$$u_B = \frac{\Delta_{仪}}{\sqrt{3}}$$

例 3　使用量程 $0 \sim 300$ mm,分度值为 0.02 mm 的游标卡尺测量长度时,按国家计量技术规范 JJG30—84,其示值误差在 ± 0.02 mm 以内,即极限误差 $\Delta = 0.02$ mm,则由游标卡尺引入的标准不确定度为

$$u_B(x) = 0.02 \text{ mm}/\sqrt{3} = 0.012 \text{ mm}$$

例 4　使用数字毫秒计测一时间间隔 t,按 JJG602—89 其示值误差在 $\pm$(晶体频率准确度×时间间隔 $t + 1$ 个时标)范围内,频率准确度为 1×10^{-5}。当 $t = 4.314$ s 时,$\Delta = (1 \times 10^{-5} \times 4.314 + 0.001)$ s ≈ 0.001 s,则由数字毫秒计引入的标准不确定度为

$$u_B(x) = 0.001 \text{ s}/\sqrt{3} = 0.000\ 58 \text{ s}$$

3. 合成标准不确定度 u_C

对一物理量测定之后,要计算测得值的不确定度,由于其测得的值不确定度来源不止一个,所以要合成其标准不确定度。

例如,用游标卡尺测铜杆的直径时,不确定度的来源有:

(1) 重复测量读数(A 类评定)。

(2) 游标卡尺的固有误差(B 类评定)。

又如,用天平称量一物体的质量,不确定度的来源有:

(1) 重复测量读数(A 类评定)。

(2) 天平不等臂(B 类评定)。

(3) 砝码的标称值的误差(B 类评定)。标称值指仪器上标明的量值。

(4) 空气浮力引入的误差(B 类评定)。

对于直接测量,若各不确定度分量(n 个 A 类分量和 m 个 B 类分量)相互独立,则合成不确定度为

$$u_C = \sqrt{\sum_{i=1}^{n} u_A^2 + \sum_{i=1}^{m} u_B^2}$$

间接测量值通过一定函数式由直接测量值计算得到。显然,把各直接测量结果的最

佳值代入函数式就可得到间接测量结果的最佳值。这样直接测量结果的不确定度就必然影响到间接测量结果,这种影响大小也可以由相应的函数式计算出来,这就是不确定度的传递。

(1) 间接测量量的函数式(或称测量式)为单元函数(即由一个直接测量量计算得到间接测量量)的情况:

$$N = F(x)$$

式中,N 是间接测量量,x 为直接测量量。若 $x = \bar{x} \pm \Delta_x$,即 x 的不确定度为 Δ_x,它必然影响间接测量结果,使 N 值也有相应的不确定度 Δ_N。由于不确定度都是微小量(相对于测量值),相当于数学中的增量,因此间接测量量的不确定度传递的计算公式可借用数学中的微分公式。根据微分公式:

$$dN = \frac{dF(x)}{dx} dx$$

可得到间接测量量 N 的不确定度:

$$u_C = \Delta_N = \frac{dF(x)}{dx} \Delta_x$$

其中,$\dfrac{dF(x)}{dx}$ 是传递系数,反映了 Δ_x 对 Δ_N 的影响程度。

例如球体体积的间接测量式:$V = \dfrac{1}{6} \pi D^3$,若 $D = \overline{D} \pm \Delta_D$,则 $\Delta_V = \dfrac{1}{2} \pi D^2 \Delta_D$

(2) 间接测量量所用的测量式是多元函数式,即由多个直接测量量计算得到一个间接测量结果。所以更一般的情况是

$$N = f(x, y, z, \cdots)$$

式中,$x, y, z, \cdots$ 是相互独立的直接测量量,它们的不确定度 $\Delta_x, \Delta_y, \Delta_z, \cdots$ 是如何影响间接测量量 N 的不确定度 ΔN 的呢? 仿照多元函数求全微分的方法,单考虑 x 的不确定度 Δ_x 对 Δ_N 的影响时,有

$$(\Delta_N)_x = \frac{\partial F(x, y, z, \cdots)}{\partial x} \Delta_x = \frac{\partial F}{\partial x} \Delta_x$$

单考虑 y 的不确定度 Δ_y 对 Δ_N 影响时,有

$$(\Delta_N)_y = \frac{\partial F(x, y, z, \cdots)}{\partial y} \Delta_y = \frac{\partial F}{\partial y} \Delta_y$$

同理可得

$$(\Delta_N)_z = \frac{\partial F(x, y, z, \cdots)}{\partial z} \Delta_z = \frac{\partial F}{\partial z} \Delta_z$$

$$\cdots\cdots$$

把它们合成时,不能像求全微分那样进行简单地相加。因为不确定度不是简单地等同于数学上的"增量"。在合成时要考虑到不确定度的统计性质,所以采用方和根合成,于是得到间接测量结果合成不确定度的传递公式:

$$\Delta_N = \sqrt{\left(\frac{\partial F}{\partial x}\right)^2 \Delta_x^2 + \left(\frac{\partial F}{\partial y}\right)^2 \Delta_y^2 + \left(\frac{\partial F}{\partial z}\right)^2 \Delta_z^2 + \cdots}$$

如果测量式是积商形式的函数,在计算合成不确定度时,往往两边先取自然对数,然后合成要方便得多,且得到相对不确定度传递公式:

$$\frac{\Delta_N}{N} = \sqrt{\left(\frac{\partial \ln F}{\partial x}\right)^2 \cdot (\Delta_x)^2 + \left(\frac{\partial \ln F}{\partial y}\right)^2 \cdot (\Delta_y)^2 + \left(\frac{\partial \ln F}{\partial z}\right)^2 \cdot \Delta z^2 + \cdots}$$

利用相对不确定度传递公式先求出 $E = \dfrac{\Delta_N}{N}$,再求 $\Delta_N = E\overline{N}$

例如求铜棒电阻率 $\rho = \dfrac{\pi d^2}{4L} R$,有 $\overline{\rho} = \dfrac{\pi \overline{d}^2}{4\overline{L}} \overline{R}$(注意应将各量的平均值代入)求出

$$E = \frac{\Delta_\rho}{\rho} = \sqrt{\left(\frac{\Delta_L}{\overline{L}}\right)^2 + \left(\frac{\Delta_R}{\overline{R}}\right)^2 + 4\left(\frac{\Delta_d}{\overline{d}}\right)^2} = \sqrt{E_L^2 + E_R^2 + 4E_d^2}$$

再计算 $\Delta_\rho = E\overline{\rho}$,

4. 扩展不确定度 U

扩展不确定度(或范围不确定度)是测量结果的取值区间的半宽度,可期望该区间包含了被测量之值分布的大部分。它是将合成标准不确定度扩展了 k 倍得到的,即

$$U = k u_C$$

这里 k 称为包含因子(或覆盖因子),它的取值决定了扩展不确定度的置信水平,一般为 2(相应的置信概率为 95.4%),有时为 3(相应的置信概率为 99.7%),取决于被测量的重要性、效益和风险。

1.5.5 测量结果的表示

对于一个测量结果,不论它是直接测量得到的还是间接测量得到的,只有同时给出它的最佳估计值和不确定度时,这个结果才算是完整的和有价值的。因此,对测量结果的正确表示应该包括测量结果、不确定度数值和单位。

若物理量 Y 的测量最佳值为 $\overline{y}$,合成不确定度为 $u_C(y)$,则其测量结果可表示为:

$$Y = \overline{y} \pm u_C(y)(\text{单位})$$

测量后,一定要计算不确定度,如果实验时间较少,不便于比较全面的计算不确定度时,对于以偶然误差为主的测量情况下,可以只计算 A 类标准不确定度作为其合成不确定度,而略去 B 类不确定度不计;在以系统误差为主的测量情况下,则可以只计算 B 类标准不确定度为其合成不确定度。

计算 B 类不确定度时,如果不能明确得到所用仪表的最大允差,可取 $\Delta_仪$ 等于仪表分度值,或某一估计值,但要注明。

例 5 用一般毫米尺测量某一物体长度 l,得到 5 次的重复测量值分别为 3.42,3.43,3.44,3.44,3.43 cm,试求其测量值。

解

$$\overline{l} = \frac{1}{5} \sum_1^5 l_i = 3.432 \text{ cm}(\text{中间过程可多保留 1 至 2 位})$$

$$S_{(\overline{l})} = \sqrt{\frac{1}{5(5-1)} \sum_1^5 (l_i - \overline{l})^2} = 0.008\,66 \text{ cm}$$

$$\Delta_{仪} = 0.05 \text{ cm}(读数估计到最小分度值的 1/2)$$

$$u = \sqrt{\frac{\Delta_{仪}^2}{3} + S_{(\bar{l})}^2} \approx 0.03 \text{ cm}(不确定度取一位有效数字)$$

结果(由不确定度决定测量结果最佳值的有效数字):

$l = 3.43 \pm 0.03$ cm(尾数取齐,写成 3.432 ± 0.03 cm 或 3.43 ± 0.030 cm 都是错的)

$E_x \approx 0.75\%$

1.6 有效数字及其运算

1.6.1 有效数字

任何一个物理量,其测量结果既然都包含误差,那么该物理量数值的尾数不应该任意取舍。测量结果只写到开始有误差的那一或两位数,以后的数按"四舍六入五凑偶"的法则取舍。"五凑偶"是指对"5"进行取舍的法则,如果 5 的前一位是奇数,则将 5 进上,使得误差末位为偶数,若 5 的前一位是偶数则将 5 舍去。

例　　　　　　1.535　　　取三位有效数字位为　　　　1.54

　　　　　　　12.405　　　取四位有效数字位为　　　　12.40

我们把测量结果中可靠的几位数字加上有误差的一到两位数字称为测量结果的有效数字。或者说,有效数字中最后一到两位数字是不确定的。可见,有效数字是表示不确定度的一种粗略的方法,而不确定度则是有效数字中最后一到两位数字不确定程度的定量描述,它们都是含有误差的测量结果。

有效数字的位数与小数点的位置无关。如 1.23 与 123 都是三位有效数字。

关于"0"是不是有效数字的问题,可以这样来判别:从左往右数,以第一个不为零的数字为起点,它左边的"0"不是有效数字,它右边的"0"是有效数字。例如 0.012 3 是三位有效数字,0.012 30 是四位有效数字。作为有效数字的"0",不可以省略不写。例如,不能将 1.350 0 cm 写作 1.35 cm,因为它们的准确程度是不同的。

有效数字位数的多少,大致反映相对误差的大小。有效数字越多,则相对误差越小,测量结果的准确度越高。

1.6.2 有效数字的书写规范

测量结果的有效数字位数由不确定度来确定。由于不确定度本身只是一个估计值,一般情况下,不确定度的有效数字位数只取一到两位。测量值的末位应与不确定度的末位取齐。在初学阶段,可以认为有效数字只有最后一位是不确定的。相应地,不确定度也只取一位有效数字,例如 $L = (1.00 \pm 0.02)$ cm。一次直接测量结果的有效数字,由仪器极限误差或估计的不确定度来确定。多次直接测量算术平均值的有效数字,由仪器极限误差或估计的不确定度来确定。间接测量结果的有效数字,也是先算出结果的不确定度,再由不确定度来确定。

当数值很大或很小时,用科学计数法来表示。例如,某年我国人口为 7.5 亿,极限误差为 0.2 亿,就应写作$(7.5\pm0.2)\times10^4$ 万,其中(7.5 ± 0.2)表明有效数字和不确定度,10^4 万表示单位。又如,把$(0.000\ 623\pm0.000\ 003)$m 写作$(6.23\pm0.03)\times10^{-4}$ m,看起来就简洁醒目了。在进行单位换算时,应采用科学记数法,才不会使有效数字有所增减。如 3.8 km$=3.8\times10^3$ m,不能写成 3 800 m;5 893 Å$=5.893\times10^{-7}$ m。

1.6.3　有效数字的运算规则

数值运算是件重要的工作,为了使求得的测量结果既能保持原有的精确度,又能避免不必要的有效数字位数过多的运算,有效数字的运算必须按一定规则进行。

(1) 诸数相加减,其结果在小数点后所应保留的位数与诸数中小数点后位数最少的一个相同。

例
$$13.65+1.622\ 0=15.27$$
$$16.6-8.35=8.2$$

(2) 诸数相乘除,结果的有效数字与诸因子中有效数字最少的一个相同。

例
$$24\ 320\times0.341=8.29\times10^3$$
$$85\ 425\div125=683$$

(3) 乘方与开方的有效数字与其底的有效数字位数相同。

例
$$\sqrt{6.25}=2.50$$

(4) 对于一般函数运算,将函数的自变量末位变化 1 个单位,运算结果产生差异的最高位就是应保留的有效位数的最后一位。

例
$$\sin30°2'=0.500\ 503\ 748$$
$$\sin30°3'=0.500\ 755\ 559$$

两者差异出现在第 4 位上,故 $\sin30°2'=0.500\ 5$。这是一种有效而直观的方法,严格地说,要通过求微分的方法(按照不确定度传递公式)来确定函数的有效数字取位。

(5) 多步运算:在运算过程中,每步的结果应多保留一位有效数字,最后的结果再按照规定保留相应的有效数字位数。

(6) 常数 π,e 等在运算中一般可比测量值多取一位有效数字。

有效数字的位数多寡取决于测量仪器,而不取决于运算过程。因此,选择计算工具时,应使用其所给出的位数不少于应有的有效位数,否则将使测量结果精确度降低,这是不允许的;相反,通过计算工具随意扩大测量结果的有效位数也是错误的,不要认为算出结果的位数越多越好。

1.7　实验数据的处理方法

数据处理是指通过对数据的整理、分析和归纳计算而得到实验结果的加工过程。数据处理的方法较多,根据不同的实验内容及要求,可采用不同的方法。本节只介绍物理实验中常用的几种数据处理方法。

1.7.1 列表法

在记录实验数据时,需将数据列成表格。这样既可以简明地表示出有关物理量之间的关系,分析和发现数据的规律性,也有助于检验和发现实验中的问题。

列表要求:

(1) 列表要简要明了,便于看出相关量之间的关系,便于数据处理。

(2) 必须交代清楚表中各符号所代表物理量的意义,并写明单位。单位应写在标题栏里,不要重复记在各数值上。

(3) 表中的数据要正确反映测量值的有效数字。

下面以测定金属电阻的温度系数为例,将数据列于表 1-1-3 中。

表 1-1-3 测定金属电阻的温度系数

序号	温度 $t/℃$	电阻 R/Ω
1	10.5	10.42
2	29.4	10.92
3	42.7	11.32
4	60.0	11.80
5	75.0	12.24
6	91.0	12.67

1.7.2 作图法

作图法是将一系列实验数据之间的关系或其变化情况用图线直观地表示出来,也是物理实验中处理数据的常用方法。依据它可以研究物理量之间的变化关系,找出其中的规律,确定对应量的函数关系求取经验公式。用作图法处理数据的优点是直观、简便,作出的图线对多次测量有取平均的效果。

1. 作图要求

(1) 选用合适的坐标纸:坐标纸有直角坐标纸(毫米方格纸)、对数纸和极坐标纸等几种,可根据数据处理的需要,选用坐标纸的种类和大小。基础物理实验常用毫米直角坐标纸。

(2) 画坐标轴:一般以横轴代表自变量,以纵轴代表因变量。在坐标纸上画两条粗细适当的、有一定方向的线表示纵轴和横轴,在轴的末端近旁标明所代表的物理量及其单位。

(3) 坐标轴的比例与标度:

① 为避免图纸上出现大片空白,而图线却偏于图纸一角的现象,在作图时应根据测量结果来合理选取两坐标轴的比例和坐标的起点。标度的选择应使图线显示其特点,标度应划分得当,以不用计算就能直接读出图线上每一点的坐标为宜。故通常用 1,2,5,而

不选用 3,7,9 来标度。两坐标轴的标度可以不同,坐标的标值起点在需要时也可以不从"0"点开始。对于特大、特小数值,可提出乘积因子,如提出"$\times 10^3$""$\times 10^{-2}$"等写在坐标轴物理量单位符号前面。

② 坐标标度值的有效数字原则上是,数据中的可靠数字在图中也是可靠的,数据中有误差的一位,即不确定度所在位,在图中应是估读的。

(4) 标出数据的坐标点:测量数据点用削尖的铅笔在坐标纸上以"＋"符号标号,并使交叉点正好落在与实验数据对应的坐标上,如同一图上需画几条图线时,则每条线上的数据点可采用不同的标记符号如"×""⊙"等以示区别。

(5) 描绘图线:要用直尺或曲线板等作图工具,根据不同情况把点连成直线或光滑曲线,连线要细而清晰。由于测量存在不确定度,因此图线并不一定通过所有的点,而要求数据点均匀地分布在图线两旁。如果个别点偏差太大,应仔细分析后决定取舍或重新测定。用来对仪表进行校准时使用的校准曲线要通过校准点连成折线。

(6) 标注图名:作好实验图线后,应在图纸适当位置标明图线的名称,必要时在图名下方注明简要的实验条件。

2. 作图法求直线的斜率和截距

用作图法处理数据时,一些物理量之间为线性关系,其图线为直线,通过求直线的斜率和截距,可以方便地求得相关的间接测量的物理量。

设拟合直线为

$$y = mx + b$$

(1) 求斜率:

$$m = \frac{y_2 - y_1}{x_2 - x_1}$$

可在所作直线上选取两点 $p_1(x_1, y_1)$ 和 $p_2(x_2, y_2)$ 代入上式求得。p_1 与 p_2 两点一般不取原来测量的数据点,并且要尽可能相距得远一些,在图上标出它们的坐标。为便于计算,x_1, x_2 两数值可选取整数,斜率的有效数字要按有效数字规则计算。

(2) 求截距:如果横坐标的起点为零,则直线的截距可直接从图线中读出,否则可用下式计算截距:

$$b = \frac{x_2 y_1 - x_1 y_2}{x_2 - x_1}$$

利用描点作图求斜率和截距仅是粗略的方法,严格的方法应该用最小二乘法进行线性拟合,后面将予以介绍。

3. 校正曲线

作校正曲线除连线方法与上述作图要求不同外,其余均同。校正曲线的相邻数据点间用直线连接,全图成为不光滑的折线。之所以连折线是因为在两个校正点之间的变化关系是未知的,因而用线性插入法予以近似。例如在"电表改装与校准"实验中,用准确度等级高一级的电表校准改装的电表所作的校准图,这种曲线要附在被校正的仪表上作为示值的修正。

由于作图时图纸的不均匀性,连线的近似性,线的粗细等因素,不可避免地会带入误差,所以从图上计算测量结果的不确定度就没有多大意义。一般在正确分度情况下,只用有效数字表示计算结果。要确定测量结果不确定度则需应用解析方法。但是,在报告实验结果时,一幅精良的图线胜过千言描述,所以作图法在实验教学中有其特殊的地位。

例 6 用惠斯登电桥测定铜丝在不同温度下的电阻值。数据见表 1-1-4。试求铜丝的电阻与温度的关系。

表 1-1-4 数据表

温度 $t/℃$	24.0	26.5	31.1	35.0	40.3	45.0	49.7	54.9
电阻 R/Ω	2.897	2.919	2.969	3.003	3.059	3.107	3.155	3.207

解 以温度 t 为横坐标,电阻 R 为纵坐标。横坐标选取 2 mm 代表 1.0 ℃,纵坐标 2 mm 代表 0.010 Ω。绘制铜丝电阻与温度曲线,如图 1-1-5 所示。由图中数据点分布可知,铜丝电阻与温度为线性关系,满足下面线性方程,即 $R = \alpha + \beta t$

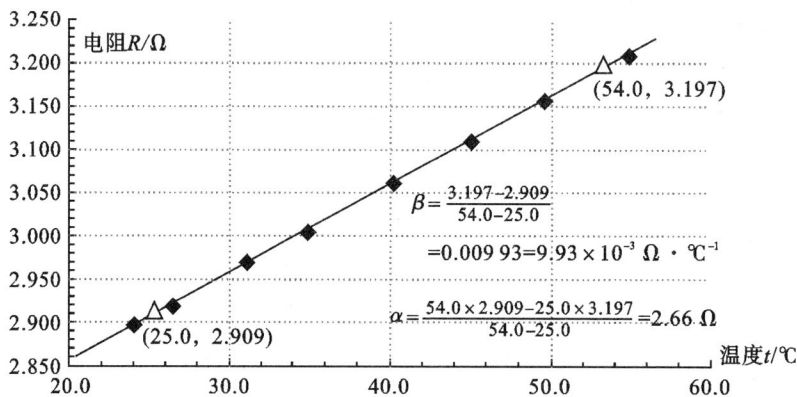

图 1-1-5 铜丝电阻与温度的关系

在图线上取两点,如图 1-1-5 所示,计算截距和斜率得

$$\beta = \frac{3.197 - 2.909}{54.0 - 25.0} = 9.93 \times 10^{-3} \ \Omega \cdot ℃^{-1}$$

$$\alpha = \frac{54.0 \times 2.090 - 25.0 \times 3.197}{54.0 - 25.0} = 2.66 \ \Omega$$

所以,铜丝电阻与温度的关系为

$$R = 2.66 + 9.93 \times 10^{-3} t \ (\Omega)$$

1.7.3 逐差法

两个变量间的函数关系可表达为多项式形式,且在自变量为等间距变化的情况下,常用逐差法处理数据。其优点是能充分利用测量数据而求得所需要的物理量。

逐差法就是把实验得到的偶数组数据分成前后两组,将对应项分别相减。这样做可以充分利用数据,具有对实验数据取平均和减少随机误差的效果。另外,还可以对实验数据进行逐次相减,这样可验证被测量之间的函数关系,及时发现数据差错或数据规律。

例 7 用拉伸法测定弹簧劲度系数,已知在弹性限度范围内,伸长量 x 与拉力 F 之间满足

$$F = kx$$

关系。等间距地改变拉力(负荷),将测得一组数据列为表 1-1-5。

表 1-1-5 数据表

砝码质量 m_i/g	弹簧伸长位置 l_i/cm	逐次相减 $\Delta l_i = l_{i+1} - l_i/cm$	等间隔对应项相减 $\Delta l_5 = l_{i+5} - l_i/cm$
1×100.0	10.00	0.81	
2×100.0	10.81	0.79	4.00
3×100.0	11.59	0.83	
4×100.0	12.42	0.79	4.01
5×100.0	13.21	0.79	
6×100.0	14.00	0.82	4.02
7×100.0	14.82	0.79	
8×100.0	15.61	0.80	3.99
9×100.0	16.42	0.78	
10×100.0	17.19		3.98

由逐次相减的数据可判出 Δl_i 基本相等,验证了 x 与 F 之间的线性关系。实际上,这"逐差验证"工作,在实验过程中可随时进行,以判别测量是否正确。

而求弹簧劲度系数 k(直线的斜率),则利用等间隔对应项逐差的结果,即将表中数据分成高组($l_{10}, l_9, l_8, l_7, l_6$)和低组($l_5, l_4, l_3, l_2, l_1$),然后对应项相减求平均值,得

$$\Delta \overline{l}_5 = \frac{1}{5} \left[(l_{10} - l_5) + (l_9 - l_4) + (l_8 - l_3) + (l_7 - l_2) + (l_6 - l_1) \right]$$

$$= \frac{1}{5}(4.00 + 4.01 + 4.02 + 3.99 + 3.98) = 4.00 \text{ cm}$$

于是:

$$\overline{k} = \frac{\Delta \overline{l}_5}{5 \, mg} = \frac{4.00 \times 10^{-2}}{5 \times 100.0 \times 10^{-3} \times 9.80} = 8.16 \times 10^{-3} \text{ m/N}$$

对本例的进一步分析可知,由分组逐差求出 $\Delta \overline{l}_5$,然后算出弹簧劲度系数 k,相当于利用了所有数据点连了 5 条直线,分别求出每条直线的斜率后再取平均值,所以用逐差法求得的结果比作图法要准确些。

用逐差法得到的结果,还可以估算它的随机误差。本例由分组逐差得到的 5 个 Δl_5,可视为 5 次独立的重复测量量,求出其标准偏差。从而进一步求出弹簧劲度系数 k 的不确定度。

1.7.4 最小二乘法

作图法虽然在数据处理中是一个很便利的方法,但它不是建立在严格统计理论基础上的数据处理方法,在作图纸上人工拟合直线(或曲线)时有一定的主观随意性,往往会引入附加误差,尤其在根据图线确定常数时,这种误差有时很明显。为了克服这一缺点,在数据统计中研究了直线拟合问题(或称一元线性回归问题),常用的是一种以最小二乘法为基础的实验数据处理方法。

最小二乘法原理:若能找到一条最佳的拟合直线,那么这条拟合直线上各相应点的值与测量值之差的平方和在所有拟合直线中应是最小的。

设在某一实验中,可控物理量取 $x_1, x_2, x_3, \cdots, x_n$ 值时,对应物理量依次取 $y_1, y_2, y_3, \cdots, y_n$ 值。我们讨论最简单的情况,即每个测量值都是等精度的,而且假定测量值 x_i 的误差很小,主要误差都出现在 y_i 的测量上。显然,如果从 (x_i, y_i) 中任取两个数据点,就可以得到一条直线,只不过这条直线的误差有可能很大。直线拟合的任务就是用数学分析的方法从这些观测量中求出一个误差最小的最佳经验公式:$y = mx + b$

按这一经验公式作出的图线虽然不一定通过每个实验点,但是它以最接近这些实验点的方式平滑地穿过它们。

显然,对应于每一个 x_i 值,观测值 y_i 和最佳经验式的 y 的值之间存在一偏差 δy_i,如图 1-1-6 所示,我们称之为观测值 y_i 的偏差,即

$$\delta y_i = y_i - y = y_i - (b + mx_i) \quad (i = 1, 2, 3, \cdots, n)$$

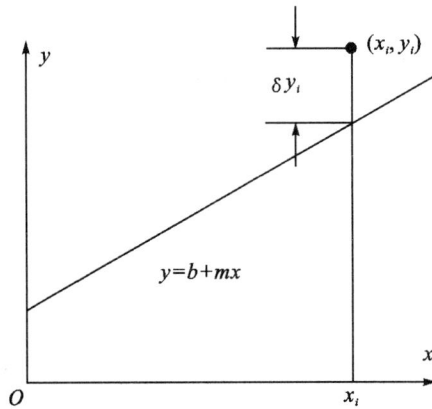

图 1-1-6 线性回归

根据最小二乘法的原理,当 y_i 偏差的平方和为最小时,由极值原理可求出常数 b 和 m。由此可得最佳拟合直线。

设 s 表示 δy_i 的平方和,它应满足

$$s = \sum (\delta y_i)^2 = \sum [y_i - (b + mx_i)]^2 = \min$$

上式中,x_i 和 y_i 是测量值,均是已知量,而 b 和 m 是待求的。因此,s 实际上是 b 和 m 的函数。令 s 对 b 和 m 的偏导数为零,即可解出满足上式的 b 和 m 值(要验证这一点,还需

证明二阶导数大于零,这里从略)。

$$\frac{\partial s}{\partial b} = -2 \sum (y_i - b - mx_i) = 0$$

$$\frac{\partial s}{\partial m} = -2 \sum (y_i - b - mx_i) x_i = 0$$

解上述联立方程得

$$b = \frac{\sum x_i y_i \sum x_i - \sum y_i \sum x_i^2}{(\sum x_i)^2 - n \sum x_i^2}$$

$$m = \frac{\sum x_i \sum y_i - n \sum x_i y_i}{(\sum x_i)^2 - n \sum x_i^2}$$

将 b 和 m 值代入直线方程,即得最佳经验公式。

　　用最小二乘法求得的常数 b 和 m 是"最佳"的,但并不是没有误差,它们的误差估计比较复杂。本书不做要求。一般说,如果一列测量值的 δy_i 大,那么,由这列数据求得的 b 和 m 值的误差也大,由此定出的经验公式可靠程度就低;如果一列测量值的 δy_i 小,那么,由这列数据求得的 b 和 m 值的误差也小,由此定出的经验公式可靠程度就高。

　　用回归法处理数据最困难的问题在于函数形式的选取。函数形式的选取主要靠理论分析,在理论还不清楚的场合,只能靠实验数据的变化趋势来推测。这样对同一组实验数据,不同的人员可能取不同的函数形式,得出不同的结果。为判明所得结果是否合理,在待定常数确定以后,还需要计算相关系数 r。对一元线性回归,r 的定义为

$$r = \frac{\sum \Delta x_i \sum \Delta y_i}{\sqrt{\sum (\Delta x_i)^2} \cdot \sqrt{\sum (\Delta y_i)^2}}$$

其中,$\Delta x_i = x_i - \overline{x}$;$\Delta y_i = y_i - \overline{y}$。

　　可以证明 r 值总是在 0 和 1 之间,r 值越接近于 1,说明实验数据点密集地分布在所求得的直线近旁,用线性函数进行回归是合适的,见图 1-1-7。相反,如果 r 值远小于 1 而接近零,说明实验数据对求得的直线很分散(如图 1-1-8),即线性回归不妥,必须用其他函数重新试探。

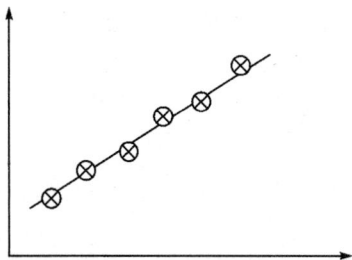

图 1-1-7　r 值接近于 1　　　　　　　　图 1-1-8　r 值接近于 0

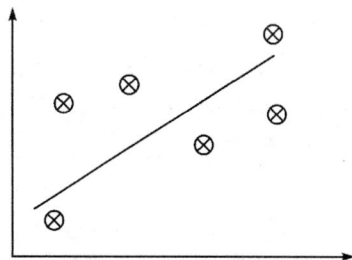

　　方程的线性回归,用手工计算是很麻烦的,现在不少袖珍型函数计算器上均有线性回归计算键,计算起来非常方便,因而,线性回归的应用已日益普及。

第2章 物理实验的基本方法

2.1 物理实验中的基本测量方法

2.1.1 比较法

比较法是物理实验中最普遍、最基本的测量方法。它是将待测物理量与选作标准单位的物理量进行比较而得到测量值。比较法的几种形式如下：

(1) 将待测量和标准量具直接比较，例如用米尺测量长度。

(2) 将待测量与标准量值相关的仪器比较，如用电表测电流或电压，用温度计测温度等。

(3) 通过比较系统，使待测量和标准量具实现比较，如用电位差计测电压，用电桥测电阻，用物理天平称量物体的重（质）量等都是通过一定的比较系统，用标准量去"补偿"待测量，以"示零"为判据，实现待测量与标准量的比较（故又名"补偿法"）。比较测量、比较研究是科学实验和科学思维的基本方法，具有广泛的应用性和渗透性。

2.1.2 放大法

将物理量按照一定规律加以放大后进行测量的方法称为放大法。这种方法对微小物体或对物理量的微小变化量的测量十分有效。放大法的几种形式如下：

(1) 累计放大法：如用秒表测三线摆的周期，通常不是测一个周期，而是测量累计摆动 50 或 100 个周期的时间。

(2) 机械放大法：如游标卡尺，利用游标原理将读数放大测量，螺旋测微计、读数显微镜和迈克尔逊干涉仪的读数装置等，利用螺距放大原理来提高测量精度。

(3) 光学放大法：如光杠杆镜尺法、光电检流计的光指针放大法、读数显微镜将被测物体放大后再进行测量等。

(4) 电子学放大法：对微弱电信号经放大器放大后进行观测。如电桥平衡指示仪、晶体管毫伏表等仪器均利用电子学放大原理进行测量。

2.1.3 转换测量法

转换测量法是根据物理量之间的各种效应、物理原理和定量函数关系，利用变换的思想进行测量的方法。它是物理实验中最富有启发性和开创性的一个方面。主要有：

（1）参量换测法：利用各种参量的变换及其变化规律，以测量某一物理量的方法。例如，测磁感应强度 B，利用电磁感应原理或霍尔效应，将对 B 的测量转换为对电压 U 的测量。

（2）能量换测法：利用能量相互转换的规律，把某些不易测得的物理量转换为易于测量的物理量。考虑到电学参量的易测性，通常使待测物的物理量通过各种传感器或敏感器件转换成电学量进行测量。例如热电转换（温差热电偶、半导体热敏元件等）、压电转换（压电陶瓷等）、光电转换（光电管、光电池等）等。

2.1.4　模拟法

模拟法是以相似性原理为基础，不直接研究自然现象或过程本身，而是用与这些现象或过程相似的模型来进行研究的一种方法。模拟法可分物理模拟和数学模拟。

（1）物理模拟是保持同一物理本质的模拟。例如，用"风洞"中的飞机模型模拟实际飞机在大气中的飞行。

（2）数学模拟是指把不同本质的物理现象或过程，用同一个数学方程来描述。例如用稳恒电流场模拟静电场，就是基于这两种场的分布有相同的数学形式。

用计算机进行实验的辅助设计和模拟实验，是一种全新的模拟方法，随着计算机的不断发展和广泛应用，这将使物理实验的面貌发生很大的变化。

上述四种基本测量方法，在物理实验中和工程测量中都已得到广泛的应用。实际上，在物理实验中，各种方法往往是相互联系和综合使用的。

以上只介绍了物理实验中常用的几种方法，此外还有诸如"替代法""换测法""共轭法""示踪法""符合法"等。同学们在进行实验时，应认真思考，仔细分析，不断总结，逐步积累丰富的实验方法，并在科学实验中给予灵活运用。

2.2　物理实验中的基本调整与操作技术

实验中的调整和操作技术十分重要，正确的调整和操作不仅可将系统误差减小到最低限度，而且对提高实验结果的准确度有直接影响。

1. 零位调整

使用任何测量器具都必须调整零位，否则将引入人为的系统误差。零位调整的两种方法如下：

（1）利用仪器的零位校准器进行调整，例如天平、电表等。

（2）无零位校准器，则利用初读数对测量值进行修正，如游标卡尺和千分尺等。

2. 水平铅直调整

有些实验由于受地球引力的作用，实验仪器要求达到水平或铅直状态才能正常工作，如天平和气垫导轨的水平调节、调三线摆的水平和铅直等。水平和铅直调节过程要仔细观察，切忌盲目调节。

3. 消除视差

在进行实验观测时,由于观测方法不当或测量器具调节不正确,在读数时会产生视差。所谓视差是指待测物与量具(如标尺)不位于同一平面而引起的读数误差。消除视差的方法:

(1) 米尺和电表读数时,应正面垂直观测。

(2) 用带有叉丝的测微目镜、读数显微镜和望远镜测量时,应仔细调节目镜和物镜的距离,使像与叉丝共面。

4. 先粗调后细调的原则

在实验时,先用目测法尽量将仪器调到所要求的状态,然后再按要求精细调节,以提高调节效率。例如"金属丝杨氏弹性模量的测定"的实验中望远镜的调整、分光计的调整、气垫导轨调平等。

5. 等高共轴调整

在光学实验测量之前,要求将各器件调整到等高共轴状态,即要求各光学元器件主光轴等高且共线。等高共轴调节分两步进行(详见第5章光学实验基础知识部分):

(1) 粗调:用目测法将各光学元件的中心以及光源中心调成共轴等高,使各元件所在平面基本上相互平行且铅直。

(2) 细调:利用光学系统本身或借助其他光学仪器,依据光学基本规律来调整。如依据透镜成像规律、由自准直法和二次成像法调整等高共轴等。

6. 逐次逼近法

调节与测量应遵守逐次逼近的原则,特别是对于示零仪器(如天平、电桥、电位差计等),采用正反向逐次逼近的方法,能迅速找到平衡点,分光计中所用的"各半调节法"也属于逐次逼近法。

7. 先定性后定量原则

在实验测量前,先定性地观察实验变化过程,了解变化规律,再定量测定,可快速获得较正确的结果。

8. 电学实验的操作规程

注意安全用电,合理布局、正确接线、仔细检查确认线路无误后再合上电源进行实验测量,实验完毕,拉开电源,归整仪器。

9. 光学实验操作规程

要注意对光学仪器的保护,机械部分操作要轻、稳,注意眼睛安全。

第3章 力学、热学实验

力学与热学实验基础知识

一、长度测量器具

长度测量是最基本的测量,除用图形和数字显示的仪器外,大多数测量仪器都要转化为长度(包括弧长)显示。因而能正确测量长度,快捷准确地读各种分度尺是实验工作的基本技能之一。

实验中常用的长度测量器具有米尺(钢直尺、钢卷尺)、游标卡尺、螺旋测微器、移测显微镜和测微目镜等。

1. 米尺

在准确度要求不高的场合,可以使用木制或塑料米尺。实验室中一般使用比较准确的钢直尺和钢卷尺。它们的分度值为 1 mm,测量时常可估读到 0.1 mm。为了避免米尺端面磨损引起的零位误差,一般不使用米尺的端面作为测量起点,而是选择米尺上的某一刻度作为起点,测量时应把米尺的刻度面与待测物体贴紧(处在同一平面内),以尽量减小读数视差引起的测量误差。

根据国标 GB9056—88 规定,钢直尺的示值误差限

$$\Delta = (0.05 + 0.015L)\text{mm}$$

式中,L 是以 m 为单位的长度值,当长度不是 m 的整数倍时,取最接近的较大整数倍。

例如,所测长度为 30.2 mm,取 $L = 1$,$\Delta = 0.065$ mm;所测长度为 198.7 cm 时,取 $L = 2$,则 $\Delta = 0.08$ mm。

使用钢卷尺测量时,其示值误差限可按国标 GB10633—89 的规定计算。自零点端起到任意线纹的示值误差限为

$$\text{I 级} \quad \Delta = (0.1 + 0.1L)\text{mm}$$
$$\text{II 级} \quad \Delta = (0.3 + 0.2L)\text{mm}$$

式中,L 是以 m 为单位的长度值,当长度不是 m 的整数倍时,取接近的、较大的整数倍。

例如,使用 I 级钢卷尺测量长度为 786.3 mm 时,计算 Δ 的公式中取 $L = 1$,即 $\Delta = 0.2$ mm。

实际上,在使用钢直尺和钢卷尺测量长度(或距离)时,常常由于尺的纹线与被测长度的起点和终点对准(瞄准)条件不好,尺与被测长度倾斜以及视差等原因而引起的测量不

确定度要比尺本身示值误差限引入的不确定度更大些。因而常需要根据实际情况合理估计测量结果的不确定度

2. 游标卡尺

为了克服使用钢直尺测量时与工件比齐和小数位估读的困难,人们设计了游标卡尺,其结构如图 3-0-1 所示。主尺仍是钢制毫米分度尺,主尺顶头连有量爪 A 和 E,在主尺上套一可滑动的游标附尺,其上附有量爪 B 和 F,游标附尺背面还连有一测杆 C。沿主尺推动游标附尺时,量爪 A、B 张开,量爪 E、F 错开,测杆 C 从尺端探出同样的距离,因而利用游标卡尺可方便地测量内外圆直径和孔槽的深度。

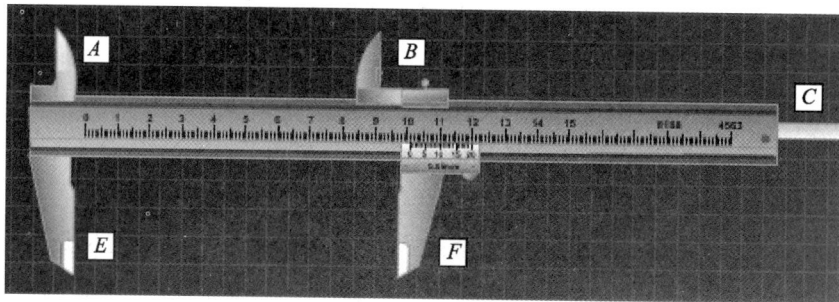

图 3-0-1　游标卡尺

游标卡尺最主要的特点是在游标附尺上刻有游标分度,用来准确地读出毫米以下的小数测量值。常用的游标卡尺有 10 分度、20 分度和 50 分度 3 种,对应的分度值为 0.1 mm、0.05 mm 和 0.02 mm。

(1) 游标读数原理。下面以分度值为 0.05 mm 的游标卡尺为例,具体说明游标的分度方法和读数原理。当使游标卡尺的量爪 A、B 并合时,游标上的 0 刻线正对主尺上的 0 刻线(图 3-0-2)。游标上有 20 个分度,总长为 39 mm。这样,游标上每个分度的长度为 1.95 mm,它比主尺上两个分度差 0.05 mm。当游标附尺向右移 0.05 mm,则游标上第一条分度线就与主尺 2 mm 刻度线对齐,这时量爪 A、B 张开 0.05 mm;游标向右移 0.10 mm,游标第二分度线就与主尺 4 mm 刻度线对齐,量爪 A、B 张开 0.10 mm,依此类推。所以游标附尺在 1 mm 内向右移动的距离,可由游标中哪一条分度线与主尺某刻线对齐来决定,看是第几条分度线与主尺刻线对得最齐,游标附尺向右移动的距离就是几个 0.05 mm。图 3-0-3 是图 3-0-1 中游标位置的放大图,待测物体长度的毫米以上的整数部分看游标"0"刻线指示主尺上的整刻度值,图中所示为 100 mm,毫米以下的小数部分通过观察游标附尺的 20 条分度线来决定,图示为第 15 条分度线与主尺刻度线对得最齐,因而游标附尺的"0"刻线比主尺 100 mm 刻线还错过 0.75 mm,即物体的长度为 100.75 mm。

除了游标卡尺外,许多测量仪器也常使用游标读数装置,有直尺游标,还有用在弧尺上的角游标,因而有必要进一步说明游标分度的一般原理。

如果用 a 表示主尺的分度值,用 n 表示游标的分度数,当 n 个游标分度的总长与主尺上($vn-1$)个分度值相等时,则每个游标分度的分度值

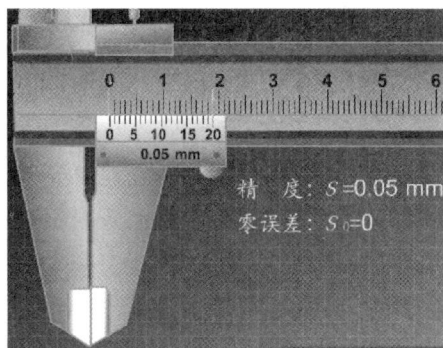

图 3-0-2　游标总长

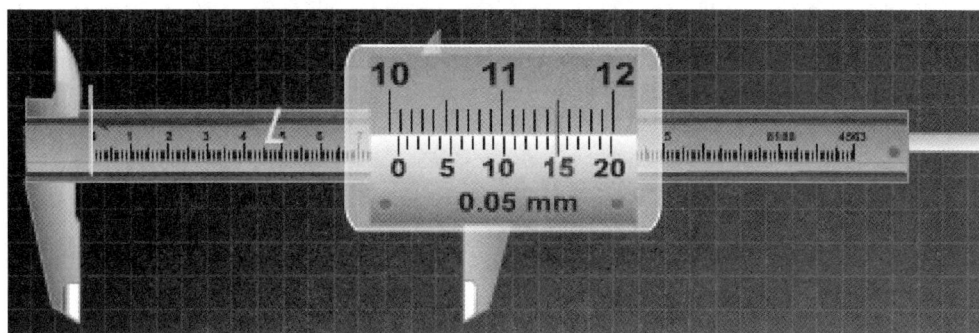

图 3-0-3　游标卡尺的读数

$$b = \frac{vn-1}{n}a$$

式中，v 称为游标系数，一般取 1 或 2。前述 0.05 mm 分度的游标卡尺就是 $v = 2$ 的例子。v 取为 2 的目的是为了把游标刻线间距放大一些以便于读数。

　　游标卡尺的分度值定义为 v 倍主尺分度值（va）与游标分度值（b）之差，即

$$va - b = va - \frac{vn-1}{n}a = \frac{a}{n}$$

可见游标卡尺的分度值只与游标的分度数 n 和主尺分度值 a 有关。

　　（2）游标量具的读数方法。使用带有游标装置的量具时，必须首先弄清游标装置的分度值 a/n。读数时以游标的零刻线为基线，先读出游标零刻线前主尺上整刻度值 l_0，然后再仔细观察哪一条游标刻度线与主尺刻线对得最齐，若确定为第 k 条，则测量的结果便是

$$l_0 + k\frac{a}{n}$$

　　（3）游标卡尺的示值误差限。在正确使用游标卡尺测量时，如果被测对象稳定，测量不确定度主要取决于游标卡尺的示值误差限。符合国标 GB1214—85 规定的游标卡尺，其示值误差限列于表 3-0-1。

表 3-0-1 游标卡尺的示值误差

测量范围/mm	示值误差/mm
0～150	±0.02
150～200	±0.03
200～300	±0.04
300～500	±0.05
500～1 000	±0.07

3. 螺旋测微器（千分尺）

螺旋测微器是又一种常用的精密测长量具。这种量具的种类很多，按用途分为外径千分尺、内径千分尺、深度千分尺等。此外在不少测量仪器中也利用这种螺旋测微装置作为仪器的读数机构，如移测显微镜、测微目镜等。

下面以外径千分尺（图 3-0-4）为例介绍这类螺旋测微装置的工作原理和读数方法。

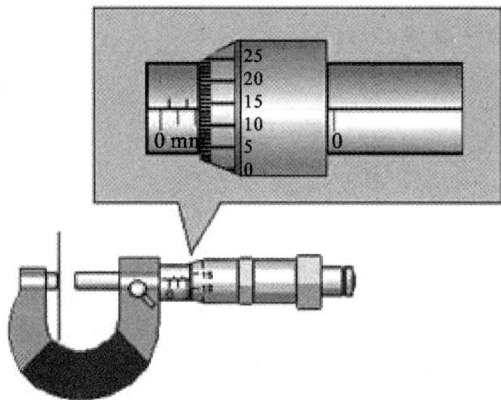

图 3-0-4 螺旋测微器（千分尺）

图中测量砧通过弓形架与刻有主尺分度的套筒相连，套筒内固定有精密螺母，附尺刻在套筒的圆周上，称为微分筒，内装有与测量杆相连的精密螺杆，转动套筒，通过内部螺旋副，使其可旋进旋出，套筒的端边沿着主尺刻度移动，并使测杆一起移动。

测量砧与测量杆离开的距离可从固定套筒和微分筒所组成的读数机构中得到测量读数。在固定套筒上刻有一条纵刻线作为微分筒的基准线，纵刻线的上、下方各刻有毫米分度线，上、下刻线错开 0.5 mm。测微螺杆的螺距为 0.5 mm，微分筒圆周上刻有 50 个分度线，这样当微分筒旋转一周时，测微螺杆就移动 0.5 mm，微分筒旋转一个分度时，测微螺杆就移动 0.01 mm。所以，螺旋测微器的分度值为 0.01 mm，并可估读到 0.01 mm。

使用螺旋测微器时应注意如下事项：

（1）测量前先检查零点读数。当使量杆和量砧并合时，微分筒的边缘对到主尺的"0"刻度线且微分筒圆周上的"0"线也正好对准基准线，则零点读数为 0.000 mm 如果未对准则应记下零点读数。顺刻度方向读出的零点读数记为正值，逆刻度方向读出的零点读数记为负值。测量值为测量读数值减去零点读数值。

（2）螺旋测微器主尺分度值为 0.5 mm。所以在读数时要特别注意半毫米刻度线是否露出来。如图 3-0-5 中所示，(a)图读数为 5.383 mm，(b)图读数为 5.883 mm。

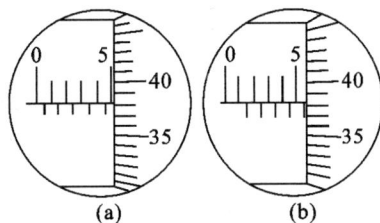

图 3-0-5　螺旋测微器的读数

（3）不论是读取零点读数或夹持物体测量时，都不准直接旋转微分筒，必须利用尾钮带动微分筒旋转，尾纽中的棘轮装置可以保证夹紧力不会过大。否则不仅测量不准，还会夹坏待测物或损坏螺旋测微器的精密螺旋。

（4）螺旋测微器用毕后，在测量杆和测量砧之间要留有一定的间隙，以免测量杆受热膨胀，而损坏螺旋测微器。符合国标 GB1214—85 规定的螺旋测微器的示值误差见表 3-0-2。

表 3-0-2　螺旋测微器示值误差

测量范围/mm	示值误差/mm
0～50	±0.004
50～100	±0.005
100～150	±0.006
150～200	±0.007
200～250	±0.008
250～300	±0.009
300～400	±0.011

二、计时器

时间概念一般有两个含义：① 指时间间隔；② 指某一时刻。所谓时间间隔是指两个先后发生的事件之间延续的时间长短；所谓时刻是指连续流逝的时间长河中的某一瞬时。

为了计量时间，可以选定某一周期性重复的运动过程作为参考标准，把其他物质的运动过程与这个选定的标准进行比较，判定各个事件发生的先后顺序及运动过程的快慢程度。

所选定的周期性运动过程应具备运动周期稳定、易于观测和复现的特点。实验室常用的计时器有停表、数字计时器、数字频率计、示波器以及火花计时器、频闪仪等。

1. 机械停表

机械停表是由频率较低的游丝摆轮振动系统通过发条和锚式擒纵机构补充能量，以齿轮系统带动指针显示分秒，并设有专门的启动停止机构。一般停表的表盘最小分度为 0.1 s 或 0.2 s，测量范围是 0～15 min 或 0～30 min。有的停表还有暂停按钮，可以用来进行累积计时。

使用停表进行计时测量所产生的误差应分两种情况考虑：

（1）短时间测量（几十秒以内），其误差主要来源于启动、制动停表时的操作误差。其值约为 0.2 s，有时还会更大些。

（2）长时间测量，测量误差除了掐表操作误差外，还有停表的仪器误差。实验前可以用高精度计时仪器，如数字毫秒计等对停表进行校准。

由于停表的机械很精细，结构也很脆弱，因此使用时要求十分细心，以保持它的精度，延长使用寿命。

2. 电子停表

电子停表的机芯由电子元件组成，利用石英振荡频率（32 768 Hz）作为时间基准，采用六位液晶数字显示器显示时间，它兼有连续计时（怀表）和测量时间间隔（停表）的功能。连续计时能显示出月、日、星期、时、分、秒。做停表用时有 1/100 s 计时的单针停表和双针停表功能。

三、质量测量仪器

质量是描述物体本身固有性质的物理量。这种性质可以从两个不同的角度来阐明。从物体惯性角度来说明质量，称为惯性质量；从两物体存在相互吸引力的角度来说明质量，则称为引力质量。实验证明物体的惯性质量和引力质量的量值相等。

测量物体的质量也有基于"惯性"和基于"引力"两种不同的方法。从惯性角度，物体的质量是作用在该物体上的力与物体在此力作用下所获得的加速度的比率。将一个已知的力作用在一个物体上，测出该物体的加速度，就可以求出物体的质量，这种方法常用在不能用天平称衡的领域，如天体和微观粒子的质量。从引力角度，就是通常所使用的利用等臂天平将一物体与另一质量已知的物体相比较，它能精确测定两物体质量相等。而这所谓质量已知的物体就是通过严密的量值传递系统而与质量计量基准相联系的质量标准，即砝码。

1. 质量的计量基准

质量在国际单位制（SI）中的单位为 kg，用以体现这一单位量值的实物就是质量计量基准。质量计量基准是一个用 90% 铂和 10% 铱的铂铱合金制成的圆柱体，它的直径和高都是 39 mm。这个质量计量基准称为国际千克原器，保存在法国巴黎的国际计量局。国际千克原器是目前国际单位制（SI）的 7 个基本单位中，唯一仍然使用的人为实物基准。

我国质量计量基准是国家千克原器 NO.60，它是 1965 年从英国引进并经过国际计量局（BIPM）检定的，其标称质量为 1 kg，检定的质量值为 $m_{NO.60} = 1 \text{ kg} + 0.271 \text{ mg} \pm 0.008 \text{ mg}$。这个国家千克原器保存在中国计量科学院质量称重实验室。

2. 天平和砝码

天平按其称衡精确程度分为物理天平和分析天平两类。分析天平又分为摆动式、空气阻尼式和光电读数式等。

Ⅰ）天平的结构

天平是一种等臂杠杆装置，其结构如图 3-0-6（物理天平）和图 3-0-7（分析天平）所示。天平的横梁上有 3 个刀口，两侧刀口向上，用以承挂左右秤盘，而中间刀口则搁置在立柱上部的刀承平面上。横梁中间装有一根指针。当横梁摆动时,通过指针尖端在立柱下部的标尺上所指示的读数,可以指示左右秤盘上待测物体的质量和砝码质量间的平衡状态。为了保护天平的刀口,在立柱内装有制动器,旋转立柱下部的制动钮,可使刀承平面上下升降。天平在不使用时或在称衡过程中添加砝码时,应处于制动状态。这时刀承面降下,使横梁放置在立柱两旁的支架上,以保护刀口。只有在称衡过程中考察天平是否平衡时才支起横梁。横梁两端有调节空载平衡用的配重螺母,横梁上有放置旋码的分度标尺。天平立柱固定在稳固的底盘上,并设有铅垂或水准器,以检验天平立柱是否铅直。精密天平为防止称衡时气流的干扰,一般都置于玻璃罩内。

图 3-0-6　物理天平　　　　　图 3-0-7　分析天平

Ⅱ) 天平的性能参数

(1) 最大称量和分度值。天平的最大称量是天平允许称衡的最大质量。使用天平时,被称物体的质量必须小于天平的最大称量,否则会使横梁产生形变,并使刀口受损。一般先将被称物体在低一级天平上进行预称衡,以减少精度较高的天平在称衡过程中横梁启动次数,减少刀口的磨损。

天平的分度值是指使天平指针偏离平衡位置一格需在秤盘上添加的砝码质量,它的单位为毫克/格。分度值的倒数称为天平的灵敏度。上下调节套在指针上的重心螺丝,可以改变天平的灵敏度。重心越高,灵敏度越高。天平的分度值及灵敏度与天平的负载状态有关。

(2) 不等臂性误差。等臂天平两臂的长度应该是相等的,但由于制造、调节状况和温度不匀等原因,会使天平的两臂长度不是严格相等。因此,当天平平衡时,砝码的质量并不完全与待称物体的质量相等。由于这个原因造成的偏差称为天平的不等臂性误差。不等臂性误差属于系统误差,它随载荷的增加而增大。按计量部门规定,天平的不等臂性误差不得大于 6 个分度值。

为了消除不等臂性误差,可以利用复称法来进行精密称衡。

复称法是先将被称物体放在左盘,砝码放在右盘,称得质量 M_1,然后将被称物体放在右盘,砝码放在左盘,称得质量 M_2。根据力矩平衡原理,被称物体的质量应为

$$M = \sqrt{M_1 M_2}$$

（3）示值变动性误差。示值变动性误差表示在同一条件下多次开启天平，其平衡位置的再现性，是一种随机误差。由于天平的调整状态、操作情况、温差、气流、静电等原因，使重复称衡时各次平衡位置产生差异。合格天平的示值变动性误差不应大于1个分度值。

Ⅲ）天平和砝码的精度等级

天平的精度等级一般可分为四级：Ⅰ——特种准确度（精细天平）；Ⅱ——高准确度（精密天平）；Ⅲ——中等准确度（商用天平）；Ⅳ——普通准确度（粗糙天平）。实验室常用的天平一般属于Ⅱ级天平。天平的仪器误差来源于不等臂偏差、示值变动性误差、标尺分度误差、游码质量误差和砝码质量误差。根据《非自动天平检定规程》（JJG98—90）规定，Ⅱ级天平的仪器误差与载荷 m 质量有关。设 e 为标度尺分度值，则天平的仪器误差可按表3-0-3考虑。

表 3-0-3　Ⅱ级天平最大允差表

载荷 m	最大允差
$0 \leqslant m \leqslant 5 \times 10^3 e$	e
$5 \times 10^3 e < m \leqslant 2 \times 10^4 e$	$2e$
$2 \times 10^4 e < m \leqslant 1 \times 10^5 e$	$3e$

天平在质量测量中是一个比较器，通过称衡把物体的质量与砝码的质量相比较。砝码是体现质量单位标准的量具，一般由物理、化学性能稳定的非磁性金属材料制成。考虑到使用方便、经济合理以及组合精度高的原则，砝码组以 5-2-2-1 建制，如 TG620 分析天平配用的三等砝码，是由 50 g、20 g、20 g、10 g、5 g、2 g、2 g、1 g 等砝码组成。

不同精度级别的天平配用不同等级的砝码。目前，砝码的等级划分主要根据《砝码检定规程》（JJG99—1990）的规定，分成两等九级共 11 个等级，其中包括了一等、二等、E1级、E2级、F1级、F2级、M1级、M11级、M2级、M22级和 0级。

Ⅳ）天平的操作规程

天平及砝码都是精密仪器，如果使用不当不仅会使称衡达不到应有的准确度，而且还会损坏天平、降低天平的灵敏度和砝码的准确度。因而使用时须遵守下列操作规程：

（1）使用天平前先要看清仪器的型号规格，注意载荷量不要超过最大称量，检查天平横梁、砝码盘及挂钩安装是否正常。

（2）调节底脚螺丝使底盘水平、立柱铅直，检查空载时的停点，确定是否需要调节平衡螺丝。

（3）称衡时一般将被测物体放在左盘、砝码放在右盘（复称法除外），增减砝码须在天平制动后进行，旋转制动旋钮须缓慢小心，在试放砝码过程中不可将横梁完全支起，只要能判定指针向哪边偏斜就立即将天平制动。

（4）取用砝码必须使用镊子，异组砝码不得混用。读数时须读一次总值，由秤盘放回砝码盒时再复核一次。

（5）在观察天平是否平衡时，应将玻璃框门关上，以防空气对流影响称衡。取放物体和砝码一般使用侧门。

（6）使用天平时如发现故障（例如横梁、秤盘滑落等）要找老师解决，不得自行处理。

四、温度测量仪器

温度是 7 个基本物理量之一。温度的宏观概念是物体冷热程度的表示，或者说，互为热平衡的两个物体，其温度相等。温度的微观概念是大量分子热运动平均强度的表示，分子无规则运动愈激烈，物体的温度愈高。

许多物质的特征参数与温度有着密切关系，所以在科学研究和工农业生产中对温度的控制和测量显得特别重要。

1. 温标

温度的数值表示法叫作温标。建立温标有 3 个要素：① 选定某种测温物质的温度属性制成一个温度计（如用水银受热膨胀制成的玻璃水银温度计）；② 定义出温度数值的两个温度固定点（如把水的冰点定义为 0 ℃，水的沸点定义为 100 ℃）；③ 有一个中间温度的插补公式（例如，假设水银的膨胀与温度有线性关系，于是把玻璃水银温度计 0 ℃ 到 100 ℃ 之间的毛细管长度均匀分为 100 个分格，从而获得 1 ℃ 的测温数值表示）。依靠某种测温物质属性制定的温标，其中必然含有对测温物质属性随温度变化关系的假设，显然是不够科学的。能否找到不依赖某种物质属性而建立完全客观的温标呢？1848 年开尔文（Lord Kelvin）根据卡诺热机的效率只与冷源和热源温度有关，而与工作物质无关的理论，建立了热力学温标，并推证出

$$T_2/T_1 = Q_2/Q_1$$

式中，Q_1 是卡诺机从高温（T_1）热源吸收的热量；Q_2 是向低温热源（T_2）放出的热量。从理论上讲，如果把一台卡诺热机作为温度计，其高温热源的温度 T_1 和低温热源的温度 T_2 代表了决定温度计数值的两个温度固定点，那么上式就是热力学温标的插补公式了。研究表明，利用气体温度计可以实现热力学温标。首先从理论上可以严格证明理想气体状态方程（$PV = nRT$）中的温度量，就是热力学温度的数值，经过修正后的理想气体方程可以相当准确地适用于实际气体。所以现在世界上许多国家的计量部门都建立了气体温度计来获得热力学温标。

经过 100 多年的努力，1968 年国际计量委员会根据 1967 年第十三届国际计量大会决议，公布了《1968 年国际实用温标》（缩写为 IPTS—1968），并规定它从 1969 年起在国际上生效。我国是由 1973 年 1 月 1 日起采用 IPTS—1968 的。

IPTS—1968 规定了热力学温度是基本温度，它的单位是开尔文，符号是 K。以水的三相点温度定义为 273.16 K，因而 1 K 就是水三相点热力学温度的 1/273.16。这是为了照顾人们已经习惯使用的摄氏温标，使摄氏 1 度的间隔为 1 K，而原来的摄氏度温标（称为经验温标），也根据热力学温标做了相应的新规定，即规定水的冰点 273.15 K 为 0 ℃，水的沸点 373.15 K 为 100 ℃。

2. 水银温度计

水银温度计以水银作为测温物质,利用水银的热胀冷缩性质来测量温度。这种温度计下端是一个贮藏水银的感温泡,上接一个内径均匀的玻璃毛细管。随温度的变化,毛细管内水银柱的高度随之改变,其高度与感温泡所感受的温度相对应,在刻度尺上即可读出温度的数值。

水银温度计的测温范围是 −30 ℃～300 ℃,其分度值为 0.05 ℃(一等标准水银温度计)和 0.1 ℃ 或 0.2 ℃(二等标准水银温度计)。实验室常用的温度计为实验用玻璃水银温度计,分度值为 0.1 ℃ 或 0.2 ℃,示值误差为 0.2 ℃。采用全浸式读数。普通水银温度计测温范围分 0 ℃～50 ℃,0 ℃～100 ℃,0 ℃～150 ℃ 等,分度值一般为 1 ℃,示值误差限等于分度值,多采用局浸式读数。

除示值误差外,水银玻璃温度计测温误差尚应考虑以下两点:

(1)零点位移。由于温度计的老化使玻璃内部组织发生变化而使感温泡体积发生变化,从而出现零点位移。所以必须经常检查和校准水银温度计的零点,以消除由零点位移而导致的系统误差。校准零点时要按照规定程序进行。

(2)露出液柱误差。玻璃温度计一般分为全浸式和局浸式两种。全浸式温度计是将温度计全部浸没在待测温度介质中,并使感温泡与毛细管中的全部水银处于同一温度中;局浸式温度计是将感温泡和一部分毛细管(局浸式温度计背面刻有一横线,表示毛细管浸入测温介质的位置)浸入测温介质中。如果由于各种原因不能按照规定使用,就会引起示值误差,这就是露出液柱误差。

露出液柱误差可按下式进行修正:

$$\Delta t = Kn(t - t_1)$$

式中,Δt 为修正值(℃);k 为水银对玻璃的视膨胀系数(1/℃),一般取 0.000 16(1/℃);n 为露出水银柱的长度,用刻度数计值(℃);t 为露出水银柱部分理应达到的温度(可以温度计示值替代);t_1 为露出水银柱部分玻璃管的实际平均温度。

使用水银温度计还应注意:① 测温读数时,应使视线与水银柱液面处于同一水平面;② 应使感温泡离开被测对象的容器壁一定的距离;③ 由于水银柱在毛细管中升降有滞留现象,水银柱随温度的升降有跳跃式的间歇变动,这种现象在下降过程中尤为明显,所以使用水银温度计时最好采用升温的方式;④ 由于热传导速度等原因,在被测介质的温度发生变化时,水银温度计滞后一定时间才能正确显示介质的实际温度,在待测介质的温度变化较快时,必须改用反应迅速的温差电偶温度计。

3. 温差电偶温度计

用两种不同的金属丝 A 和 B 联成回路并使两个接点维持在不同温度 T_1 和 T_2 时,则该闭合回路中会产生温差电动势 E。在两种金属材料给定时,E 的大小取决于温度差 $(T_1 - T_2)$。如果使温差电偶一个接头(称参考端)的温度固定在已知温度 T_0,则回路的温差电动势大小将与另一接头(称测温端)的温度有一一对应关系,测出回路中的温差电动势 E 就可以确定 T,这就是温差电偶温度计的原理。

使用温差电偶测温时要注意避免金属丝在可能遇到较大温度梯度的部位弯曲,这会改变温差电偶的分度值。

五、湿度计和气压计

在影响实验的各种环境因素中,居首位的当属温度,因为各种物质性质几乎都与温度有关。其次便是空气的湿度和大气压强。比如,湿度大多会降低介电材料的绝缘性能,会使仪器锈蚀而降低其精密度,会使光学元件表面起雾和生霉而降低其透光度和成像清晰度。大气压强将影响气体和液体的密度,影响液体的沸点、固体的凝固点,影响空气中声音传播速度等等。因而实验室中常挂有温度计、湿度计和气压计作为环境监测仪器。

1. 干湿球湿度计

湿度是指存在于空气中的水蒸气含量的多少。湿度不仅是气象方面的一个重要参数,而且在科学实验、工农业生产各方面都相当重要。

空气中水蒸气的含量可用 3 种方法表示:① 直接用空气中水蒸气的分压强表示;② 绝对湿度,即每单位体积潮湿空气中含水蒸气的质量,以 g/m³ 表示;③ 相对湿度,即空气中所含水蒸气的分压与相同温度下水的饱和蒸气压之比,以百分数表示。在科学实验和工农业生产中使用得较多的是相对湿度。

利用干湿球湿度计可以测出环境的相对湿度。干湿球湿度计由两支相同的温度计 A 和 B 组成,A 直接指示室温,而 B 的感温泡上裹着细纱布,布的下端浸在水槽内。如果空气中的水蒸气不饱和,水就要蒸发,由于水蒸发吸热,而使 B 的感温泡冷却,因而湿温度计 B 所指示的温度就低于干温度计 A 所指示的温度。环境空气的湿度小,水蒸发就快,两支温度计指示的温度差就大。温度差与空气相对湿度的关系可从相关表中查出。

日常生活最适合的湿度是 60%。当空气的温度下降,而水蒸气的含量不变时,相对湿度增大,当降到某一温度时,相对湿度成为 100%,即达到露点,露点以下水蒸气就会凝结。一般实验室都要避免这种现象。

2. 水银气压计

压力又称压强,是垂直而均匀地作用在物体单位面积上的力。在国际单位制(SI)中,压力的单位为帕斯卡(Pascal),简称帕,符号 Pa。

过去的文献和旧仪表曾使用的压力单位,如标准大气压(atm)、毫米汞柱(mmHg)、托(Torr)等,现在统一以帕重新定义,即

$$1 \text{ atm} = 101\ 325 \text{ Pa}(\approx 0.1 \text{ MPa}) = 760 \text{ mmHg}$$

$$1 \text{ mmHg} = 1 \text{ Torr} = 133.322 \text{ Pa}$$

实验室里常用福廷气压计测量环境的气压。一根长约 80 cm 的玻璃管,一端封口并灌满水银倒插入水银杯内,在标准大气压下,管内水银柱将会下降到距杯内水银面 76 cm 高度。气压变化,水银柱的高度就改变。利用玻璃管旁的黄铜米尺及游标装置可测量水银柱的高度。米尺的下端连接一象牙针,是高度的零点。使用时,先调节气压计悬挂铅直,然后利用底部旋钮升降水银杯,使杯中的水银面恰好与象牙针尖端接触(利用水银面反映的象牙针倒影判断)。最后调节游标旋钮,使游标的下缘与管中水银柱的弯月面顶部对齐,从米尺和游标上可以读出准确的水银柱高度,即大气压值。

若需精确测量,还必须做以下 3 项修正:

(1) 温度修正。由于水银密度随温度升高而变小以及黄铜受热膨胀等因素的影响,

须对气压的示值做温度修正。一般以 0 ℃时水银密度和黄铜标尺长度为准,所以将各不同温度下测量的水银柱高度,换算到 0 ℃时的读数。此项修正值为

$$\Delta P_1 = -1.63 \times 10^{-4} P \cdot t$$

式中,P 为 t ℃时的水银气压计示值(mmHg)。

（2）重力修正。由于各地区纬度不同、海拔高度不同,重力加速度的值也就不同,所以要进行重力修正（包括纬度修正和高度修正）。此项修正值为

$$\Delta P_2 = -P(2.65 \times 10^{-3} \cos 2\psi + 3.15 \times 10^{-7} h)(\text{mmHg})$$

式中,ψ 是当地纬度;h 为海拔高度(m);P 为以 mmHg 为单位的气压计示值。

（3）毛细管修正。由于毛细管的作用而使管中水银面低于大气压所应支持的水银柱高度,毛细管内径越小,其影响就越大,管中凸起的弯月面就越突出。根据弯月面的高度可得出相应的修正值 ΔP_3,加在气压计示值上。

实验一 拉伸法测定金属丝的杨氏模量

一、CCD 法

【实验目的】

（1）了解 CCD 的结构原理和使用方法。

（2）学习测量金属杨氏弹性模量的一种原理及方法。

（3）学习用逐差法处理数据。

【实验仪器】

LY-1 型 CCD 杨氏模量测量仪系统（图 3-1-1）。

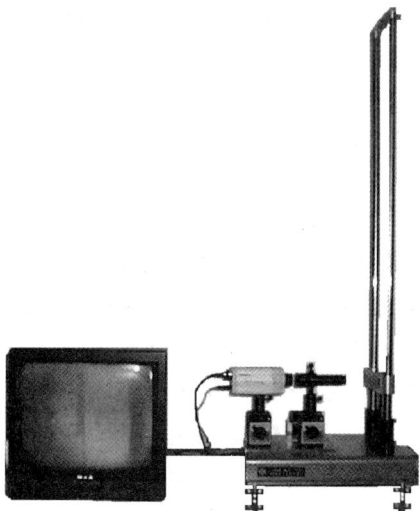

图 3-1-1　LY-1 型 CCD 杨氏模量测量仪系统

【实验原理】

设一根均匀的金属丝长度为 L,截面积为 S,沿长度方向受外力 F 作用,伸长(胁变)量为 ΔL。单位横截面积上垂直作用力 F/S 称为正应力,物体的相对伸长 $\Delta L/L$ 称为线应变。根据胡克定律:在弹性范围内,正应力与线应变成正比。即

$$\frac{\Delta L}{L} = \frac{1}{E} \cdot \frac{F}{S} \tag{3-1-1}$$

式中,比例系数 E 称为杨氏弹性模量。在国际单位制中,它的单位为 $\mathrm{N/m^2}$,它是描述材料抗应变能力的物理量,由材料本身的性质决定。

设金属丝的直径为 d,$S = \pi d^2/4$,将此式代入式(3-1-1),可得

$$E = \frac{4FL}{\pi d^2 \Delta L} \tag{3-1-2}$$

根据式(3-1-2)测杨氏模量时,F、d 和 L 都比较容易测量,但 ΔL 是微小的长度变化,难以用一般工具直接测量,在此采用 CCD 测量仪来实现。

与杨氏模量相关的物理量可用待测金属丝在静态拉伸实验中测得,主要是 ΔL 的测量。如图 3-1-2 所示,在悬垂的金属丝下端连着十字叉丝板和砝码盘,当盘中加上质量为 m 的砝码时,金属丝受力增加了 $F = mg$。将 $F = mg$ 代入式(3-1-2),得

$$E = \frac{4mgL}{\pi d^2 \Delta L} \tag{3-1-3}$$

式中,g 是当地的重力加速度,d 是细丝的直径。

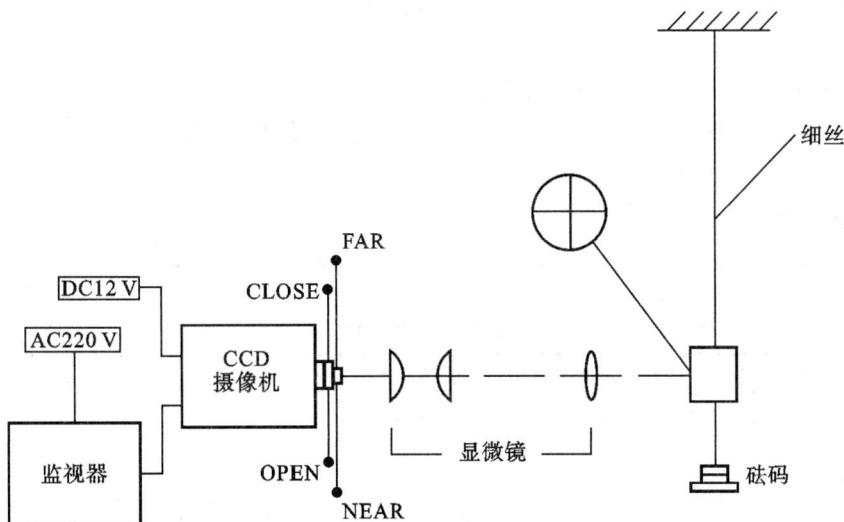

图 3-1-2 测量原理图

当铅垂的金属丝被质量为 m 的砝码拉伸,其长度标记随金属丝的形变而变化,我们可以通过最小分度值为 0.05 mm 的显微镜观测到金属丝的变化。采用 CCD 系统代替眼睛更便于观测,并且能够减轻视疲劳;CCD 摄像机的镜头将显微镜的光学图像会聚到 CCD(电荷耦合器件)上,再变成视频电信号,经视频电缆传送到图文监视器。

【实验内容】

1. 仪器调节

(1) 支架的调节:除显示器以外,各器件都在同一底座上。底座可以用螺旋底角调平。然后用上梁微调旋钮调节夹板的水平,直到穿过夹板的金属丝不靠贴小孔内壁。最后调节下梁一侧的防摆动装置,将两个螺丝分别旋进铅直金属丝下连接框两侧的"V"形槽内,并与框体之间形成两个很小的间隙,以便能够上下自由移动,又能避免发生扭转和摆动现象。

(2) 读数显微镜的调节:先按显微镜的工作距离大致确定物镜与被测十字叉丝屏的距离,然后用眼睛对准镜筒,转动目镜,对分划板调焦,以看到分划板上清晰的刻度,最后微移磁性底座,在分划板上找到清晰的十字叉丝像,经磁性底座升降微调,使刻度尺分划板的零线(或0~1 mm之间的其他位置)对准十字叉丝的横线,并微调目镜,尽量消除视差。最后锁住磁性底座。

(3) CCD成像系统的调节:使镜头对准显微镜,与目镜相距约1 cm,然后锁紧支杆。为了使图像清晰还须适当调节摄像镜头。

(4) 视频显示器的调节:屏幕正下方有四个旋钮,自左至右依次为调节水平扫描、垂直扫描、亮度和对比度。按下屏幕右下方的开关之后,几秒钟内显示屏即出现图像,调节水平和垂直扫描使图像稳定。实验中对比度宜大些,而亮度以适中为好。

2. 测量

(1) 记下待测金属丝下的砝码盘未加砝码时的读数,然后逐次增加相同质量的砝码,从屏上读取一组数据 $s_i(i=1,2,\cdots,8,9)$。然后逐一减掉砝码,又从屏上读取一组数据 s_i',两组数据逐一取平均值。

(2) 用米尺测出上下夹头间的金属丝长度 L。

(3) 用千分尺测出金属丝直径 d,由于金属丝的直径可能不均匀,应在金属丝上选不同部位及方向进行测量。

【数据处理】

(1) 用逐差法处理数据:测量金属丝的微小伸长量,记录于下表:

表 3-1-1　数据表

i	砝码质量 m_i/kg	增重时读数 s_i/mm	减重时读数 s_i'/mm	$\overline{s_i}=(s_i+s_i')/2$ /mm	$l_i=\overline{s_{i+5}}-\overline{s_i}$ /mm
0					
1					
2					
3					
4					
5					

续表

i	砝码质量 m_i/kg	增重时读数 s_i/mm	减重时读数 s_i'/mm	$\overline{s_i}=(s_i+s_i')/2$ /mm	$l_i=\overline{s_{i+5}}-\overline{s_i}$ /mm
6					
7					
8					
9					

（2）测量金属丝直径 d，记录于下表：

表 3-1-2　数据表 $d_0=$＿＿＿＿＿mm

测量部位	上部	中部	下部	平均值
d/mm				

（3）测量金属丝长度 L。

（4）将测得的物理量代入式（3-1-3），计算出金属丝的杨氏弹性模量，按传递公式计算出不确定度，并将测量结果表示为

$$E=\overline{E}+\overline{\Delta E}=(\underline{\quad}\pm\underline{\quad})\,\mathrm{N\cdot m^{-2}}$$

【注意事项】

（1）CCD 器件不可正对太阳、激光或其他强光源。注意保护镜头，请勿随意卸下，不要用手触摸任何镜头！

（2）待测金属丝必须保持直线状态，测直径时要特别谨慎，避免由于扭转、拉扯、牵挂导致细丝折弯变形。

（3）实验系统调好后，一旦开始测量不能再对系统的任一部分进行调整。否则，所有数据都将重新再测。

（4）加减砝码时，要轻拿轻放，并在金属丝稳定时读取数据。实验结束后，应将砝码取下。

（5）实验完成后，应将 CCD 摄像头关闭。监视器屏幕无自动保护功能，应避免长时间高亮度工作。

二、光杠杆放大法

【实验目的】

（1）掌握用光杠杆装置测微小长度变化的原理和方法。

（2）学习测量金属杨氏弹性模量的一种原理及方法。

（3）学习用逐差法处理数据。

【实验仪器】

望远镜、光杠杆及标尺等组成的杨氏模量测量系统。

【实验原理】

设一根均匀的金属丝长度为 L，截面积为 S，沿长度方向受外力 F 作用，伸长（胁变）量为 ΔL。单位横截面积上垂直作用力 F/S 称为正应力，物体的相对伸长 $\Delta L/L$ 称为线应变。根据胡克定律：在弹性范围内，正应力与线应变成正比。即

$$\frac{\Delta L}{L} = \frac{1}{E} \cdot \frac{F}{S} \tag{3-1-1}$$

式中，比例系数 E 称为杨氏弹性模量。在国际单位制中，它的单位为 N/m^2，它是描述材料抗应变能力的物理量，由材料本身的性质决定。

设金属丝的直径为 d，$S = \pi d^2/4$，将此式代入式(3-1-1)，可得

$$E = \frac{4FL}{\pi d^2 \Delta L} \tag{3-1-2}$$

根据式(3-1-2)测杨氏模量时，F、d 和 L 都比较容易测量，但 ΔL 是微小的长度变化，难以用一般工具直接测量，在此采用光杠杆放大法来实现。

望远镜和光杠杆组成的杨氏模量测量系统如图 3-1-3 所示。光杠杆系统是由光杠杆镜架与尺读望远镜组成的。光杠杆结构如图 3-1-4 所示，它实际上是附有三个尖足的平面镜。三个尖足的边线为一等腰三角形。前两足刀口与平面镜在同一平面内（平面镜俯

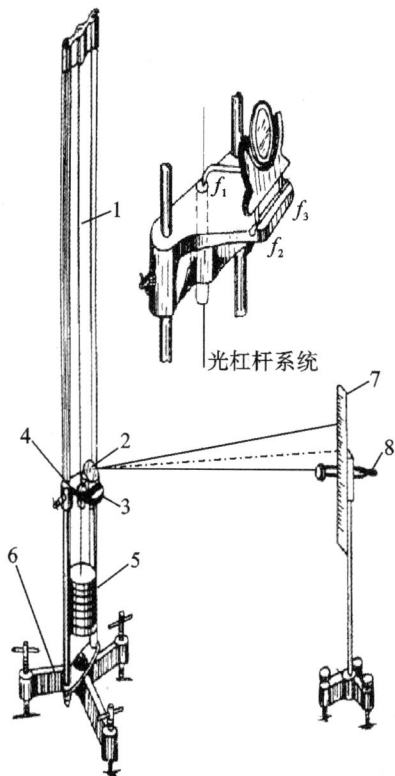

1—金属丝；2—光杠杆；3—平台；4—挂钩；
5—砝码；6—三角底座；7—标尺；8—望远镜

图 3-1-3　杨氏模量仪示意图

(a)

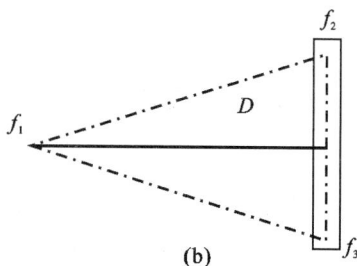

(b)

图 3-1-4　光杠杆及其结构简图

仰方位可调),后足在前两足刀口的中垂线上。尺读望远镜由一把竖立的毫米刻度尺和在尺旁的一个望远镜组成。

图 3-1-5 为光杠杆原理示意图,按仪器调节顺序调好全部装置后,就会在望远镜中看到经由光杠杆平面镜反射的标尺像。设开始时,光杠杆的平面镜竖直,即镜面法线在水平位置,在望远镜中恰能看到望远镜处标尺刻度 s_1 的像。当挂上重物使细钢丝受力伸长后,光杠杆的后脚尖 f_1 随之绕后脚尖 $f_2 f_3$ 下降 ΔL,光杠杆平面镜转过一较小角度 θ,法线也转过同一角度 θ。根据反射定律,从 s_1 处发出的光经过平面镜反射到 $s_2(s_2$ 为标尺某一刻度)。由光路可逆性,从 s_2 发出的光经平面镜反射后将进入望远镜中被观察到。由图 3-1-5 可知

$$\text{tg}\,\theta = \frac{\Delta L}{D}$$

$$\text{tg}2\theta = \frac{s_2 - s_1}{R} = \frac{l}{R}$$

式中,D 为光杠杆常数(光杠杆后脚尖至前脚尖连线的垂直距离);R 为光杠杆镜面至标尺的距离;l 为光杠杆后足尖下移 ΔL 前后标尺读数的差值。

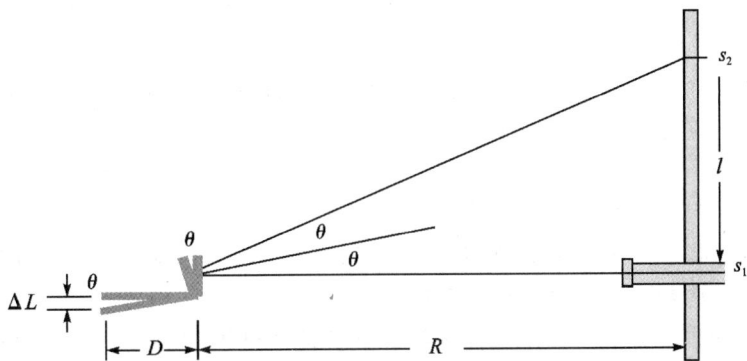

图 3-1-5 光杠杆原理示意图

由于偏转角度 θ 很小,即 $\Delta L \ll D, l \ll R$,所以近似地有

$$\theta = \frac{\Delta L}{D}, 2\theta = \frac{l}{R}$$

则

$$\Delta L = \frac{D}{2R}l \tag{3-1-4}$$

由上式可知,微小变化量 ΔL 可通过较易准确测量的 D, R, l,间接求得。

实验中取 $R \gg D$,光杠杆的作用是将微小长度变化 ΔL 放大为标尺上的相应位置变化 l,ΔL 被放大了 $2R/D$ 倍。通常 D 为 $4 \sim 8$ cm;R 为 $1 \sim 2$ m;放大倍数可达 $25 \sim 100$ 倍。将式(3-1-3)、式(3-1-4)代入式(3-1-2)中,得

$$E = \frac{8FLR}{\pi d^2 D l} = \frac{8mgLR}{\pi d^2 D l} \tag{3-1-5}$$

通过上式便可算出杨氏模量 E。

【实验内容】

1. 杨氏模量测定仪的调整

（1）调节杨氏模量测定仪三角底座上的调整螺钉，使支架、细钢丝铅直，使平台水平。

（2）将光杠杆放在平台上，两前脚放在平台前面的横槽中，后脚放在钢丝下端的夹头上适当位置，不能与钢丝接触，不要靠着圆孔边，也不要放在夹缝中。

2. 光杠杆及望远镜镜尺组的调整

（1）将望远镜放在离光杠杆镜面为 1.5～2.0 m 处，并使二者在同一高度。调整光杠杆镜面与平台面垂直，望远镜成水平，并与标尺竖直，望远镜应水平对准平面镜中部。

（2）调整望远镜：

① 移动标尺架和微调平面镜的仰角，及改变望远镜的倾角。使得通过望远镜筒上的准心往平面镜中观察，能看到标尺的像；

② 调整目镜至能看清镜筒中叉丝的像；

③ 慢慢调整望远镜右侧物镜调焦旋钮直到能在望远镜中看见清晰的标尺像，并使望远镜中的标尺刻度线的像与叉丝水平线的像重合；

④ 消除视差。眼睛在目镜处微微上下移动，如果叉丝的像与标尺刻度线的像出现相对位移，应重新微调目镜和物镜，直至消除为止。

（3）试加 9 个砝码，从望远镜中观察是否看到刻度（估计一下满负荷时标尺读数是否够用），若无，应将刻度尺上移至能看到刻度。

3. 测量

本实验采用等增量测量法。

（1）加减砝码。先逐个加砝码，共 9 个。每加一个砝码（1 kg），记录一次标尺的位置 s_i 然后依次减砝码，每减一个砝码，记下相应的标尺位置 s_i'。

（2）测量光杠杆常数 D。取下光杠杆在展开的白纸上同时按下三个尖脚的位置，用直尺作出光杠杆后脚尖到两前脚尖连线的垂线，用游标卡尺测出 D。

（3）测钢丝原长 L。用钢卷尺或米尺测出钢丝原长（两夹头之间部分）L。

（4）测钢丝直径 d。在钢丝上选不同部位及方向，用螺旋测微计测出其直径 d，重复测量 10 次，取平均值。

（5）测量望远镜的标尺到平面镜的距离 R，用钢卷尺或米尺。

【注意事项】

（1）实验系统调好后，一旦开始测量 s_i，在实验过程中绝对不能对系统的任一部分进行任何调整。否则，所有数据将重新再测。

（2）加减砝码时，要轻拿轻放，并使系统稳定后才能读取刻度尺刻度 s_i。

（3）注意保护平面镜和望远镜，不能用手触摸镜面。

（4）待测钢丝不能扭折，如果严重生锈和不直必须更换。

（5）实验完成后，应将砝码取下，防止钢丝疲劳。

（6）光杠杆主脚不能接触钢丝，不要靠着圆孔边，也不要放在夹缝中。

【数据处理】

本实验用以下两种方法处理数据,并分别求出待测钢丝的杨氏模量。

1. 用逐差法处理数据

将实验中测得数据列于表 3-1-3 中。

表 3-1-3　数据表

i	砝码质量 m_i/kg	增重时读数 s_i/cm	减重时读数 s_i''/cm	$\overline{s_i}=\dfrac{1}{2}(s_i+s_i')/\text{cm}$	$l_i=\overline{s_{i+5}}-\overline{s_i}/\text{cm}$
0					
1					
2					
3					
4					
5					
6					
7					
8					
9					

$L=$ 　　$\pm$　　cm

$D=$ 　　$\pm$　　cm

$L=$ 　　$\pm$　　cm

$R=$ 　　$\pm$　　cm

$d=$ 　　$\pm$　　cm

将所得数据代入式(3-1-5)中计算 E,并求出 $S(E)$,写出测量结果。

2. 用作图法处理数据

把式(3-1-5)改为

$$l=\frac{8LRgm}{\pi d^2 DE}=Km$$

$$K=\frac{8LRg}{\pi d^2 DE}$$

根据所得数据列出 l-m 数据表格(注意,这里的 l 各值为 $l_i=\overline{s_i}-\overline{s_0}$),作 l-m 图线,求其斜率 K,进而计算 E。

$$E=\frac{8LRg}{\pi d^2 DK}$$

【讨论思考】

（1）材料相同，粗细长度不同的两根钢丝，它们的杨氏弹性模量是否相同？

（2）光杠杆的原理是什么？调节时要满足什么条件？

（3）在拉伸法测杨氏模量实验中，关键是测哪几个量？

（4）本实验中，各个长度量为什么选用不同的器具来测定？测定次数为什么不同？试从误差和有效数字说明之

（5）在数据处理中我们采用了两种方法，哪一种处理的数据更精确？为什么？

（6）为什么要使钢丝处于伸直状态？如何保证？

（7）本实验中，哪个量的测量误差对测量结果的影响最大？

实验二　牛顿第二定律的验证

【实验目的】

（1）学习气垫导轨的原理及其调节使用方法。

（2）掌握智能测时器的简单原理和使用方法。

（3）通过对平均速度和瞬时速度的测定，理解物体的运动状态和运动规律。

（4）验证牛顿第二定律。

【实验仪器】

气垫导轨（包括光电门、滑块、挡光片、垫片等）、智能数字测时器、气泵、游标卡尺等。

【实验原理】

速度是力学中的一个重要物理量，通过测定滑块上挡光片的挡光时间和有效挡光距离，即可测定滑块沿气垫导轨的运动速度。

1. 平均速度的测定

物体做一维运动时，即做直线运动的物体在时间 Δt 内的位移为 Δx，则其平均速度表示为

$$\overline{v} = \frac{\Delta x}{\Delta t} \tag{3-2-1}$$

在气垫导轨上，使两光电门相距 Δx，滑块上使用条形挡光片，只要记录下时间 Δt，即可由式（3-2-1）求出滑块的平均速度 $\overline{v}$。

2. 瞬时速度的测定

物体在某一点或某一时刻的速度称为瞬时速度。瞬时速度表示为

$$v = \lim_{\Delta t \to 0}(\Delta s / \Delta t) = ds/dt \tag{3-2-2}$$

在实验中，直接利用式（3-2-2）测量物体在某点的瞬时速度是相当困难的，当物体运动速度不是很小，加速度不太大时，可以对运动物体取一很小的 Δx，用其平均速度近似地代替瞬时速度。

3. 验证牛顿第二定律

当质量为 m 的滑块沿倾角为 θ 的气垫导轨自由下滑时，根据牛顿第二定律有

$$F = mg\sin\theta - f_u = mg\,\frac{h}{L} - f_u = ma \qquad (3\text{-}2\text{-}3)$$

式(3-2-3)中，f_u 为滑块在运动中受到的空气的黏滞阻力(主要由滑块和导轨之间的空气层引起)。又根据运动方程：

$$2aS = V_2^2 - V_1^2 \qquad (3\text{-}2\text{-}4)$$

式(3-2-4)中，V_1 和 V_2 分别为滑块通过距离 S 的初、末速度。若忽略 f_u 的影响，则由式(3-2-3)和式(3-2-4)可得

$$g = (V_2^2 - V_1^2)L/(2Sh) \qquad (3\text{-}2\text{-}5)$$

验证式(3-2-5)成立亦即验证了牛顿第二定律。

【实验内容】

1. 准备

打开气泵，将压缩空气送入气垫导轨，将滑块放在导轨上，使滑块在导轨上能自由滑动。

2. 调节气垫导轨水平

(1) 静态调节法。接通气源，用手测试导轨，若感到导轨两侧气孔明显有气流喷出，则通气状态良好。把装有挡光片的滑块轻置于导轨中间部位，若滑块总向导轨一头定向滑动，则表明导轨该头的位置相对较低，可调节导轨底角的螺丝，使滑块在导轨上保持不动或稍微左右对称摆动，那么导轨已调水平。

(2) 动态调节法。调节两光电门的间距，使之相距 60～70 cm(以指针为准)。打开智能测时器，待导轨通气良好后，将滑块轻轻放在导轨一端，并给以一定初速度(切勿用力过大)，使之平稳运动。设滑块经过两光电门的时间分别为 Δt_1 和 Δt_2，观察 Δt_1 和 Δt_2 的数据，若考虑空气阻力的影响，滑块经过第一个光电门的时间 Δt_1 总是略小于经过第二个光电门的时间 Δt_2(两者相差 2% 以内)，就可认为导轨已调水平。否则继续调节导轨的底脚螺丝，反复观察，直到计算左右来回运动对应的时间差$(\Delta t_1 - \Delta t_2)$大体相同为止。若忽略空气阻力的影响，一般可认为当 $\Delta t_1 \approx \Delta t_2$ 时，导轨达到水平，若 Δt_1 和 Δt_2 差别较大，则应通过底角螺丝继续调节水平。

3. 测平均速度

导轨调水平后，在单脚螺丝下放一高为 h 的垫片，使导轨面产生一定的倾角，令两光电门间的距离为 60 cm，让滑块由某定点开始下滑，多次测定滑块经过两光电门之间的时间 Δt，由式(3-2-1)求平均速度 $\bar{v}$。

4. 测瞬时速度

光电门之间的距离保持不变，令滑块仍从同一位置从静止开始下滑，测出挡光片经过两个光电门的时间 Δt_1 和 Δt_2，由式(3-2-2)求出速度 $\bar{v}_1 = \Delta s/\Delta t_1$、$\bar{v}_2 = \Delta s/\Delta t_2$。改变挡光片宽度 Δs，重复上面的过程。在坐标纸上作 $\bar{v}_1 - \Delta t_1$、$\bar{v}_2 - \Delta t_2$ 曲线，求出 $\Delta t_1 \to 0$、$\Delta t_2 \to 0$ 时的 v_1 和 v_2 值。

5. 验证牛顿第二定律

(1) 调节光电计时装置使之正常工作，调节气垫导轨水平，选择"U"形挡光片，并用游标卡尺测其两前沿之间的宽度 Δs。

（2）确定并测量两光电门在导轨上的距离 s。测量垫片的厚度，将其垫在导轨的一只脚下，使导轨倾斜。让滑块从导轨的高端某一确定位置由静止下滑，测量滑块上挡光片通过两光电门的时间 Δt_1 和 Δt_2，重复测量 5 次取平均。逐次增加垫片，改变导轨的倾斜角度（共 5 次），重复以上测量。

（3）测量导轨下面左、右底角之间的距离 L。

（4）根据以上测量的数据，由式（3-2-5）分别计算对应导轨不同倾斜角度的 g 值，并与本地区 g 的公认值比较求其百分差，验证牛顿第二定律。

【注意事项】

（1）导轨未通气时，不允许将滑块放在导轨面上来回滑动。更换挡光片时，必须将滑块从导轨上取下，待调整好后再放上去。实验结束时，应将滑块从导轨上取下。

（2）气垫导轨的导轨面与滑块的工作面必须保持平整、清洁。使用前应用棉花加酒精擦拭，严禁压伤或撞击导轨，以免导轨变形。

（3）气轨上的小孔要保持通畅，若小孔堵塞，可用小于小孔直径的钢丝疏通。

（4）实验完毕，应用塑料罩将导轨覆盖，以免沾染灰尘。

【讨论思考】

（1）使用气垫导轨时要注意哪些问题？如何调平气垫导轨？

（2）从本实验测瞬时速度的方法中，你如何体会瞬时速度是平均速度的极限值？

（3）测平均速度、瞬时速度时，滑块应分别采取什么形状的挡光片？

（4）试结合实验数据分析实验中可能存在的误差来源？

【仪器说明】

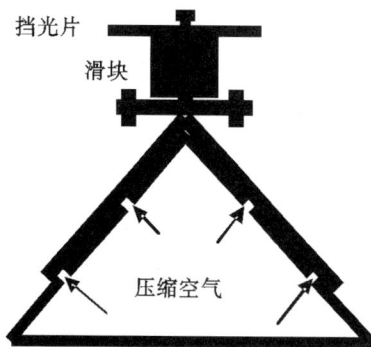

图 3-2-1　气垫导轨

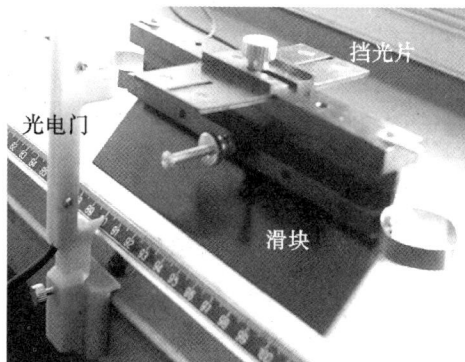

图 3-2-2　光电测时

气垫导轨，如图 3-2-1 所示，是采用气垫进行力学实验的装置。它可以消除导轨对运动物体的直接摩擦，它的主体是一根水平放置的空心菱柱形铝导轨，一端密封，另一端通入压缩空气。在气垫导轨的两个表面上有很多排列整齐的小孔，当有压缩空气从小孔喷出时，在滑块和导轨之间形成薄薄的空气膜，滑块就漂浮在气垫导轨上，滑块的下表面与导轨的上表面是经过精密加工严密吻合的。由于气垫的存在，滑块可以在导轨上做近乎没有摩擦的运动。滑块两端和导轨两端有缓冲弹簧连接，滑块可在两端弹簧间沿导轨来

回运动。导轨底部装有调平螺钉,可以调节导轨水平。实验室用气垫导轨装置由 4 部分组成:

(1) 导轨:由长 1.5~2 m 的非常平直的三角管状铝材料制成的,表面均匀分布着很小的气孔。导轨一端封死,另一端装有进气嘴,当压缩空气经橡皮管从进气嘴进入腔体后,就从气孔喷出,与导轨上的滑块之间形成一空气薄层,将滑块浮起,滑块浮起的高度一般为 10~200 μm。为了避免碰伤,导轨两端还装有缓冲弹簧,整个导轨安装在工字梁上,导轨下面有用以调节导轨水平的底角螺丝。

(2) 滑块:滑块是在导轨上运动的物体,一般长约 20 cm,也是用铝合金做成的。其内表面与导轨的两侧面经精密加工达到精密吻合,两端装有缓冲弹簧,上面还可安装挡光片和骑码等。

(3) 光电测时装置:由光电门和计时器组成,光电门由光敏管和发光管(或小聚光灯泡)组成,利用光敏管受光辐射所引起的电参数变化产生“计”“停”脉冲信号,来控制计时器的计时和停止计时。

为配合光电门,装在滑块上的挡光片分两种——条形挡光片和“U”形挡光片。

(4) 气源:可用空气压缩机作公用供气系统,也可每台导轨配置一只小型气源。要求气源供气压力稳定、气量适中。

实验三　扭摆法测定物体的转动惯量

【实验目的】

(1) 理解转动惯量的概念和平行轴定理的物理意义,观察刚体的扭转摆动现象,了解和掌握测量刚体转动惯量的原理和方法。

(2) 用扭摆测定几种不同形状规则物体的转动惯量和弹簧的扭转常数,并与理论进行比较。

(3) 验证转动惯量平行轴定理。

【实验仪器】

TH-Ⅰ型智能转动惯量实验仪及附件、数字计时仪、电子天平、游标卡尺、米尺等。

【实验原理】

转动惯量是刚体转动时惯性大小的量度,是表明刚体特性的一个物理量。刚体转动惯量除了与物体质量有关外,还与转轴的位置和质量分布(即形状、大小和密度分布)有关。如果刚体形状简单,且质量分布均匀,可以直接计算出它绕特定转轴的转动惯量。对于形状复杂、质量分布不均匀的刚体,用数学方法计算其转动惯量是极为复杂的,通常采用实验的方法来测定,例如机械部件、电动机转子和枪炮的弹丸等转动惯量的测定。实验上测定刚体的转动惯量,一般都是使刚体以一定形式运动,通过表征这种运动特征的物理量和转动惯量的关系间接地测定刚体的转动惯量。测定转动惯量的实验方法比较多,有扭摆法、三线摆法、拉伸法等。本实验采用使物体做定轴摆动,由摆动周期及其他参数的测定计算出物体的转动惯量。

扭摆的构造如图 3-3-1 所示,在垂直轴 1 上装有一根薄片状的螺旋弹簧 2,用以产生恢复力矩。在轴的上方可以装上各种待测物体。垂直轴与支座间装有轴承,以降低摩擦力矩。3 为水平仪,用来调整系统平衡。

将物体在水平面内转过一角度 θ 后(说明:该实验是定轴转动),在弹簧的恢复力矩作用下,物体就开始绕垂直轴做往返扭转运动。根据胡克定律,弹簧受扭转而产生的恢复力矩 M 与所转过的角度 θ 成正比,即

$$M = -K\theta \qquad (3\text{-}3\text{-}1)$$

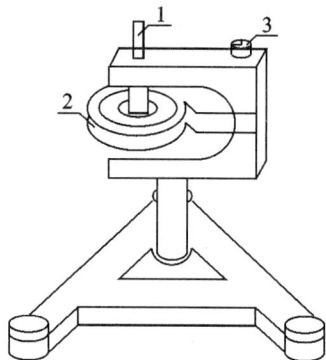

图 3-3-1 扭摆

式中,K 为弹簧的扭转常数。根据转动定律 $M = I\beta$ 有

$$\beta = \frac{\mathrm{d}^2\theta}{\mathrm{d}t^2} = \frac{M}{I} \qquad (3\text{-}3\text{-}2)$$

式中,I 为物体绕转轴的转动惯量,β 为角加速度。令 $\omega^2 = K/I$,忽略轴承的摩擦阻力矩,则由式(3-3-1)、式(3-3-2)得

$$\frac{\mathrm{d}^2\theta}{\mathrm{d}t^2} = -\omega^2\theta \qquad (3\text{-}3\text{-}3)$$

方程(3-3-3)表明扭摆运动具有角简谐振动的特性,角加速度与角位移成正比,且方向相反。此方程解为

$$\theta = A\cos(\omega t + \varphi) \qquad (3\text{-}3\text{-}4)$$

式中,A 为谐振动的角振幅,φ 为初相位角,ω 为角频率。谐振动的周期为

$$T = \frac{2\pi}{\omega} = 2\pi\sqrt{\frac{I}{K}} \qquad (3\text{-}3\text{-}5)$$

由式(3-3-5)可知,只要测得物体扭摆的摆动周期 T,并在 I 和 K 中任何一个量为已知时,即可计算出另一个量。

弹簧的扭转系数 K 可以用下述方法测量。设金属载物圆盘绕垂轴的转动惯量为 I_0,测出其摆动周期为 T_0。另一物体对其质心轴的转动惯量理论值为 I_1,将该物体置于圆盘中并使其质心轴与垂轴重合,测出复合体的摆动周期 T_1,由式(3-3-5)可知

$$T_0 = 2\pi\sqrt{\frac{I_0}{K}} \qquad (3\text{-}3\text{-}6)$$

$$T_1 = 2\pi\sqrt{\frac{I_0 + I_1}{K}} \qquad (3\text{-}3\text{-}7)$$

由式(3-3-6)和式(3-3-7)得到扭转常数为

$$K = \frac{4\pi^2 I_1}{T_1^2 - T_0^2} \qquad (3\text{-}3\text{-}8)$$

另外还可得金属载物盘的转动惯量 I_0 为

$$I_0 = \frac{T_0^2}{T_1^2 - T_0^2} I_1 \qquad (3\text{-}3\text{-}9)$$

理论分析证明,若质量为 m 的物体绕通过质心轴的转动惯量为 I_0,当转轴平移距离 d

时,则此物体对新轴线的转动惯量变为 $I = I_0 + md^2$,这称为转动惯量的平行轴定理。本实验将对此定理加以验证。

【实验内容】

(1) 熟悉扭摆的构造及使用方法,以及转动惯量测试仪的使用方法。

(2) 利用机座上的水平仪调整机座水平,然后利用金属载物圆盘和塑料圆柱体(其转动惯量可通过有关的测量计算得出),测定扭摆弹簧的扭转常数 K。

(3) 测定塑料圆柱体、金属圆筒、球体与金属细杆的转动惯量。并与理论计算值相比较,求其相对误差。注意:在测定金属圆筒的转动惯量时需把金属圆筒放到金属载物圆盘上,此时计算得到的转动惯量应该是圆筒和载物盘的转动惯量之和。而其他物体不需要用金属载物盘,只需将待测的物体安放在本仪器顶部的各种夹具上即可。

(4) 验证平行轴定理。转轴固定在细杆中心,并与细杆垂直,滑块对称固定在细杆两边凹槽内(细杆两相邻凹槽之间的间距为 5.0 cm)。分别测量滑块质心距转轴距离 d 为 5.0 cm,10.0 cm,15.0 cm,20.0 cm,25.0 cm 处滑块的转动惯量实验值,验证转动惯量的平行轴定理,并与理论结果相比较。

【数据处理】

(1) 参照表 3-3-1 的格式及公式,自己设计数据表格,并计算实验结果及误差。

表 3-3-1　数据处理表格

物体名称	质量 m/kg	几何尺寸 /$\times 10^{-2}$ m	周期/s T_i	周期/s $\overline{T_i}$	转动惯量理论值 /$\times 10^{-2}$ kg·m²	转动惯量实验值 /$\times 10^{-2}$ kg·m²
金属载物盘	/	/			/	$I_0 = \dfrac{I_1' T_0^2}{T_1^2 - T_0^2}$
塑料圆柱					$I_1' = \dfrac{1}{8} m D_{柱}^2$	$I_1 = \dfrac{K T_1^2}{4\pi^2} - I_0$
金属圆筒					$I_2' = \dfrac{1}{8} m (D_{外}^2 + D_{内}^2)$	$I_2 = \dfrac{K T_2^2}{4\pi^2} - I_0$
金属细杆					$I_4' = \dfrac{1}{12} m L^2$	$I_4 = \dfrac{K T_4^2}{4\pi^2} - I_{夹具}$

(2) 参照表 3-3-2 的格式及公式,自己设计数据表格,验证转动惯量的平行轴定理

【注意事项】

(1) 由于弹簧的扭转常数 K 值不是固定常数,它与摆动角度略有关系,摆角在 $40°\sim 90°$ 间基本相同。为了降低实验时由于扭摆角度变化过大带来的系统误差,在测定各种物体的摆动周期时,摆角不宜过小、变化不宜过大,若摆动 20 次后,摆角减小到小于上述摆角范围,可将初始摆角增大后再测量,且整个实验中摆角基本保持在上述范围内。

表 3-3-2　验证转动惯量的平行轴定理

质心离转轴的距离 /$\times 10^{-2}$ m	5.00	10.00	15.00	20.00	25.00
摆动 n 个周期的时间 T/s					
摆动周期 $\overline{T}$/s					
实验值/kg·m^2 $I=\dfrac{K}{4\pi^2}\overline{T}^2-I_{夹具}$					
理论值/kg·m^2 $I'=I_4+2mx^2+I_5$					
$|I_{理}-I|/I_{理}\times 100\%$					

（2）取、放和安装待测物体要小心，不得摔碰。

（3）光电探头宜放置在挡光杆的平衡位置处，两者不能接触，以免增大摩擦阻力矩。

（4）测转动周期时应注意使转轴保持在垂直方向，机座应随时保持水平状态（可借助机座上的水准仪，通过调节底角螺丝来保持水平）。

（5）测量时，各部分的螺钉都应拧紧，若发现摆动时有响声或摆动数次后摆角明显减小或停下，应将止动螺丝拧紧。

（6）称衡金属细杆的质量时，必须将支架取下，否则会带来较大的误差。

（7）为防止灰尘进入扭摆轴承引起较大阻力，实验结束后用塑料袋盖好仪器。

【讨论思考】

（1）扭摆的摆动周期是否会随摆幅的变化而变化？

（2）如果物体质心轴和仪器竖直轴不重合，对测量结果有什么影响？

（3）验证平行轴定理时，为什么不用一个滑块而用两个滑块对称放置？

实验四　简谐振动实验

【实验目的】

（1）熟悉气垫导轨的使用。

（2）通过在气垫导轨上的实验，研究谐振子模型的运动规律和主要特征。

（3）验证振动周期与振动系统参量的关系。

【实验仪器】

气垫导轨、滑块、弹簧、光电门、智能计时器、骑码、天平等。

【实验原理】

在气垫导轨上，放一质量为 m 的滑块，滑块两端分别用两根倔强系数为 K_1 和 K_2 的弹簧连接,两弹簧和滑块构成一弹簧振子系统。若把滑块所在的平衡位置 O 取作坐标原点,如图 3-4-1 所示。系统处于平衡状态时,滑块静止在 O 点;将滑块向右移动 x 时,作用于滑块上的弹性回复力 F 为(本实验中 $K_1=K_2=K_0$)

$$F = 2K_0 x \tag{3-4-1}$$

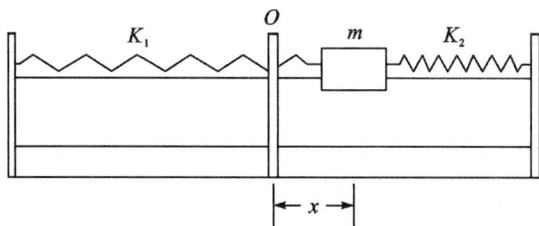

图 3-4-1　简谐振动装置示意图

当忽略滑块在运动中所受阻力时,滑块将在导轨上做简谐振动,振动的位移为

$$x = A\sin(\omega t + \varphi) \tag{3-4-2}$$

式中,A 是振幅,φ 是初位相。而振动的圆频率为

$$\omega = \sqrt{\frac{2K_0}{M}} \tag{3-4-3}$$

M 是滑块质量和弹簧的有效质量之和。周期为

$$T = 2\pi\sqrt{\frac{M}{2K_0}} \tag{3-4-4}$$

滑块的振动速度为

$$v = \frac{\mathrm{d}x}{\mathrm{d}t} = A\omega\cos(\omega t + \varphi) \tag{3-4-5}$$

显然,滑块的运动速度 v 随时间 t 的变化也是简谐的,其相位比位移 x 超前 $\pi/2$。

【实验内容】

1. 观测滑块的位移和速度随时间的变化关系

(1) 测量 $x\text{-}t$ 的关系。

调节气垫导轨成水平状态,选取两根倔强系数相同的弹簧和滑块联结成弹簧振子系统(注意弹簧的挂钩挂到固定于滑块上的金属片的小孔中)。将条形挡光片安装到滑块上,将一个光电门放在滑块平衡位置上,并使光电门的光孔在挡光片的右侧边缘附近,使滑块刚向右移即可挡光,另一光电门放在离平衡位置右侧距离 x 处,然后打开智能测时器,按"选择"键,显示"1Pr",然后按"执行"键。

将滑块从平衡位置向左拉开某一距离(设最大位移为 20 cm),然后释放,滑块由静止开始向右运动,滑块上的挡光片先后对两个光电门挡光,智能测时器上显示的时间即为滑块从平衡位置运动的右移 x 距离处的时间。

依次取 $x=4$ cm,6 cm,8 cm,…,18 cm,每次皆令滑块从左边同一位置开始运动,记下智能测时器所显示的相应时间 t。

滑块到达最大位移的时间测量方法如下:从导轨上取下非平衡位置处的光电门,把平衡位置处的光电门移到滑块静止时挡光片的中心处。将滑块向左拉到最大位移(20 cm 处释放),当滑块经过平衡位置时智能测时器开始计时,待滑块到达右侧最大位移,再返回平衡位置时智能测时器停止计时,这时智能测时器显示的时间为振动的半个周期,即 $t = T/2$,它是滑块从平衡位置到最大位移时间的 2 倍。

为了减小误差,对于每一个 x 处的时间均要测量 3～5 次,并取其平均值,用实测的 x 和 t 值,作 x-t 曲线。此曲线应为初相位 $\varphi = 0$ 的 1/4 周期正弦曲线。

(2) 测量 v-t 的关系。

块上取下条形挡光片,装上"U"形挡光片,移去非平衡位置处的光电门,将平衡位置处的光电门放在平衡位置挡光片两前沿的中心处。仍然将滑块向左拉开 20 cm 后释放,测出滑块通过平衡位置的速度 v($v = \dfrac{\Delta s}{\Delta t}$,$\Delta s$ 为"U"形挡光片两前沿的距离,Δt 为 Δs 的距离经过光电门的时间)。随后,将光电门每次右移 2 cm,记下相应的 Δt 的值,直到光电门右移至 18 cm 处。

计算不同位移 x 所对应的速度值 v,再从 x-t 曲线中查出 x 所对应的 t 值。作 v-t 曲线,它应是 $\varphi = 0$ 的余弦曲线。

2. 验证周期公式

(1) 验证周期与振幅无关。

将一光电门放到滑块平衡位置处,逐次将滑块拉开 5 cm,10 cm,15 cm 后释放,测量振动周期,验证振动周期与振动幅度无关。

(2) 验证 T 与 M 的关系,并求出弹簧的倔强系数和有效质量。

根据周期公式(3-4-4)可得

$$T^2 = \frac{2\pi^2}{K_0}(m + m_1 + 2m_0) \tag{3-4-6}$$

式(3-4-6)中,m_1 为滑块和挡光片的质量,m_0 和 K_0 为每根弹簧的有效质量和倔强系数,m 为加在滑块上的骑码的质量。在滑块两侧对称地逐次加骑码,测量相应的周期 T。作 T^2-m 图,此图线应为一直线。并根据直线求 m_0 和 K_0。由所得 T^2-m 数据,根据式(3-4-6),用线性回归验证 T 与 m 的关系,并求 m_0 和 K_0。

【思考题】

(1) 如果导轨未调到水平状态,对振动周期的测量有无影响?为什么?

(2) 若所用的两根弹簧的倔强系数不同,能否导出振动系统的周期公式?如何从实验上加以验证?

(3) 在测量周期时,条形挡光片的宽度对测量结果有什么影响?试结合所做实验估计其影响的大小。

(4) 在简谐振动过程中,弹簧的有效质量 m_0 是否等于用天平称出的质量?为什么?试称出弹簧的质量并与 m_0 比较。

注:气垫导轨的说明见实验二。

实验五　声速的测定

【实验目的】

(1) 了解超声换能器的工作原理和功能。

(2) 学习不同方法测定声速的原理和技术。

(3) 熟悉测量仪和示波器的调节使用。

(4) 测定声波在空气及水中的传播速度。

(5) 学会用逐差法处理数据。

【实验仪器】

ZKY-SS 型声速测定实验仪、双踪示波器。

【实验原理】

声波是一种在弹性媒质中传播的机械波。声波在媒质中传播时,声速、声衰减等诸多参量都和媒质的特性与状态有关,通过测量这些声学量可以探知媒质的特性及状态变化。例如,通过测量声速可求出固体的弹性模量,气体、液体的比重、成分等参量。

在同一媒质中,声速基本与频率无关,例如在空气中,频率从 20 Hz 变化到 80 000 Hz,声速变化不到万分之二。由于超声波具有波长短,易于定向发射,不会造成听觉污染等优点,我们通过测量超声波的速度来确定声速。超声波在医学诊断、无损检测、测距等方面都有广泛应用。

声速的测量方法可分为两类:

第一类方法是直接根据关系式 $v = s/t$,测出传播距离 s 和所需时间 t 后即可算出声速,称为"时差法",这是工程应用中常用的方法。

第二类方法是利用波长频率关系式 $v = f\lambda$,测量出频率 f 和波长 λ 来计算出声速,测量波长时又可用"共振干涉法"或"相位比较法",本实验用三种方法测量气体和液体中的声速。

1. 共振干涉(驻波)法测声速

到达接收器的声波,一部分被接收并在接收器电极上有电压输出,一部分被向发射器方向反射。由波的干涉理论可知,两列反向传播的同频率波干涉将形成驻波,驻波中振幅最大的点称为波腹,振幅最小的点称为波节,任何两个相邻波腹(或两个相邻波节)之间的距离都等于半个波长。

改变两只换能器间的距离,同时用示波器监测接收器上的输出电压幅度变化,可观察到电压幅度随距离周期性的变化。记录下相邻两次出现最大电压数值时游标尺的读数。相邻最大值之间的距离为

$$\Delta L = \lambda/2 \tag{3-5-1}$$

则

$$v = f\lambda = 2f\Delta L \tag{3-5-2}$$

实际测量中,为了提高测量精度,可连续多次测量并用逐差法处理数据。

2. 相位比较(行波)法测声速

声波是振动状态的传播,在声波传播方向上任何一点和波源之间都存在位相差。位相差 φ、声波频率 f、波速 v 和传播距离 L 之间的关系为

$$\varphi = \omega t = 2\pi f L / v = 2\pi L / \lambda \tag{3-5-3}$$

若将发射器驱动正弦信号与接收器接收到的正弦信号分别接到示波器的 X 及 Y 输入端,在示波器上可以观察到两个相互垂直的同频率简谐振动合成的李萨如图形,如图 3-5-1 所示。

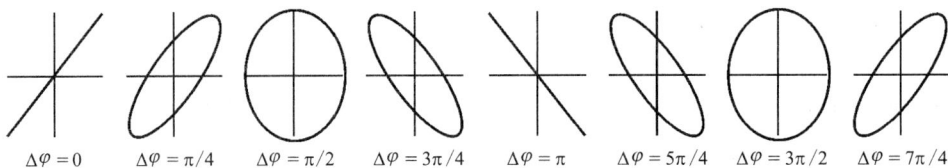

$\Delta\varphi = 0 \qquad \Delta\varphi = \pi/4 \qquad \Delta\varphi = \pi/2 \qquad \Delta\varphi = 3\pi/4 \qquad \Delta\varphi = \pi \qquad \Delta\varphi = 5\pi/4 \qquad \Delta\varphi = 3\pi/2 \qquad \Delta\varphi = 7\pi/4$

图 3-5-1 相位差不同的李萨如图

当接收器和发射器的距离改变时,相位差也发生变化,椭圆的特性也随之变化。每当相位差的变化满足 $\Delta\varphi = \varphi_2 - \varphi_1 = 2\pi L_2/\lambda - 2\pi L_1/\lambda = 2\pi$,即

$$\Delta L = L_2 - L_1 = \lambda \tag{3-5-4}$$

时,相同的李萨如图形就会重复出现,由此可以测定 λ,算出声速

$$v = f\lambda = f\Delta L \tag{3-5-5}$$

3. 时差法测量声速

若以脉冲调制正弦信号输入到发射器,使其发出脉冲声波,经时间 t 后到达距离 L 处的接收器。接收器接收到脉冲信号后,能量逐渐积累,振幅逐渐加大,脉冲信号过后,接收器做衰减振荡,如图 3-5-2 所示。t 可由测量仪自动测量,也可从示波器上读出。测出 L 后,即可由 $v = L/t$ 计算声速。

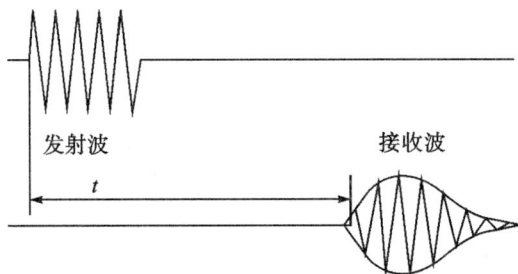

发射波   接收波

t

图 3-5-2 时差的测量

【实验内容】

1. 声速测定仪系统的连接与工作频率调节

(1) 连接好线路。

(2) 在接通市电(工频交流电)开机,显示欢迎界面后,自动进入按键说明界面。按确认键后进入工作模式选择界面,可选择驱动信号为连续正弦波工作模式(共振干涉法与相

位比较法)或脉冲波工作模式(时差法);在工作模式选择界面中选择驱动信号为连续正弦波工作模式,在连续正弦波工作模式中使信号源工作预热 15 min。

(3) 调节驱动信号频率到压电陶瓷换能器系统的最佳工作点。只有当发射换能器的发射面与接收换能器的接收面保持平行时才有较好的系统工作效果。为了得到较清晰的接收波形,还需将外加的驱动信号频率调节到发射换能器的谐振频率点处,才能较好地进行声能与电能的相互转换,以得到较好的实验效果。

按照调节到压电陶瓷换能器谐振点处的信号频率估计一下示波器的扫描时基并进行调节,使在示波器上获得稳定波形。以目前使用的换能器的标称工作频率而言,时基选择在 5~20 μs/div 会有较好的显示效果。

超声换能器工作状态的调节方法如下:在仪器预热 15 min 并正常工作以后,首先自行约定超声换能器之间的距离变化范围,在变化范围内随意设定超声换能器之间的距离,然后调节声速测定仪信号源输出电压(10~15 Vpp 之间),调整信号频率(在 30~45 kHz),观察频率调整时接收波形的电压幅度变化,在某一频率点处(34~38 kHz 之间)电压幅度最大,这时稳定信号频率,再改变超声换能器之间的距离,改变距离的同时观察接收波形的电压幅度变化,记录接收波形电压幅度的最大值和频率值;再次改变超声换能器间的距离到适当选择位置,重复上述频率测定工作,共测多次,在多次测试数据中取接收波形电压幅度最大的信号频率作为压电陶瓷换能器系统的最佳工作频率点,并在实验过程中保持不变。

2. 用共振干涉法测量空气中的声速

轻摇超声实验装置丝杆摇柄,在发射器与接收器距离为 5 cm 附近处,找到共振位置(振幅最大),作为第 1 个测量点。轻摇摇柄使接收器远离发射器,每到共振位置均记录位置读数,共记录 10 组数据于表 3-5-1 中。

表 3-5-1　共振干涉法测量空气中的声速

谐振频率 $f_0=$＿＿＿＿＿　温度 $T=$＿＿＿＿＿

测量次数 i	1	2	3	4	5	
位置 L_i/mm						
测量次数 i	6	7	8	9	10	$\lambda_{平均}$
位置 L_i/mm						
波长 λ_i/mm						

接收器移动过程中若接收信号振幅变动较大影响测量,可调节示波器的通道增益旋钮,使波形显示大小合理。

3. 用相位比较法测量空气中的声速

在发射器与接收器距离为 5 cm 附近处,找到 $\Delta\varphi=0$ 的点,作为第 1 个测量点。使接收器远离发射器,每到 $\Delta\varphi=0$ 时均记录位置读数,共记录 10 组数据于表 3-5-2 中。

表 3-5-2 相位比较法测量空气中的声速

谐振频率 $f_0 = $ _____ 温度 $T = $ _____

测量次数 i	1	2	3	4	5	
位置 L_i/mm						$\lambda_{平均}$
测量次数 i	6	7	8	9	10	
位置 L_i/mm						
波长 λ_i/mm						

接收器移动过程中若接收信号振幅变动较大影响测量,可调节示波器 Y 通道增益旋钮,使波形显示大小合理。

4. 用相位比较法测量水中的声速

在发射器与接收器距离为 3 cm 附近处,找到 $\Delta\varphi = 0$(或 π)的点,作为第 1 个测量点。使接收器远离发射器,接收器移动过程中若接收信号振幅变动较大影响测量,可调节示波器 Y 衰减旋钮。由于水中声波长约为空气中的 5 倍,为缩短行程,可在 $\Delta\varphi = 0, \pi$ 处均进行测量,共记录 10 组数据于表 3-5-3 中。

表 3-5-3 相位比较法测量水中的声速

谐振频率 $f_0 = $ _____ 温度 $T = $ _____

测量次数 i	1	2	3	4	5	
位置 L_i/mm						$\lambda_{平均}$
测量次数 i	6	7	8	9	10	
位置 L_i/mm						
波长 λ_i/mm						

5. 用时差法测量水中的声速

信号源选择脉冲波工作模式,设定发射增益为 2,接收增益调节为 2 档。将发射器与接收器距离为 3 cm 附近处,作为第 1 个测量点。摇动摇柄使接收器远离发射器,每隔 20 mm 记录位置与时差读数,共记录 10 组数据于表 3-5-4 中。

表 3-5-4 时差法测量水中的声速

谐振频率 $f_0 = $ _____ 温度 $T = $ _____

测量次数 i	1	2	3	4	5	
位置 L_i/mm						
时刻 t_i/μs						
测量次数 i	6	7	8	9	10	$v_{平均}$
位置 L_i/mm						
时刻 t_i/μs						
速度 v_i/m·s^{-1}						

也可以用示波器观察输出与输入波形的相对关系。将示波器在设定扫描工作状态，扫描速度约为 0.2 ms/div，发射信号输入通道调节为 1 V/div，并设为触发信号，接收信号输入通道调节为 0.1 V/div（根据实际情况有所不同）。

注：声速的经验计算公式为 $V = 331.45 + 0.59T$。

【注意事项】

（1）本实验要求较熟练地使用示波器，实验前必须认真预习示波器的使用。

（2）在空气中建议使用共振干涉法和相位比较法测量声速，水中建议使用相位比较法和时差法测量声速，固体中只能使用时差法测量声速。

（3）发射、接受增益的大小应在监测信号不失真的原则下设定。

【讨论思考】

（1）如果两个换能器不平行，对实验有没有影响？

（2）实验中应如何确定换能器的共振频率？

（3）连接好线路打开仪器电源后，发现示波器上没有信号，可能有哪些原因？

（4）在什么情况下可以使用逐差法处理数据？用逐差法处理数据有什么优点？

实验六　测定冰的熔解热

【实验目的】

（1）熟悉热学实验中的两个基本问题——量热和计温。

（2）学习选择实验参量及一种粗略修正散热影响的方法。

（3）用混合量热法测定冰的熔解热。

【实验仪器】

量热器、天平、温度计、量筒、烧杯、秒表、干布、冰等。

【实验原理】

一定压强下晶体开始熔解时的温度，称为该晶体在此压强下的熔点。质量为 1 g 的某种晶体熔解成同温度的液体所吸收的热量，叫作该晶体的熔解热。

本实验用混合法来测定冰的熔解热，其基本原理是：把待测的系统 A 和一个已知其热容的系统 B 混合起来，并设法使它们形成一个与外界没有热量交换的孤立系统 C（$C = A + B$）。于是，在此孤立系统中 A（或 B）所放出的热量，全部为 B（或 A）所吸收。因为已知热容的系统在实验过程中所传递的热量 Q 是可以由其温度的改变 δT 和热容 C_s 计算出来的，即 $Q = C_s \delta T$。因此，待测系统在实验过程中所传递的热量也就知道了。由此可见，保持系统为孤立系统，是混合量热法所要求的基本实验条件，这要从仪器装置、测量方法及实验操作等各方面去保证。如果实验过程中与外界的热交换不能忽略，就要做散热或吸热修正。温度是热学中的一个基本物理量，量热实验中必须测量温度。一个系统的温度，只有在平衡态时才有意义，因此计温时必须使系统温度达到稳定而均匀。用温度计的指示值代表系统温度，必须使系统与温度计之间达到热平衡。

为了使实验系统成为一个孤立系统，我们采用量热器。传递热量的方式有三种：传导、对流和辐射。因此,必须使实验系统与环境之间的传导、对流和辐射都尽量减少,量热器即能满足这样的要求。量热器的种类很多,随测量的目的、要求、测量精度的不同而异。最简单的一种如图 3-6-1 所示。它是由热的良导体做成的内筒,放在一个较大的外筒中组成。通常在内筒中放水、温度计及搅拌器,这些东西(内筒、温度计、搅拌器及水)连同放进的待测物就构成了我们所考虑的(进行实验的)系统。内筒、水、温度计和搅拌器的热容可以测知。

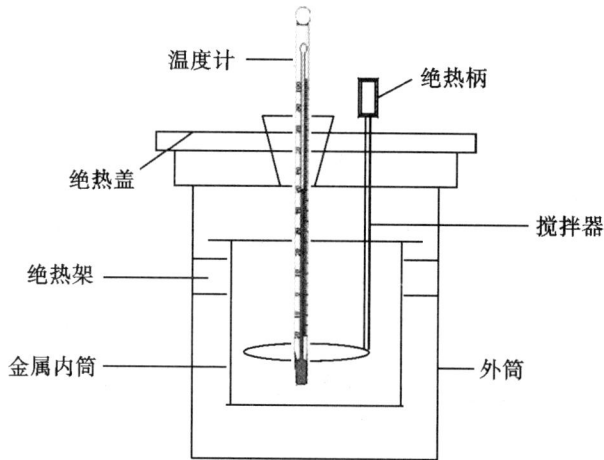

图 3-6-1　量热器装置简图

量热器的内筒置于一绝热架上,外筒用绝热盖盖住,因此其内的空气与外界对流很小。又因为空气是热的不良导体,所以内、外筒间通过热传导传递的热量便可以减至很少。同时由于内筒的外壁及外筒的内外壁都电镀得十分光亮,使得它们向外辐射热或吸收辐射热的本领变得很小,于是我们进行实验的系统和环境之间因辐射而产生热量的传递也可以减至很小。这样,量热器就可以粗略地被看作一个孤立系统了。

若有 M g、温度为 T_1 的冰与 m g 温度为 T_2 的水混合,冰全部熔解为水后的平衡温度为 T_3,设冰的熔点为 T_0。量热器的内筒和搅拌器的质量分别为 m_1, m_2,比热容分别为 c_1, c_2。温度计的热容为 δm。已知冰的比热容为 0.43 cal/(g・℃)(-40 ℃~ 0 ℃),水的比热容 C_0 为 4.187×10^3 J/(kg・℃)。若以 L 表示冰的熔解热,其单位为 J/kg,根据热平衡方程,则有

$$0.43M(T_0 - T_1) + ML + M(T_3 - T_0)C_0 = (mC_0 + m_1C_1 + m_2C_2 + \delta m)(T_2 - T_3)$$

$$(3\text{-}6\text{-}1)$$

在实验室条件下,使冰的温度为 0 ℃,而冰的熔点也可以认为是 0 ℃,即 $T_0 = T_1 = 0$ ℃。根据式(3-6-1)可得

$$L = \frac{1}{M}(mC_0 + m_1C_1 + m_2C_2 + \delta m)(T_2 - T_3) - T_3C_0 \qquad (3\text{-}6\text{-}2)$$

水银温度计的热容 $\delta m = 0.46$ V(cal/℃),其中 V 为温度计浸入水中的体积(单位为 cm³)。

为了尽可能使系统与外界交换的热量达到最小,在实验的操作过程中还要注意,不要用手去握量热器的任何部分;不应该在阳光的直接照射下或空气流动太快的地方进行实验;冬天要避免接近火炉或暖气做实验等。此外,由于系统与外界温度差越大时,它们之间传递热量越快,时间越长,传递的热量越多,因此在进行实验时,要尽可能使系统与外界温度差小,并尽量使实验过程进行得迅速。

尽管注意到了上述几个方面,但在实验中不可能使系统与环境的温度时时刻刻保持相同,这样就不可能完全达到绝热的要求。因此,在做某些测量时必须对系统与外界交换的热量进行修正。在系统与环境温度差不大时,这种修正是根据牛顿冷却定律来进行的。

牛顿冷却定律指出:当系统温度 T 与环境温度 θ 相差不大时(不超过 $10\sim15$ ℃),系统的散热速度 $\mathrm{d}q/\mathrm{d}t$ 与温度差 $(T-\theta)$ 成正比。即

$$\mathrm{d}q/\mathrm{d}t = K(T-\theta) \tag{3-6-3}$$

式中,$\mathrm{d}q$ 是系统散失的热量,$\mathrm{d}t$ 是时间间隔,K 是一个常数(称为散热常数),它与系统表面积成正比并随表面的吸收或发射辐射热的本领而变化。

本实验中,我们介绍一种根据牛顿冷却定律粗略修正散热的方法。已知当 $T>\theta$ 时,$\mathrm{d}q/\mathrm{d}t>0$,系统向外散热;当 $T<\theta$ 时,$\mathrm{d}q/\mathrm{d}t<0$,系统从环境吸热。若 $T_2>\theta$,$T_1<\theta$,实验过程中量热器温度 T 随时间的变化关系如图 3-6-2 所示,根据牛顿冷却定律可得,系统温度从 T_2 到 θ 量热器向外界环境散失的热量 $q_1 = \int_0^{T_2} K(T-\theta)\mathrm{d}t = KS_A$,同样可得从 θ 到 T_1 量热器从外界吸收的热量 $q_2 = \int_{T_1}^{\theta} K(T-\theta)\mathrm{d}t = KS_B$。显然,在图 3-6-2 中,若面积 $S_A = S_B$,则量热器在整个过程中散失和吸收的热量相互抵消。若 $S_A \neq S_B$,则可设法测出 K 值,并根据 S_A 和 S_B 对系统在过程中与外界交换的热量进行修正。

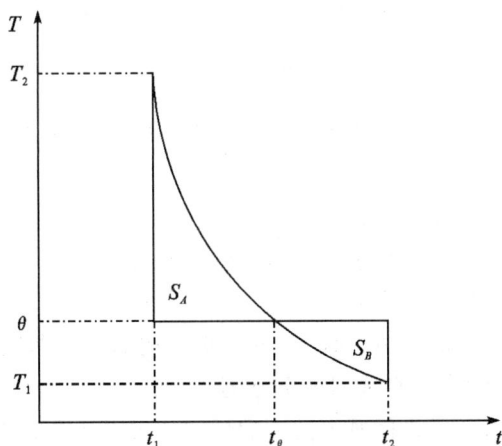

图 3-6-2　温度 T 随时间变化关系

【实验内容】

实验步骤由学生自行安排,应注意以下几点:

(1) 水的初温 T_2 可取比室温高 $10\sim15$ ℃,水的体积可取量热器内筒容积的 2/3

左右。

（2）选取透明、清洁的冰，冰的质量可由冰放入水中熔解后水的质量减去原来水的质量求得。冰在投入水之前应用干布将其表面所带水分吸干。注意，刚从冰箱取出的冰温度低于℃，需放置一段时间方为 0 ℃。

（3）在冰块总质量一定的情况下，冰块太大熔解时间会长，冰块太小其上残留的水分较多（尽管用干布吸附，但不可能完全吸干）。

（4）在实验进行过程中，必须不断地用搅拌器进行搅拌，以使温度计读数能较真实地反映系统温度。

（5）测定实验过程中系统温度随时间变化的情况，应每隔一定时间（如 15 s）测一次温度，作 T-t 图，以分析由于系统与外界有热交换对测量结果的影响，并作为重做实验时为减小系统与外界有热交换的影响对实验参量进行调整的依据。

（6）本实验不能刚好在投冰时刻测量系统温度，为能较准确地测定投冰时刻系统的温度 T_2，可在投冰前每隔一定时间（如 15 s）测一次系统温度，测 5～6 次，并在投冰时记下投冰时间，接着测冰熔解过程中系统的 T-t 值，将所测温度和相应时间一起画在 T-t 图上。用外推法确定投冰时刻的温度 T_2，即把投冰时刻之前的 T-t 曲线（应是直线）延伸至投冰时刻，则坐标轴 t 上投冰时刻所对应的该 T-t 曲线的纵坐标即为 T_2。

（7）本实验的量热器内筒为铝质的，其比热容为 8.79×10^{-2} J·kg^{-1}·℃$^{-1}$，搅拌器为铜质的，其比热容为 3.85×10^{-2} J·kg^{-1}·℃$^{-1}$。

（8）调整实验参量，多做几次测量，分析产生误差的原因，以减小误差。

本实验的内容都是热学实验的基本内容，无论在实验原理和方法（混合量热法和孤立系统，冷却定律和修正散热，测量原理等），仪器构造和使用（量热器、温度计等），操作技巧（搅拌、读温度等）和参量选择（水、冰取多少为宜？温度如何选择等）都对以后的热学实验有普遍意义，应注意了解和掌握。

【讨论思考】

（1）混合量热法必须满足什么实验条件？本实验是如何从仪器、实验安排和操作等各个方面来力求实现的？

（2）实验过程中为什么要不断轻轻搅拌？

（3）实验所用量热器的结构和量热原理是什么？

（4）选一块大冰好还是几块小冰好？为什么？

（5）设法测定实验系统的散热常数 K，并根据实测的 T-t 曲线估计，由于系统从环境吸热以及向环境散热不能抵消，造成对的 L 影响。

（6）试说明下列各种情况将使测出的冰的熔解热偏大还是偏小？只需定性说明。

① 假定测 T_2 以前没有对系统（水）进行搅拌，并且系统已在温室下静置了一段时间。

② 测 T_2 后到投入冰相隔了一段时间。

③ 搅拌过程中把水溅到量热器的盖子上。

④ 冰中含有水。

⑤ 水蒸发，在量热器绝缘盖上结成水滴。

实验七　空气比热容比的测定

【实验目的】

（1）学习用绝热膨胀法测定空气的比热容比。

（2）观测热力学过程中状态变化及基本物理规律。

【实验仪器】

FD-NCD 空气比热容比测定仪装置一套，Forton 式气压计。

【实验原理】

气体的定压比热容 C_P 和定容比热容 C_V 之比称为气体的比热容比，用符号 γ 表示（即 $\gamma = C_P/C_V$）。它被称气体的绝热系数，是一个重要的参量，经常出现在热力学方程中。通过测量 γ，可以加深对绝热、定容、定压、等温、等热力学过程的理解。

由于空气是一种复杂的混合气体，其中各成分所占比例并不固定，因此空气的 γ 理论值计算较难，多数是通过实验方法求得。实验装置见图 3-7-2，在贮气瓶瓶口的塞子上有两个活塞，其中 C_1 为进气活塞，C_2 为出气活塞。实验开始时，两活塞开通，瓶内空气为大气压强 P_0，温度为室温 T_0。首先关闭活塞 C_2。打开活塞 C_1，用打气球向瓶内打气，由于打气时外界对瓶中的气体做功使之压缩，故瓶中气体压强增大，温度升高。

停止打气，关闭活塞 C_1 后，瓶中空气由于放热而温度降低，压强减小。当温度降至室温 T_0 时，压强稳定，设为 P_1。瓶内空气达到状态 I（P_1，T_0）。此过程对瓶内空气来说是一个等容放热过程。

打开活塞 C_2，使瓶内气体迅速膨胀，当压强将至 P_0 时关闭活塞 C_2，瓶内空气达到状态 II（P_0，T_1）。由于放气过程很短，故认为此过程是一个近似的绝热过程，瓶内气体压强减小，温度降低。

我们把绝热膨胀后留在瓶内的气体当作研究的热力学系统（在状态 I 时，可认为它只占瓶内体积的一部分，但压强和温度分别是 P_1 和 T_0）。根据理想气体的绝热方程有

$$\left(\frac{P_1}{P_0}\right)^{\gamma-1} = \left(\frac{T_0}{T_1}\right)^{\gamma} \tag{3-7-1}$$

关于活塞 C_2 后瓶内空气的温度慢慢升高，压强增大，待稳定后达到状态 III（P_2，T_0）。对于我们研究的系统，这是一个等容吸热过程，有

$$\frac{P_2}{P_0} = \frac{T_0}{T_1} \tag{3-7-2}$$

由式（3-7-1）和式（3-7-2）可以得到

$$\left(\frac{P_1}{P_0}\right)^{\gamma} = \left(\frac{P_2}{P_0}\right)^{\gamma} \tag{3-7-3}$$

把式（3-7-3）两边取对数并整理得

$$\gamma = \frac{(\lg P_1 - \lg P_0)}{(\lg P_1 - \lg P_2)} \tag{3-7-4}$$

用以上方法测定 γ 值,由于所研究的过程并非准静态过程,所以由该实验所测得的结果比较粗糙,但其方法简单,并且有助于加深对热力学过程中状态变化的了解。

【实验内容】

(1) 按图 3-7-1 连接好仪器(注意电源的正极要与 AD590 的正极相接,请勿接错),开启电子仪器部分的电源,预热 20 min,然后调节调零电位器,把测电压用的三位半数字电压表的示值调到零。

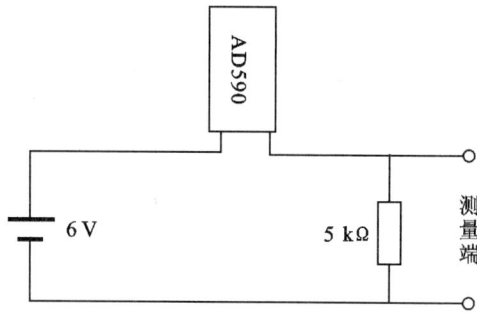

图 3-7-1　测量电路

(2) 把活塞 C_2 关闭,活塞 C_1 打开,用打气球把空气稳定地缓慢地打入气瓶内,用压力传感器和 AD590 温度传感器测量空气的压强和温度。当瓶中压强达到某一值时,关闭 C_1,待瓶内压强均匀稳定且温度达到室温时,记录压强 P_1 和温度 T_0 值(室温为 T_0)。

(3) 迅速打开活塞 C_2,当贮气瓶的空气压强降低至环境大气压强 P_0 时(即放气声消失),迅速关闭活塞 C_2,并记录此时瓶内空气温度 T_1。

(4) 待贮气瓶内空气的温度上升至室温 T_0 时,记录下贮气瓶内气体的压强 P_2。

(5) 计算空气比热容比 γ。

【数据记录】

表 3-7-1　数据记录参考表

P_0	P_1'	P_2'	P_1	P_2	γ

注:$P_1 = P_0 + P_1'$,$P_2 = P_0 + P_2'$

【注意事项】

(1) AD590 的正负极一定不能接错!

(2) 注意贮气瓶的密封,检查是否漏气。

（3）实验内容（3）在打开活塞 C_2 放气时，当听到放气声结束应迅速关闭活塞，提早或推迟关闭活塞都将影响实验要求，引入误差。由于数字电压表尚有滞后显示，如用计算机实时测量，发现此放气时间约零点几秒，并与放气声产生消失很一致，所以关闭活塞 C_2 用听声更可靠。

【思考题】

（1）该实验的误差来源主要有哪些？

（2）如何检查系统是否漏气？如有漏气，对实验结果有何影响？

（3）实验内容（3）中提早或推迟关闭活塞 C_2 会对测量结果带来什么影响？试用实验验证之。

【仪器介绍】

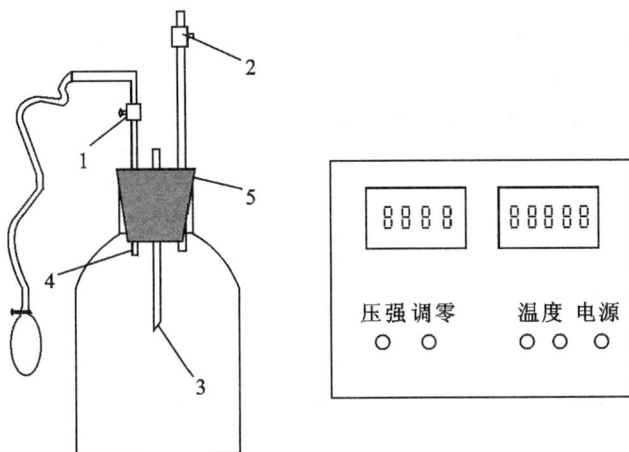

图 3-7-2　实验装置

图 3-7-2 实验装置中，1 为进气活塞 C_1。2 为放气活塞 C_2。3 为电流型集成温度传感器 AD590，它是新型半导体温度传感器，温度测量灵敏度高，线性好，测温范围为 $-50\ ℃\sim150\ ℃$。AD590 接 6 V 直流电源后组成一个稳流源，它的测温灵敏度为 $1\ \mu A/℃$，若串接 $5\ k\Omega$ 电阻后，可产生 $5\ mV/℃$ 的信号电压，接 $0\sim2\ V$ 量程四位半数字电压表，可检测到最小 $0.02\ ℃$ 温度变化。4 为气体压力传感器探头，由同轴电缆线输出信号，与仪器内的放大器及三位半数字电压表相接。当待测气体压强为 P_0 时，数字电压表显示为 0；当待测气体压强为 $P_0+10.00\ kPa$ 时，数字电压表显示为 $200\ mV$，仪器测量气体压强的灵敏度为 $20\ mV/kPa$，测量精度为 5 Pa。

实验八　准稳态法测比热和导热系数

【实验目的】

（1）了解准稳态法测量导热系数和比热的原理。

（2）学习热电偶测量温度的原理和使用方法。

（3）用准稳态法测量不良导体的导热系数和比热。

【实验仪器】

（1）ZKY-BRDR 型准稳态法比热导热系数测定仪。

（2）实验装置一个，实验样品两套（橡胶和有机玻璃，每套 4 块），加热板两块，热电偶两只，导线若干，保温杯一个。

【实验原理】

1. 准稳态法测量原理

考虑如图 3-8-1 所示的一维无限大导热模型：一无限大不良导体平板厚度为 $2R$，初始温度为 t_0，现在平板两侧同时施加均匀的指向中心面的热流密度 q_c，则平板各处的温度 $t(x, \tau)$ 将随加热时间 τ 而变化。

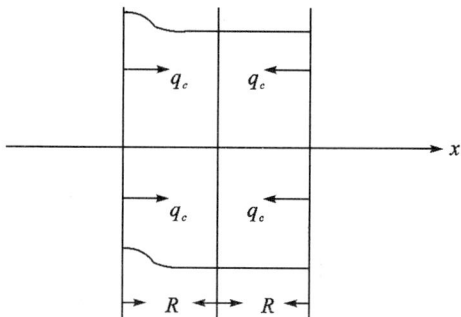

图 3-8-1 理想中的无限大不良导体平板

以试样中心为坐标原点，上述模型的数学描述可表达如下：

$$\begin{cases} \dfrac{\partial t(x, \tau)}{\partial \tau} = a \dfrac{\partial^2 t(x, \tau)}{\partial x^2} \\ \dfrac{\partial t(R, \tau)}{\partial x} = \dfrac{q_c}{\lambda} \quad \dfrac{\partial t(0, \tau)}{\partial x} = 0 \\ t(x, 0) = t_0 \end{cases} \quad (3\text{-}8\text{-}1)$$

式（3-8-1）中，$a = \lambda / \rho c$，λ 为材料的导热系数，ρ 为材料的密度，c 为材料的比热。可以给出此方程的解为

$$t(x, \tau) = t_0 + \frac{q_c}{\lambda}\left(\frac{a}{R}\tau + \frac{1}{2R}x^2 - \frac{R}{6} + \frac{2R}{\pi^2}\sum_{n=1}^{\infty} \frac{(-1)^{n+1}}{n^2} \cos\frac{n\pi}{R}x \cdot \mathrm{e}^{-\frac{an^2\pi^2}{R^2}\tau} \right) \quad (3\text{-}8\text{-}2)$$

考察 $t(x, \tau)$ 的解析式（3-8-2）可以看到，随加热时间的增加，样品各处的温度将发生变化，而且我们注意到式中的级数求和项由于指数衰减的原因，会随加热时间的增加而逐渐变小，直至所占份额可以忽略不计。

定量分析表明，当 $\dfrac{a\tau}{R^2} > 0.5$ 以后，上述级数求和项可以忽略。这时式（3-8-2）变成

$$t(x, \tau) = t_0 + \frac{q_c}{\lambda}\left[\frac{a\tau}{R} + \frac{x^2}{2R} - \frac{R}{6} \right] \quad (3\text{-}8\text{-}3)$$

这时，在试件中心处有 $x = 0$，因而有

$$t(x, \tau) = t_0 + \frac{q_c}{\lambda}\left[\frac{a\tau}{R} - \frac{R}{6} \right] \quad (3\text{-}8\text{-}4)$$

在试件加热面处有 $x = R$，因而有

$$t(x, \tau) = t_0 + \frac{q_c}{\lambda}\left[\frac{a\tau}{R} + \frac{R}{3} \right] \quad (3\text{-}8\text{-}5)$$

由式（3-8-4）和式（3-8-5）可见，当加热时间满足条件 $\dfrac{a\tau}{R^2} > 0.5$ 时，在试件中心面和加

热面处温度和加热时间呈线性关系,温升速率同为 $\dfrac{aq_c}{\lambda R}$,此值是一个和材料导热性能和实验条件有关的常数,此时加热面和中心面间的温度差为

$$\Delta t = t(R,\tau) - t(0,\tau) = \frac{1}{2}\frac{q_c R}{\lambda} \tag{3-8-6}$$

由式(3-8-6)可以看出,此时加热面和中心面间的温度差 Δt 和加热时间 τ 没有直接关系,保持恒定。系统各处的温度和时间呈线性关系,温升速率也相同,我们称此种状态为准稳态。

当系统达到准稳态时,由式(3-8-6)得到

$$\lambda = \frac{q_c R}{2\Delta t} \tag{3-8-7}$$

根据式(3-8-7),只要测量出进入准稳态后加热面和中心面间的温度差 Δt,并由实验条件确定相关参量 q_c 和 R,则可以得到待测材料的导热系数 λ。

另外在进入准稳态后,由比热的定义和能量守恒关系,可以得到下列关系式:

$$q_c = c\rho R\frac{\mathrm{d}t}{\mathrm{d}\tau} \tag{3-8-8}$$

比热为

$$c = \frac{q_c}{\rho R\dfrac{\mathrm{d}t}{\mathrm{d}\tau}} \tag{3-8-9}$$

式(3-8-9)中,$\dfrac{\mathrm{d}t}{\mathrm{d}\tau}$ 为准稳态条件下试件中心面的温升速率(进入准稳态后各点的温升速率是相同的)。

由以上分析可以得到结论:只要在上述模型中测量出系统进入准稳态后加热面和中心面间的温度差和中心面的温升速率,即可由式(3-8-7)和式(3-8-9)得到待测材料的导热系数和比热。

2. 热电偶温度传感器

热电偶结构简单,具有较高的测量准确度,可测温度范围为 $-50\ ℃\sim1\ 600\ ℃$,在温度测量中应用极为广泛。

由 A,B 两种不同的导体两端相互紧密的连接在一起,组成一个闭合回路,如图 3-8-2 (a)所示。当两接点温度不等($T>T_0$)时,回路中就会产生电动势,从而形成电流,这一现象称为热电效应,回路中产生的电动势称为热电势。

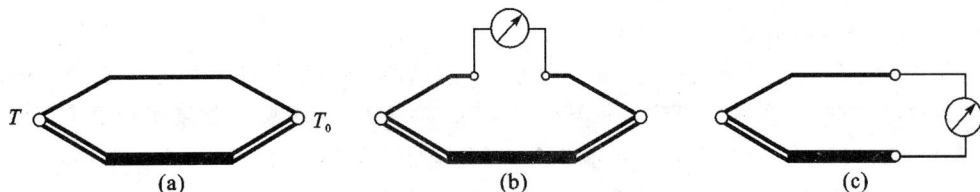

图 3-8-2　热电偶原理及接线示意图

上述两种不同导体的组合称为热电偶，A，B 两种导体称为热电极。两个接点，一个称为工作端或热端（T），测量时将它置于被测温度场中，另一个称为自由端或冷端（T_0），一般要求测量过程中恒定在某一温度。

理论分析和实践证明热电偶的如下基本定律：

热电偶的热电势仅取决于热电偶的材料和两个接点的温度，而与温度沿热电极的分布以及热电极的尺寸与形状无关（热电极的材质要求均匀）。

在 A，B 材料组成的热电偶回路中接入第三导体 C，只要引入的第三导体两端温度相同，则对回路的总热电势没有影响。在实际测温过程中，需要在回路中接入导线和测量仪表，相当于接入第三导体，常采用图 3-8-2(b)或(c)的接法。

热电偶的输出电压与温度并非线性关系。对于常用的热电偶，其热电势与温度的关系由热电偶特性分度表给出。测量时，若冷端温度为 0 ℃，由测得的电压，通过对应分度表，即可查得所测的温度。若冷端温度不为零度，则通过一定的修正，也可得到温度值。在智能式测量仪表中，将有关参数输入计算程序，则可将测得的热电势直接转换为温度显示。

【实验内容】

1. 安装样品并连接各部分连线

连接线路前，请先用万用表检查两只热电偶冷端和热端的电阻值大小，一般在 3～6 Ω 内，如果偏差大于 1 Ω，则可能是热电偶有问题，遇到此情况应请指导教师帮助解决。戴好手套（手套自备），以尽量地保证 4 个实验样品初始温度保持一致。将冷却好的样品放进样品架中。热电偶的测温端应保证置于样品的中心位置，防止由于边缘效应影响测量精度。（注意两个热电偶之间、中心面与加热面的位置不要放错，中心面横梁的热电偶应该放到样品 2 和样品 3 之间，加热面热电偶应该放到样品 3 和样品 4 之间。同时要注意热电偶不要嵌入到加热薄膜里）。然后旋动旋钮以压紧样品。在保温杯中加入自来水，水的容量约在保温杯容量的 3/5 为宜。根据实验要求连接好各部分连线（其中包括主机与样品架放大盒，放大盒与横梁，放大盒与保温杯，横梁与保温杯之间的连线）。

2. 设定加热电压

检查各部分接线是否有误，同时检查后面板上的"加热控制"开关是否关上（若已开机，可以根据前面板上加热计时指示灯的亮和不亮来确定，亮表示加热控制开关打开，不亮表示加热控制开关关闭），没有关则应立即关上。

开机后，先让仪器预热 10 min 左右再进行实验。在记录实验数据之前，应该先设定所需要的加热电压，步骤为：先将"电压切换"钮按到"加热电压"档位，再由"加热电压调节"旋钮来调节所需要的电压。（参考加热电压：18 V，19 V）

3. 测定样品的温度差和温升速率

将测量电压显示调到"热电势"的"温差"档位，如果显示温差绝对值小于 0.004 mV，就可以开始加热了，否则应等到显示降到小于 0.004 mV 再加热。（如果实验要求精度不高，显示在 0.010 左右也可以，但不能太大，以免降低实验的准确性）

保证上述条件后，打开"加热控制"开关并开始记数，记入表 3-8-1 中。（记数时，建议每隔 1 min 分别记录一次中心面热电势和温差热电势，这样便于后面的计算。一次实验

时间最好在 25 min 之内完成,一般在 15 min 左右为宜)

表 3-8-1　导热系数及比热测定记录

时间 τ/min	1	2	3	4	5	6	7	8	9	10	11	12	13	14	15
温差热电势 V_t/mV															
中心面热电势 V/mV															
每分钟温升热电势 $\Delta V = V_{n+1} - V_n$															

当记录完一次数据需要换样品进行下一次实验时,其操作顺序是:关闭加热控制开关→关闭电源开关→旋转螺杆旋钮以松动实验样品→取出实验样品→取下热电偶传感器→取出加热薄膜冷却。

注意:在取样品的时候,必须先将中心面横梁热电偶取出,再取出实验样品,最后取出加热面横梁热电偶。严禁以热电偶弯折的方法取出实验样品,这样将会大大减小热电偶的使用寿命。

4. 数据处理

准稳态的判定原则是温差热电势和温升热电势趋于恒定。实验中有机玻璃一般在 8～15 min,橡胶一般在 5～12 min,处于准稳态。有了准稳态时的温差热电势 V_t 值和每分钟温升热电势 ΔV 值,就可以由式(3-8-7)和式(3-8-9)计算最后的导热系数和比热容数值。式(3-8-7)和式(3-8-9)中各参量如下:

样品厚度 $R = 0.010$ m,有机玻璃密度 $\rho = 1\,196$ kg·m^{-3},橡胶密度 $\rho = 1\,374$ (kg·m^{-3})

热流密度

$$q_c = \frac{V^2}{2Fr} \ (\text{W·m}^{-2})$$

式中,V 为两并联加热器的加热电压;$F = A \times 0.09$ m $\times 0.09$ m 为边缘修正后的加热面积,A 为修正系数,对于有机玻璃和橡胶,$A = 0.85$;$r = 110\ \Omega$ 为每个加热器的电阻。

铜—康铜热电偶的热电常数为 0.04 mV·K^{-1}。即温度每差 1 K,温差热电势为 0.04 mV。据此可将温度差和温升速率的电压值换算为温度值。

温度差 $\Delta t = \dfrac{V_t}{0.04}$(K),温升速率 $\dfrac{\mathrm{d}t}{\mathrm{d}\tau} = \dfrac{\Delta V}{60 \times 0.04}$(K·s^{-1})。

【仪器介绍】

1. 主机

主机是控制整个实验操作并读取实验数据装置,主机前后面板如图 3-8-3、图 3-8-4 所示。

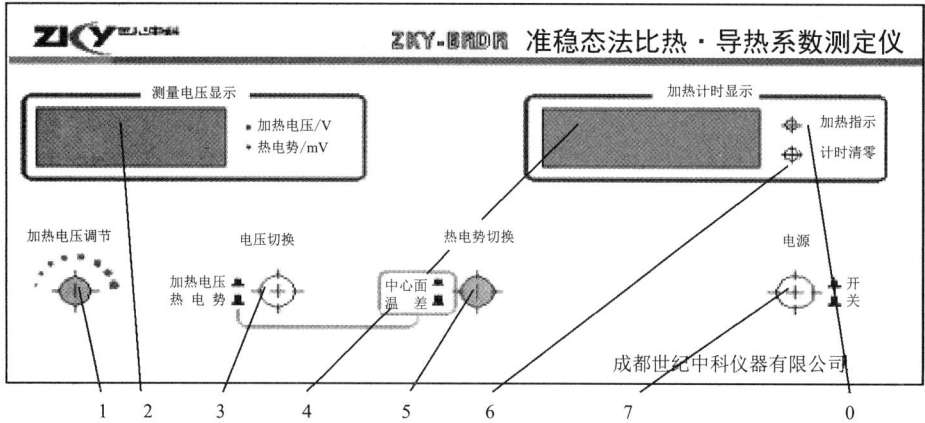

图 3-8-3　主机前面板示意图

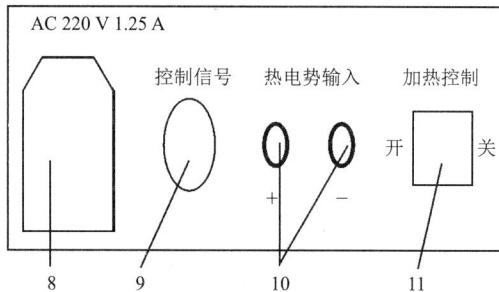

图 3-8-4　主机后面板示意图

0—加热指示灯:指示加热控制开关的状态。亮时表示正在加热,灭时表示加热停止。

1—加热电压调节:调节加热电压的大小(范围:15.00 V~19.99 V)。

2—测量电压显示:显示两个电压,即"加热电压(V)"和"热电势(mV)"。

3—电压切换:在加热电压和热电势之间切换,同时测量电压显示表显示相应的电压数值。

4—加热计时显示:显示加热的时间,前两位表示分,后两位表示秒,最大显示 99:59。

5—热电势切换:在中心面热电势(实际为中心面—室温的温差热电势)和中心面—加热面的温差热电势之间切换,同时测量电压显示表显示相应的热电势数值。

6—清零:当不需要当前计时显示数值而需要重新计时时,可按此键实现清零。

7—电源开关:打开或关闭实验仪器。

8—电源插座:接 220 V,1.25 A 的交流电源。

9—控制信号:为放大盒及加热薄膜提供工作电压。

10—热电势输入:将传感器感应的热电势输入到主机。

11—加热控制:控制加热的开关。

2. 实验装置

实验装置是安放实验样品和通过热电偶测温并放大感应信号的平台;实验装置采用了卧式插拔组合结构,直观,稳定,便于操作,易于维护,如图 3-8-5 所示。

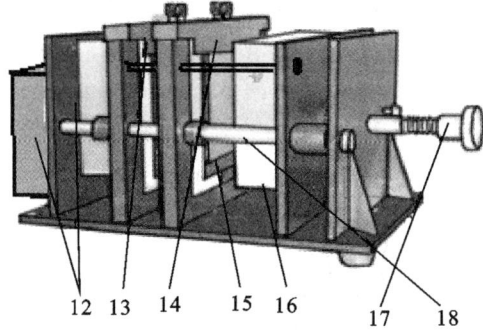

图 3-8-5　实验装置

12—放大盒:将热电偶感应的电压信号放大并将此信号输入到主机。

13—中心面横梁:承载中心面的热电偶。

14—加热面横梁:承载加热面的热电偶。

15—加热薄膜:给样品加热。

16—隔热层:防止加热样品时散热,从而保证实验精度。

17—螺杆旋钮:推动隔热层压紧或松动实验样品和热电偶。

18—锁定杆:实验时锁定横梁,防止未松动螺杆取出热电偶导致热电偶损坏。

3. 接线原理图及接线说明

实验时,将两只热电偶的热端分别置于样品的加热面和中心面,冷端置于保温杯中,接线原理如图 3-8-6 所示。

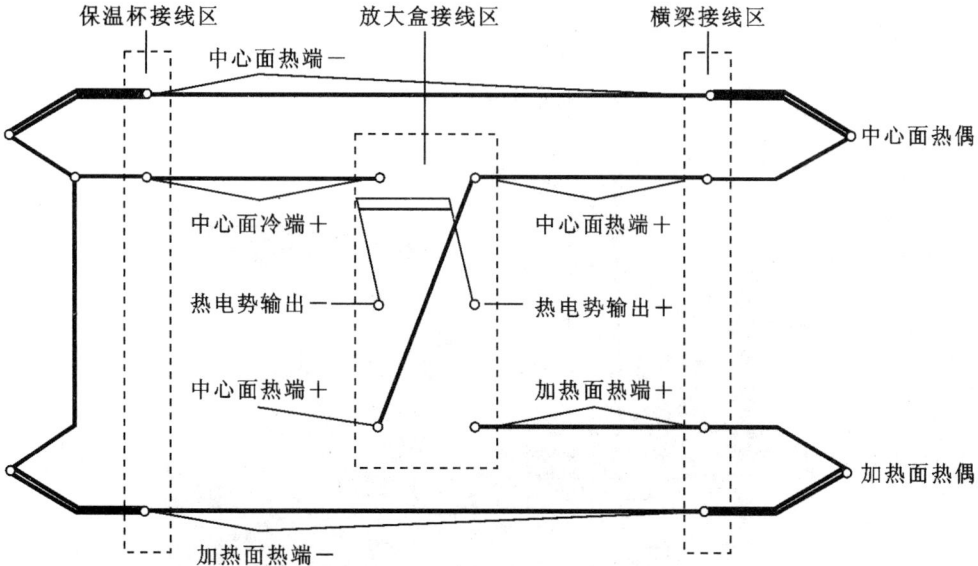

图 3-8-6　接线方法及测量原理图

放大盒的两个"中心面热端＋"相互短接,再与横梁的"中心面热端＋"相连(绿—绿—绿),"中心面冷端＋"与保温杯的"中心面冷端＋"相连(蓝—蓝),"加热面热端＋"与横梁的"加热面热端＋"相连(黄—黄),"热电势输出—"和"热电势输出＋"则与主机后面板的

"热电势输入－"和"热电势输出＋"相连(红—红,黑—黑);横梁的两个"－"端分别与保温杯上相应的"－"端相连(黑—黑);后面板上的"控制信号"与放大盒侧面的七芯插座相连。

主机面板上的热电势切换开关相当于图 3-8-6 中的切换开关,开关合在上边时测量的是中心面热电势(中心面与室温的温差热电势),开关合在下边时测量的是加热面与中心面的温差热电势。

实验九　拉脱法测定水的表面张力系数

一、力敏传感器

【实验目的】

(1) 熟悉 FD-NST-Ⅰ型液体表面张力系数测定仪的使用方法。

(2) 学习传感器的定标方法并计算传感器的灵敏度。

(3) 观察拉脱法测液体表面张力的物理过程和现象,并测量自来水的表面张力系数。

【实验仪器】

FD-NST-Ⅰ型液体表面张力系数测定仪、玻璃皿、游标卡尺、砝码、镊子、自来水、温度计、清洁用品(酒精、棉花等)。

【实验原理】

液体表面层分子间的吸引作用使表面张紧,且有收缩其表面积的趋势。在宏观上,液体表面好像是一张拉紧了的弹性膜,处在沿着表面的并使表面具有收缩趋势的张力作用下,这种张力叫作液体表面张力,用 f 表示。

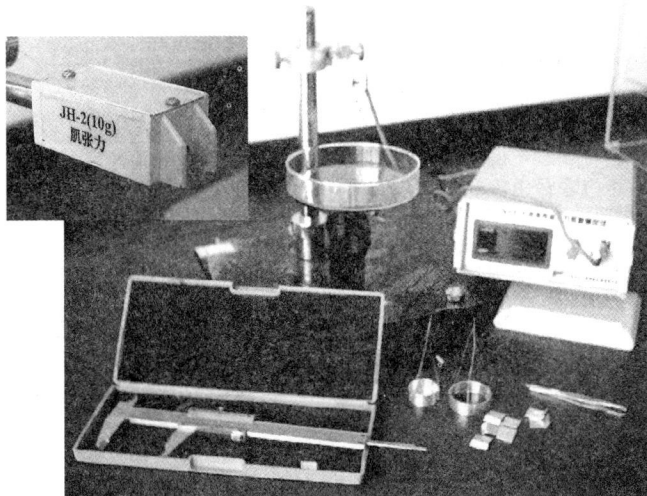

图 3-9-1　主要实验仪器装置

FD-NST-Ⅰ型液体表面张力系数测定仪是一种拉脱法液体表面张力系数测定仪,实验所用主要仪器参见图 3-9-1。一个金属环固定在传感器上,将该环浸没于液体中,并渐渐拉起圆环,在圆环脱离液体前,诸力的平衡条件为 $F = mg + f$,式中 F 为将圆环拉出液面时所施的外力。mg 为圆环和它所黏附的液体的总质量。当圆环从液面拉脱瞬间传感器受到的拉力差值 f 为

$$f = F - mg = (U_1 - U_2)/B \qquad (3\text{-}9\text{-}1)$$

式中,U_1,U_2 为测定仪的数字电压表读数,B 为传感器的灵敏度。

由于表面张力 f 与接触的周界长成正比,故有

$$f = \pi(D_1 + D_2)\alpha \qquad (3\text{-}9\text{-}2)$$

式中,D_1 和 D_2 分别为圆环的外径和内径,α 为液体的表面张力系数。

结合上两式得到

$$\alpha = \frac{U_1 - U_2}{B\pi(D_1 + D_2)} \qquad (3\text{-}9\text{-}3)$$

表面张力系数与液体的种类、纯度、温度以及液面外的气体种类等有关。

用拉脱法测液体的表面张力系数时,金属环对待测液体必须是浸润的,为此金属丝框在使用前必须进行洁净处理。

【实验内容】

1. 力敏传感器定标

(1) 开机预热。

(2) 清洗玻璃器皿和吊环。

(3) 在玻璃器皿内放入被测液体并安放在升降台上。(玻璃盛器底部可用双面胶与升降台面贴紧固定)

(4) 将砝码盘挂在力敏传感器的钩上,静止后调零。在盘中加不同质量的砝码,测出相应的电压输出值,用作图法或最小二乘法拟合得到仪器的灵敏度 B。

2. 自来水的表面张力系数的测定

(1) 用游标卡尺测量金属环的内外径 D_2 和 D_1。

(2) 调节升降架,记录在即将拉断水柱时数字电压表读数 U_1,拉断时数字电压表的读数 U_2。

(3) 将测得的相关数值代入公式(3-9-3)中求出水的表面张力系数 α。

【注意事项】

(1) 吊环须严格处理干净。

(2) 实验过程中,吊环要保持水平。

(3) 在旋转升降台时,尽量使液体的波动要小。

(4) 室内不易风力较大,以免吊环摆动致使零点波动,所测系数不准确。

(5) 特别注意手指不要接触被测液体。

(6) 力敏传感器使用时用力不宜太大,用力过大,传感器容易损坏。

(7) 实验结束须将吊环擦干。

【讨论思考】

(1) 本实验过程中为什么要严格保持金属环和玻璃皿的清洁?

(2) 分析本实验误差的主要来源及性质,并讨论如何减小其影响。

【仪器说明】

FD-NST-Ⅰ型液体表面张力系数测定仪是一种新型拉脱法液体表面张力系数测定仪。是由复旦大学物理实验教学中心与上海复旦天欣科教仪器有限公司联合研制的。

1. 硅压阻力敏传感器

(1) 受力量程:0～0.098 N。

(2) 灵敏度:约 3.00 V/N(用砝码质量作单位定标)。

(3) 非线性误差:≤0.2%。

(4) 供电电压:直流 5～12 V。

2. 显示仪器

(1) 读数显示:200 mV 三位半数字电压表。

(2) 调零:手动多圈电位器。

(3) 连接方式:5 芯航空插头。

3. 仪器结构图(图 3-9-2)

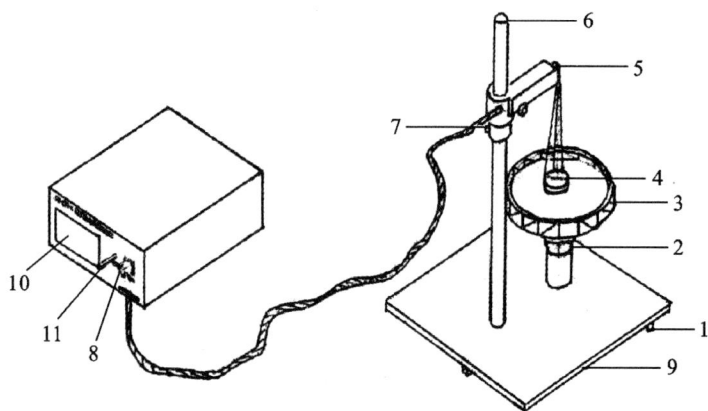

1—调节螺丝;2—升降螺丝;3—玻璃器皿;4—吊环;5—力敏传感器;

6—支架;7—固定螺丝;8—航空插头;9—底座;10—数字电压表;11—调零旋钮

图 3-9-2 实验装置的结构示意图

二、焦利秤

【实验目的】

(1) 学习用焦利秤测微小力的方法,掌握其调节技术。

(2) 在室温下用拉脱法测定自来水的表面张力系数。

【实验仪器】

焦利秤、精密电子天平、玻璃皿、游标卡尺、砝码、镊子、自来水、温度计、清洁用品(酒精、棉花等)。

【实验原理】

液体表面层分子间的吸引作用使表面张紧,且有收缩其表面积的趋势。设在液体表面上画一条线,则线的左右两部分有大小相等、方向相反,且与划线垂直又与表面相切的

相互作用的拉力 F,该力称为表面张力。它的大小与划线长度 L 成正比:

$$F = \alpha L \tag{3-9-4}$$

式中,比例系数 α 叫作表面张力系数。

本实验利用焦利秤采用拉脱法测定液体的表面张力系数。将一经过洁净处理的"∏"形金属丝框(图 3-9-3)挂在焦利秤弹簧的下端,调节弹簧下降,使"∏"形金属丝框浸入焦利秤置物台上的玻璃皿里的待测液体中,然后缓缓拉起,金属丝框则附有液体膜,继续拉起金属丝框则液膜破裂。设弹簧当薄膜破裂瞬间较金

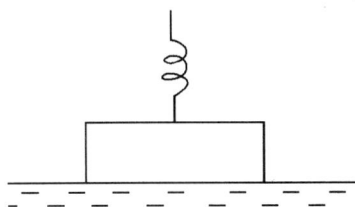

图 3-9-3 金属丝框

属丝未浸入液体、弹簧平衡时伸长 Δx,由 $F = K\Delta x$(K 为弹簧倔强系数),相当于液膜重量与在液膜破裂时液膜底边所受液体表面张力的合力。若忽略液膜重量并考虑到液膜有前后两个面,则液体的表面张力系数为

$$\alpha = F/2L = K\Delta x/2L \tag{3-9-5}$$

式中,L 为金属丝框的宽度。

表面张力系数与液体的种类、纯度、温度以及液面外的气体种类有关。

用拉脱法测液体的表面张力系数时,金属丝框对待测液体必须是浸润的,为此金属丝框在使用前必须进行洁净处理。

【实验内容】

1. 测定弹簧的倔强的系数

(1) 调节焦利秤(图 3-9-4),挂上砝码托盘,使指示镜 D 可在指标管 F 中上下自由运动。转动旋钮 G 使指示镜上刻度线与指标管上标记线及其在指示镜中的像三者完全对齐(这种状态称为"三线对齐")。读取套杆 B 和游标 V 上的读数值 x_0,将其作为坐标原点。

(2) 依次在砝码托盘 E 中加 $m_0, 2m_0, \cdots, nm_0$ 的砝码,根据所选用弹簧,由自己确定 m_0 值,每次增加砝码后,均应转动旋钮 G,使"三线对齐",记下 B 和 V 上相应的读数值 $x_1, x_2, \cdots, x_n$。

(3) 以 x 为纵坐标,所加砝码质量 m 为横坐标,作 x-m 图线。求图线斜率 B 则弹簧倔强系数:

$$K = g/B \tag{3-9-6}$$

式中,g 为重力加速度。

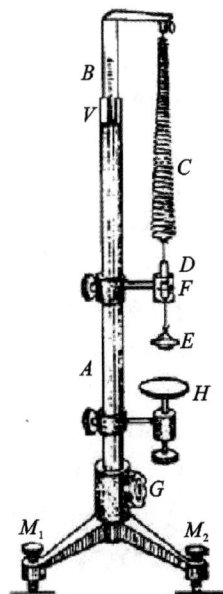

图 3-9-4 焦利秤

2. 测定自来水的表面张力系数

(1) 用棉花和酒清洗镊子及金属丝框,并将金属丝框挂在焦利秤砝码托盘下的小钩上。用去污粉和水把玻璃皿清洗干净(实验室已处理),然后在玻璃皿中注入自来水。

注意:金属丝框与玻璃皿一经洗净,实验中不得再用手触摸,以保持其洁净。

(2) 调节弹簧,使"三线对齐",记下 B 和 V 的读数值,作为 x_0。

(3) 调节平台 H 或套杆 B,使金属丝框浸入水中,待全部润湿后,调至"三线对齐"。

然后上调弹簧的同时下调平台,注意始终保持"三线对齐",并避免弹簧振动的干扰,缓缓调节,直到水膜刚被拉脱为止。记录此时 B 和 V 的读数值 x,则弹簧的伸长量为 $\Delta x = x - x_0$。

(4) 重复步骤(2)和(3)多次,得出多个 Δx 值,求其平均值和标准误差。

(5) 测量金属丝框宽 L 和水温 t。

(6) 根据式(3-9-5)计算表面张力系数 α。

(7)(选做)估计 $S(L)$,用计算器做线性拟合求弹簧倔强系数 K 及 $S(K)$,计算表面张力系数 α 及 $S(\alpha)$,写出测量结果。

【讨论思考】

(1) 焦利秤和一般弹簧秤有何不同?

(2) 实验过程中为什么要严格保持金属丝和玻璃皿的清洁?

(3) 分析本实验误差的主要来源及性质,并讨论如何减少其影响?

(4) 在测 x 时,往往多测几次,把数值较小的 x 值弃去不用,选几个数值较大的,为什么?

【仪器介绍】

焦利秤是用来测微小力的仪器。本实验中所用的焦利秤如图 3-9-4 所示,它是弹簧秤的一种。焦利秤主要由一立柱 A 和可升降的套杆 B 构成;套杆 B 上刻有毫米读数,立柱 A 上端设一游标 V,套杆顶端横梁上挂一弹簧 C,C 的下端通过一有指示线的平面小镜 D(简称指示镜)吊挂砝码托盘 E,F 为一玻璃管,管上刻有标记线,称为指标管;G 是一个旋钮,旋转它能升降套杆 B;M_1,M_2 为调整仪器立柱铅直的螺丝;H 为置物台,可用与其连接的螺旋使其升降。

实验十 落球法测定液体在不同温度的黏度

【实验目的】

(1) 用落球法测量不同温度下蓖麻油的黏度。

(2) 了解 PID 温度控制的原理。

(3) 练习用停表计时,用螺旋测微器测直径。

【实验仪器】

变温黏度测量仪,ZKY-PID 温控实验仪,停表,螺旋测微器,钢球若干。

【实验原理】

当液体内各部分之间有相对运动时,接触面之间存在内摩擦力,阻碍液体的相对运动,这种性质称为液体的黏滞性,液体的内摩擦力称为黏滞力。黏滞力的大小与接触面面积以及接触面处的速度梯度成正比,比例系数 η 称为黏度(或黏滞系数)。测量液体黏度可用落球法、毛细管法、转筒法等方法,其中落球法适用于测量黏度较高的液体。黏度的大小取决于液体的性质与温度,温度升高,黏度将迅速减小。例如,对于蓖麻油,在室温附近温度改变 1 ℃,黏度值改变约 10%。因此,测定液体在不同温度的黏度有很大的实际意义,欲准确测量液体的黏度,必须精确控制液体温度。

1. 落球法测定液体的黏度

1 个在静止液体中下落的小球受到重力、浮力和黏滞阻力 3 个力的作用,如果小球的速度 v 很小,且液体可以看成在各方向上都是无限广阔的,则从流体力学的基本方程可以导出表示黏滞阻力的斯托克斯公式:

$$F = 3\pi\eta v_0 d \tag{3-10-1}$$

式中,d 为小球直径。由于黏滞阻力与小球速度 v 成正比,小球在下落很短一段距离后(参见附录的推导),所受 3 力达到平衡,小球将以 v_0 匀速下落,此时有

$$\frac{1}{6}\pi d^3(\rho - \rho_0)g = 3\pi\eta v_0 d \tag{3-10-2}$$

式中,ρ 为小球密度,ρ_0 为液体密度,可解出黏度 η 的表达式:

$$\eta = \frac{(\rho - \rho_0)gd^2}{18v_0} \tag{3-10-3}$$

本实验中,小球在直径为 D 的玻璃管中下落,液体在各方向无限广阔的条件不满足,此时黏滞阻力的表达式可加修正系数 $(1 + 2.4d/D)$,因此有

$$\eta = \frac{(\rho - \rho_0)gd^2}{18v_0(1 + 2.4d/D)} \tag{3-10-4}$$

当小球的密度较大,直径不是太小,而液体的黏度值又较小时,小球在液体中的平衡速度 v_0 会达到较大的值,奥西思-果尔斯公式反映出了液体运动状态对斯托克斯公式的影响:

$$F = 3\pi\eta v_0 d\left(1 + \frac{3}{16}Re - \frac{19}{1\,080}Re^2 + L\right) \tag{3-10-5}$$

式中,Re 称为雷诺数,是表征液体运动状态的无量纲参数。

$$Re = v_0 d\rho_0/\eta \tag{3-10-6}$$

当 Re 小于 0.1 时,可认为式(3-10-1)、式(3-10-4)成立。当 $0.1 < Re < 1$ 时,应考虑式(3-10-5)中 1 级修正项的影响,当 Re 大于 1 时,还须考虑高次修正项。

考虑式(3-10-5)中 1 级修正项的影响及玻璃管的影响后,黏度 η_1 可表示为

$$\eta_1 = \frac{(\rho - \rho_0)gd^2}{18v_0(1 + 2.4d/D)(1 + 3Re/16)} = \eta\frac{1}{1 + 3Re/16} \tag{3-10-7}$$

由于 $3Re/16$ 是远小于 1 的数,将 $1/(1 + 3Re/16)$ 按幂级数展开后近似为 $1 - 3Re/16$,式(3-10-7)又可表示为

$$\eta_1 = \eta - \frac{3}{16}v_0 d\rho_0 \tag{3-10-8}$$

已知或测量得到 ρ,ρ_0,D,d,v_0 等参数后,由式(3-10-4)计算黏度 η,再由式(3-10-6)计算 Re,若需计算 Re 的 1 级修正,则由式(3-10-8)计算经修正的黏度 η_1。

在国际单位制中,η 的单位是 Pa·s(帕斯卡·秒),在厘米-克-秒制中,η 的单位是 P(泊)或 cP(厘泊),它们之间的换算关系是 1 Pa·s=10 P=1 000 cP。

2. PID 温控调节原理

在机电控制系统中,为了改进反馈控制系统的性能,人们经常选择各种各样的校正装

置,其中最简单最通用的是比例-积分-微分校正装置,简称 PID 校正装置。

（1）比例控制器（P 调节）。

在比例控制器中,调节规律是:控制器的输出信号 u 与偏差 e 成比例,

$$u = k_p e \qquad k_p \text{ 为比例增益}$$

从减小偏差的角度出发,应该增加 k_p,但是另一方面,k_p 还影响系统的稳定性,k_p 增加通常导致系统的稳定性下降,过大的 k_p 往往使系统产生激烈的振荡和不稳定。因此在设计时必须合理地优化和选择 k_p。

（2）积分控制器（I 调节）。

在积分控制器中,调节规律是:

$$u = k_I \int_0^\infty e \, \mathrm{d}t \qquad k_I \text{ 为积分增益}$$

积分控制器的显著特点是无差调节,也就是说当系统达到平衡后,阶跃信号稳态设定值和被调量无差,即 $e = 0$。直观理解为:积分的作用实际上是将 e 累积起来得到 u,如果偏差 e 不为 0,积分作用将使积分控制器的输出 u 不断增加或减小,系统将无法平衡,故而只有 e 为 0,积分控制器的输出 u 才不发生变化。

（3）微分控制器（D 调节）。

在微分控制器中,调节规律是

$$u = k_D \frac{\mathrm{d}e}{\mathrm{d}t} \qquad k_D \text{ 为微分增益}$$

比例和积分控制器都是出现了偏差才进行调节,而微分控制器则针对被调量的变化速率来进行调节,而不需要等到被调量已经出现较大的偏差后才开始动作。即微分调节器可以对被调量的变化趋势进行调节,及时避免出现大的偏差。

（4）PID 调节。

$$u = k_p e + k_E \int_0^\infty e \, \mathrm{d}t + k_D \frac{\mathrm{d}e}{\mathrm{d}t}$$

PID 控制原理简单,适用性强,可以广泛应用于机电控制系统。

【实验内容】

1. 检查仪器后面的水位管,将水箱水加到适当值

平常加水从仪器顶部的注水孔注入。若水箱捧空后第 1 次加水,应该用软管从出水孔将水经水泵加入水箱,以便排出水泵内的空气,避免水泵空转（无循环水流出）或发出嗡鸣声。

2. 设定 PID 参数

若对 PID 调节原理及方法感兴趣,可在不同的升温区段有意改变 PID 参数组合,观察参数改变对调节过程的影响,探索最佳控制参数。

若只是把温控仪作为实验工具使用,则保持仪器设定的初始值,也能达到较好的控制效果。

3. 测定小球直径

在测量蓖麻油的黏度时建议采用直径 1 mm 的小球,这样可不考虑雷诺修正或只考虑 1 级雷诺修正。用螺旋测微器测定小球的直径 d,将数据记入表 3-10-1 中。

表 3-10-1　小球的直径

次数	1	2	3	4	5	6	7	8	平均值
$d/\times10^{-3}$ m									

4. 测定小球在液体中下落速度并计算黏度

温控仪温度达到设定值后再等约 10 min,使样品管中的待测液体温度与加热水温完全一致,才能测液体黏度。

用镊子夹住小球沿样品管中心轻轻放入液体,观察小球是否一直沿中心下落,若样品管倾斜,应调节其铅直。测量过程中,尽量避免对液体的扰动。

用停表测量小球落经一段距离的时间 t,并计算小球速度 v_0,用式(3-10-4)或式(3-10-8)计算黏度 η,记入表 3-10-2 中。

表 3-10-2 中,列出了部分温度下黏度的标准值,可将这些温度下黏度的测量值与标准值比较,并计算相对误差。

将表 3-10-2 中 η 的测量值在坐标纸上作图,表明黏度随温度的变化关系。

实验全部完成后,用磁铁将小球吸引至样品管口,用镊子夹入蓖麻油中保存,以备下次实验使用。

表 3-10-2　黏度的测定

温度 /℃	时间/s						速度 /m·s⁻¹	η/Pa·s 测量值	η/Pa·s 标准值
	1	2	3	4	5	平均			
10									2.420
15									
20									0.986
25									
30									0.451
35									
40									0.231
45									
50									
55									

已知:$\rho=7.8\times10^3$ kg·m⁻³　　$\rho_0=0.95\times10^3$ kg·m⁻³　　$D=2.0\times10^{-2}$ m

【仪器介绍】

1. 落球法变温黏度测量仪

变温黏度仪的外形如图 3-10-1 所示。待测液体装在细长的样品管中,能使液体温度较快地与加热水温达到平衡,样品管壁上有刻度线,便于测量小球下落的距离。样品管外的加热水套连接到温控仪,通过热循环水加热样品。底座下有调节螺钉,用于调节样品管的铅直.

2. 开放式 PID 温控实验仪

温控实验仪包含水箱、水泵、加热器、控制及显示电路等部分。

本温控实验仪内置微处理器,带有液晶显示屏,具有操作菜单化,能根据实验对象选择 PID 参数以达到最佳控制,能显示温控过程的温度变化曲线和功率变化曲线以及温度和功率的实时值,能存储温度及功率变化曲线,控制精度高等特点,仪器面板如图 3-10-2 所示。

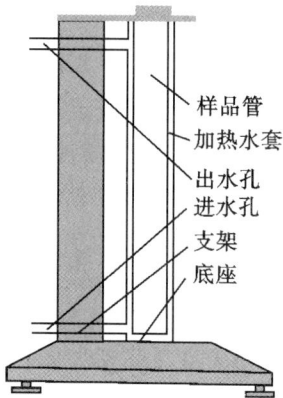

图 3-10-1 变温黏度计

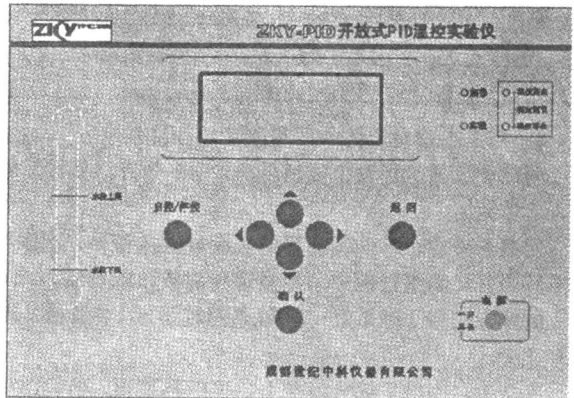

图 3-10-2 温控实验仪面板

开机后,水泵开始运转,显示屏显示操作菜单,可选择工作方式,输入序号及室温,设定温度及 PID 参数。使用◀▶键选择项目,▲▼键设置参数,按确认键进入下一屏,按返回键返回上一屏。

进入测量界面后,屏幕上方的数据栏从左至右依次显示序号、设定温度、初始温度、当前温度、当前功率、调节时间等参数。图形区以横坐标代表时间,纵坐标代表温度(以及功率),并可用▲▼键改变温度坐标值。仪器每隔 15 s 采集 1 次温度及加热功率值,并将采得的数据标示在图上。温度达到设定值并保持两分钟温度波动小于 $0.1\ ℃$,仪器自动判定达到平衡,并在图形区右边显示过渡时间 ts,动态偏差 σ,静态偏差 e。一次实验完成退出时,仪器自动将屏幕按设定的序号存储(共可存储 10 幅),以供必要时查看、分析、比较。

3. 停表

PC396 电子停表具有多种功能。按功能转换键,待显示屏上方出现符号,且第 1 和第 6,7 短横线闪烁时,即进入停表功能。此时按开始/停止键可开始或停止计时,多次按开始/停止键可以累计计时。一次测量完成后,按暂停/回零键使数字回零,准备进行下一次测量。

第4章　电磁学实验

电磁学实验基础知识

本节包括电磁学实验常用仪器和基本操作规程两部分。这些内容至关重要,在做电磁学实验前务必认真阅读,仔细领会;在做实验时要自觉运用,做到熟练掌握。

一、常用电学仪器及元件

1. 直流电源

实验室常用直流电源有晶体管直流稳压电源和干电池、蓄电池等。

晶体管直流稳压电源的优点是输出电压长期稳定性好、输出可调、功率(额定电流)大、内阻小、可长期连续使用。缺点是工作时由于用交流电源供电,因而短期稳定性不如干电池,会受电网电压波动的影响。一般说来体积也较大。

干电池输出电压的短期稳定性好,使用时不会对用电电路造成交流噪声干扰和电磁干扰,常用于对稳压要求高的电路或便携式仪器中。缺点是容量有限,使用寿命短,不能长期连续使用。干电池变坏的标志是内阻变大,端电压变低,严重失效的会流出腐蚀性液体。干电池需要经常检查,及时更换。

选用电源要注意:① 输出电压是否满足要求;② 电源是否超载,即负载取用电流是否超过电源的额定值,如果超载,直流稳压电源会很快发热以致烧坏,干电池会很快报废;③ 要谨防电源两极短路。

2. 标准电池

标准电池具有稳定而准确的电动势,因而自 1908 年即被国际计量局推荐作为电压单位的基准器。标准电池的正极是汞,上面覆盖有硫酸亚汞固体作为去极化剂;负极为镉汞齐,电解液为硫酸镉溶液。各种化学物质密封在玻璃管内,两电极由铂导线引出,然后装入金属筒内。

根据硫酸镉电解液饱和程度不同,标准电池又分为饱和型和不饱和型两种。从外形看,又分为 H 型和单管型。

饱和型标准电池电解液中有过剩的硫酸镉晶体,负极镉汞齐中含镉 10%、汞 90%。其电动势在恒温下有很高的长期稳定性,年变化不超过几微伏。当使用环境温度偏离 20 ℃时,根据 1986 年颁布的国家计量检定规程,其电动势温度修正公式为

$$E_t = E_{20} - 39.94 \times 10^{-6}(T-20) - 0.929 \times 10^{-6}(T-20)^2$$
$$+ 0.009\,0 \times 10^{-6}(T-20)3 - 0.000\,06 \times 10^{-6}(T-20)^4 (V)$$

式中，E_{20} 是在 20 ℃时的电动势。

不饱和标准电池，在规定使用温度范围内硫酸镉电解液处于不饱和状态，负极镉汞齐中含镉 12.5%、汞 87.5%。其结构和化学成分与饱和型基本相同，只是电解液中无过量的硫酸镉晶体。电动势长期稳定性比饱和型差，变化量为 20~200 $\mu V \cdot a^{-1}$；但其温度稳定性较好，为 -1~-5 $\mu V \cdot ℃^{-1}$。在 0~50 ℃范围内电动势不必修正，可取其 20 ℃时的值。

标准电池按其年稳定度分等级。例如实验室常用的 BC3 型标准电池，等级指数 0.005，其电动势年变化量不超过 ± 50 μV。

每只标准电池出厂时，都附有检定证书，给出该电池 20 ℃时的电动势值及内阻值。在准确度要求高的情况下使用，可先按实际使用温度（标准电池插有温度计）对检定值做温度修正，并可简单地以该电池等级指数所规定的一年内电动势允许偏差值作为误差限。在大学物理实验中，一般取标准电池电动势为 1.018 V 就可以了，在室温变化范围内不必做温度修正，而且可不考虑其误差。因温度修正值和误差限都远小于 10^{-3} V。

使用中应注意如下事项：

（1）温度要求在规定的工作温度范围。使用中要远离冷源和热源，防止骤冷骤热。

（2）充放电电流，一般要求不得超过 1 μA。在补偿电路中使用时极性不得接反；不得用伏特计测量其电动势；不能用多用表或电桥测量其内阻；要谨防两极短路，不允许用手指同时接触两个电极的端钮。

（3）防止振动、倾斜、倒置。

（4）遮光保存，防止强光直照。

3. 电阻箱

测量用电阻箱要求有足够的准确度和稳定度，故一般由电阻温度系数较小的锰铜合金丝绕制的精密电阻串联而成。实验室常把电阻箱作为标准电阻使用。

实验室以转盘式电阻箱（图 4-0-1）使用最为广泛，借助变换转盘位置，可获得 1~9 999 Ω（如 ZX36 型）或 0.1~99 999.9 Ω（如 ZX21 型）的各种电阻值。图 4-0-2 是 ZX21 型转盘式电阻箱的面板图。

图 4-0-1 转盘式电阻箱

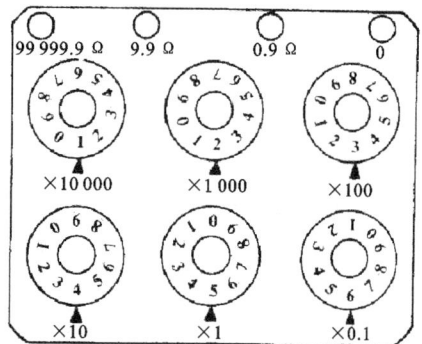

图 4-0-2 转盘式电阻箱的面板

　　电阻箱的主要规格是其总电阻、额定电流和准确度等级。现以 ZX21 型电阻箱为例做如下说明。

　　(1) 调节范围。如果 6 个转盘所对应的电阻全部用上(使用"0"和"99 999.9 Ω"两个接线柱,6 个转盘均置于最高位),总电阻值为 99 999.9 Ω,此时残余电阻(内部导线电阻和电刷接触电阻)最大。如果只需要 0.1～0.9 Ω(或 9.9 Ω)的阻值范围,则内接"0"和"0.9 Ω"(9.9 Ω)两接线柱。这样可减小残余电阻对使用低电阻时的影响。

　　(2) 额定电流。使用电阻箱不允许超过其额定电流。有些电阻箱只标明了额定功率 P,额定电流可利用公式 $I = \sqrt{\dfrac{P}{R}}$ 算出。例如,电阻箱额定功率为 0.25 W,对于步进电阻为 ×0.1 Ω 的挡,其额定电流为 1.5 A。注意电阻箱各挡的额定电流是不同的,但均可照此例计算。

　　(3) 准确度等级。电阻箱的准确度等级由基本误差和影响量(环境温度、相对湿度等)引起的变差来确定。对等级指数的划分,GB3949—83 与 JB1788—76 的规定有所不同。旧国标规定一个电阻箱有一个共同的等级指数,而新国标规定一个电阻箱的各挡可以有不同的等级指数。对于适用 JB1788—76 的电阻箱,暂约定按下式估算示值误差限:

$$\Delta R = a\% R + 0.005m$$

式中,R 为电阻箱示值,a 为等级指数,m 为所使用的步进盘的个数。例如,使用"0"和"9.9 Ω"两个接线柱时,$m = 2$。而使用"0"和"99 999.9 Ω"两接线柱时,$m = 6$。对于适用 GB3949—83 的电阻箱,可用下式估算其示值误差限:

$$\Delta R = \sum a_i\% R_i + 0.005m$$

式中,a_i,R_i 表示第 i 个 10 进盘的等级指数和示值。表 4-0-1 为国标规定的电阻器的等级指数系列。

表 4-0-1　电阻器的等级指数

a	0.000 5	0.001	0.002	0.005	0.01	0.02	0.05	0.1	0.2

　　各挡的等级指数标示在产品铭牌上。

　　使用电阻箱时应注意:使用前应先来回旋转一下各转盘,使电刷接触可靠。使用过程中注意不要使电阻箱出现 0 Ω 示值。为简化计算,有时可认为 $m = 0$。

　　4. 滑线变阻器

　　滑线变阻器的主要部分为密绕在瓷管上的涂有绝缘漆的电阻丝。电阻丝两端与固定接线端相连,并有一滑动触头通过瓷管上方的金属导杆与滑动接线端相连,如图 4-0-3 所示。

　　滑线变阻器的主要技术指标为全电阻和额定电流(功率)。应根据外接负载的大小和调节要求选用,尤其要注意,通过变阻器任一部分的电流均不允许超过其额定电流。

　　实验室常用滑线变阻器来改变电路中的电流或电压,分别连接成制流电路和分压电路。使用时应注意,接通电源前,制流电路中滑动端应置于电阻最大位置;分压电路中,滑动端应置于电阻最小位置。

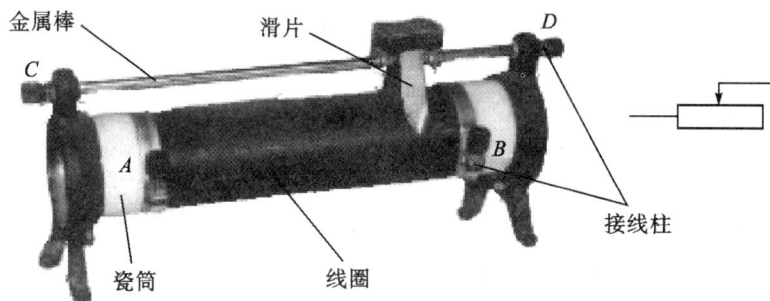

图 4-0-3　滑线变阻器

5. 直流电表

实验室常用的直流电表大多为磁电式电表,它的内部构造如图 4-0-4 所示。图中圆筒状极掌之间铁心的使用是使极掌和铁心间磁场很强,并使气隙间磁感线呈均匀辐射状。当线圈中有电流通过时,线圈受电磁力矩而偏转,直到与游丝的反抗力矩相平衡,指针即指向某一分度。线圈串并联不同电阻,即可构成不同量程的伏特计、安培计。随着集成元件的成本降低,数字式电表的应用也日趋广泛。要做到正确选择和使用电表,必须了解电表的主要规格、电表接入电路的方法和正确读数的方法。

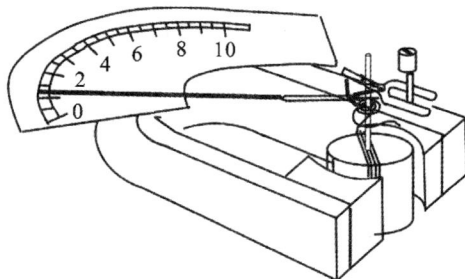

图 4-0-4　磁电式电表的构造

电表的主要技术指标是量程、内阻和准确度等级。量程是指电表可测的最大电流值或电压值。安培计内阻一般由说明书给出或由实验测出。对于伏特计,内阻可由下式算出:

$$内阻 = 量程 \times (\Omega/V)$$

(Ω/V) 标在表盘上,准确度等级一般也标在表盘上。

电表准确度等级指数的确定取决于电表的误差,包括基本误差和附加误差两部分。电表的附加误差考虑比较困难,在教学实验中,一般只考虑基本误差。电表的基本误差是由其内部特性及构件等的质量缺陷引起的。

(1) 符合国标 GB776—76《测量指示仪表通用技术条件》规定的电流(压)表,其基本误差允许极限的计算公式为

$$\Delta = \pm a\% \times X_m$$

式中,a 为准确度等级,X_m 为满量程值。

(2) 符合国标 GB7676—87《直接作用模拟指示仪表及其附件》规定的电流(压)表,其

基本误差允许极限的计算公式为

$$\Delta = \pm C\% \times X_N$$

式中，C 为用百分数表示的等级指数；X_N 为基准值，此值可能是测量范围的上限、量程或者其他明确规定的量值。

电流表和电压表按下列等级指数表示的准确度等级进行分级，见表 4-0-2。

表 4-0-2　等级指数

标准	等级指数（%）
GB776—76	$0.1, 0.2, 0.5, 1, 1.5, 2.5, 5$
GB7676—87	$0.05, 0.1, 0.2, 0.3, 0.5, 1, 1.5, 2, 2.5, 3, 5$

物理实验中，可粗略地用示值误差限估算电表测量结果高置信概率（$P \approx 95\%$）的 B 类测量不确定度 u_B。

电表的使用和读数应注意以下几点：

（1）正确选择量程。选用电表时应让指针偏转尽量接近满量程。当待测量大小未知时，应首选较大量程，然后根据偏转情况选择合适量程。

（2）电表接入电路的方法。安培计应与待测电路串联，伏特计应与待测电路并联。注意电表极性，正端接高电位，负端接低电位。

（3）正确读取示值。为了减小读数误差，眼睛应正对指针。对于配有镜面的电表，必须看到指针镜像与指针重合时再读数。一般应估读到电表分度的 1/10～1/4。

（4）应尽量在规定的允许条件下使用电表，从而尽量减小影响量带来的附加误差。

此外，在实际测量时，为了减小电表内阻对测量结果的影响，应选择合理的测量线路。例如，在伏安法测电阻的实验中，应根据安培计内阻 r_g 与待测电阻 R_x 的相对大小，选择安培计的内接法线路和外接法线路。

6. 直流电桥

符合部标 JB1391—74《测量用直流电桥技术条件》规定的直流电桥，其基本误差允许极限的计算可分为两种：

（1）步进盘电桥和 $a \leqslant 0.1$ 级具有滑线盘的计算公式为：

$$\Delta = \pm k(a\% R + b\Delta_R)$$

式中，k 为比例系数（电桥比例臂比值）；R 为比较臂示值；a 为准确度等级；Δ_R 为比较臂最小步进值或滑线盘分度值；b 为系数，见表 4-0-3。

表 4-0-3　a 与 b 的关系表

$a \leqslant 0.02$	$a \leqslant 0.05$	$a \leqslant 0.1$（有滑线盘）
$b = 0.3$	$b = 0.2$	$b = 1$

（2）$a \geqslant 0.2$ 级具有滑线盘电桥的计算公式为

$$\Delta = \pm a\% R_{\max}$$

式中，R_{max} 为滑线盘电桥的满刻度值。

例如，QJ23 型直流电桥：

$$\Delta = \pm k(0.2\%R + 0.2)\ \Omega$$

QJ42 型直流双臂电桥：

$$\Delta = \pm 2\%R_{max}\ \Omega$$

式中，R_{max} 为相应倍率下电桥读数的满度值。

符合国标 GB3931—83 规定的直流电桥，其基本误差允许极限的计算公式为

$$\Delta = \pm \frac{C}{100}\left(\frac{R_N}{10} + R\right)$$

式中，C 为用百分数表示的等级指数，R_N 为基准值（该量程内最大的整数幂），R 为标度盘示值。

7. 直流电位差计

符合部标 JB1391—74《测量用直流电桥技术条件》规定的直流电位差计，其基本误差允许极限的计算公式为

$$\Delta = \pm(a\%U_x + b\Delta_U)$$

式中，U_x 为测量盘示值；a 为准确度等级；Δ_U 为最小测量盘步进值或滑线盘最小分度值；b 为系数（对实验室型电位差计，如 UJ25，$b=0.5$；对于携带式电位差计，如 UJ36 型，$b=1$）。

符合国标 GB3927—83 规定的电位差计，其基本误差极限计算公式为

$$\Delta = \pm \frac{C}{100}\left(\frac{U_N}{10} + U\right)$$

式中，C 为用百分数表示的等级指数，U_N 为基准值（该量程内最大的整数幂），U 为标度盘示值。

二、电磁学实验操作规程

电磁学实验操作规程可概括为下述口诀：布局合理，操作方便；初态安全，回路接线；认真复查，瞬态实验；断电整理，仪器还原。

（1）布局合理，操作方便。根据电路图精心安排仪器布局。做到走线合理，操作安全方便。一般应将经常操作的仪器放在近处，读数仪表放在便于观察的位置，开关尽量放在最易操纵的地方。

（2）初态安全，回路接线。正式接线前仪器应预置安全状态。例如，电源开关应断开，用于限流和分压的滑线变阻器滑动端的位置应使电路中电流最小或电压最低，电表量程选择合理挡次，电阻箱示值不能为零，等等。

回路接线是指按回路连接线路。首先分析电路图可分为几个回路，然后从电源正极开始，由高电位到低电位顺序接线，最后回到电源的负极（此线端先置于电源附近不接，待全部线路接完后，经检查无误，最后连接），完成一个回路。接着从已完成的回路中某高电位点出发，完成下一个回路。一边接线，一边想象电流走向，顺序完成各个回路的连接。切忌盲目乱接，严禁通电试接碰运气。回路接线是电磁学实验的基本功，务必熟练掌握。

（3）认真复查，瞬态实验。接线完毕后，应按照回路认真检查一遍。无误后接通电

源,马上根据仪表示值等现象判断有无异常。若发现异常,立刻断电检查排除。若无异常,则可调节线路元件至所需状态,正式开始做实验。

(4)断电整理,仪器还原。实验完毕后,应先切断电源再拆线。把导线理顺扎齐,仪器还原归位。整理时严防电源短路。

实验一　元件伏安特性的测定

【实验目的】

(1)学习常用仪器及其使用方法。

(2)学习用电压表和电流表测定元件的伏安特性。

(3)加深对线性电阻元件、非线性电阻元件及电压源伏安特性的理解。

【实验仪器】

稳压电源、电压表、可变电阻(1 000 Ω 左右)等。

【实验原理】

元件的伏安特性曲线是反映元件上电流随电压变化的一条曲线。通过元件的伏安特性曲线,我们可以对元件的性能进行全面的了解,并能求出元件的许多重要参数。测定元件的伏安特性曲线有多种方法,其中最基本的方法是通过改变元件上的电压(或电流),测量元件上的电流(或电压),由此来绘制伏安特性曲线。

1. 几种常用元器件的伏安特性曲线

(1)电阻元件。

根据欧姆定律,当有电流 I 流过电阻 R 时,电阻两端的电压 U 为

$$U = IR \tag{4-1-1}$$

由此可见,电阻元件的伏安特性曲线是一条通过原点的直线,如图 4-1-1 所示。

(2)半导体二极管。

半导体二极管是一种非线性元件,它具有单向导电性,其电路符号是"——▶|——",常见的有锗二极管和硅二极管,其伏安特性曲线如图 4-1-2 所示。

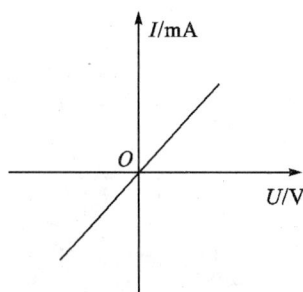

图 4-1-1　线性电阻的伏安特性曲线　　图 4-1-2　二极管的伏安特性曲线

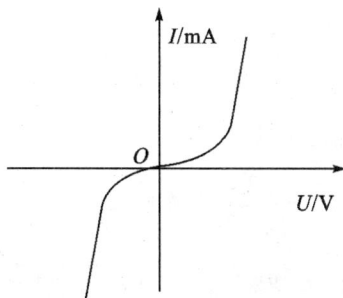

半导体二极管的电阻随着其端电压的大小和极性的不同而不同,当外加电压的极性

和二极管的极性相同时,其电阻值很小;反之其电阻值很大。半导体二极管的这一特性称为单向导电性。

(3)(直流)电压源。

能够保持其端电压为恒定值的电压源称理想电压源。理想电压源具有下列性质:其端电压和流过它的电流大小无关,流过理想电压源的电流由与之相连接的外电路确定。理想电压源的外伏安特性曲线如图 4-1-3(a)中实线所示。在线性工作区实际电压源可以用一个理想电压源和一个电阻相串联来表示,如图 4-1-3(b)所示。当电压源中有电流 I 流过时,必然会在内阻 R_s 上产生电压降,因此实际电压源的端电压 U 可表示为

$$U = U_s - IR_s \qquad (4\text{-}1\text{-}2)$$

式中,I 为流过电压源的电流,U_s 为理想电压源的电压,R_s 为电压源的内阻。由式(4-1-2)可得实际电压源的外伏安特性如图 4-1-3(a)中虚线所示。

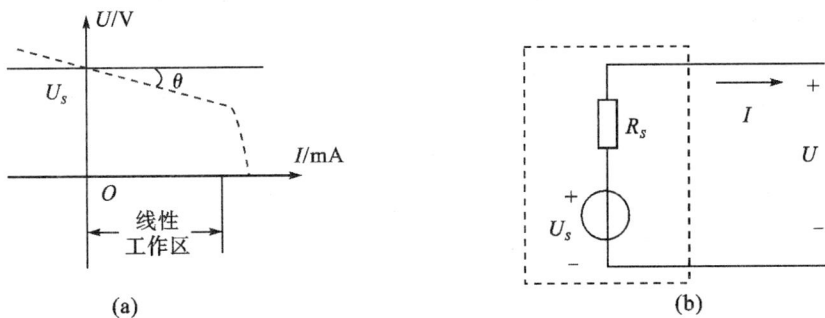

图 4-1-3 电压源特性

2. 电压和电流的测量

在测量某一支路的电压和电流时,除应根据技术要求正确选择电流表和电压表的规格、精度和量程外,在接线时还应把电流表和电压表接在正确的位置上,如果仪表位置不当也会造成较大的测量误差。例如,用电压表测量接在回路中的待测电阻 R_x 的端电压 V,用毫安表测量通过待测电阻的电流 I,有两种接线方式,如图 4-1-4 所示。由于电表内阻的影响,不论采用哪种接法,都不可能同时测准 R_x 的端压和电流。图 4-1-4(a)的电流表内接电路中,电压表的读数包括了电流表的压降;而图 4-1-4(b)的电流表外接电路中,

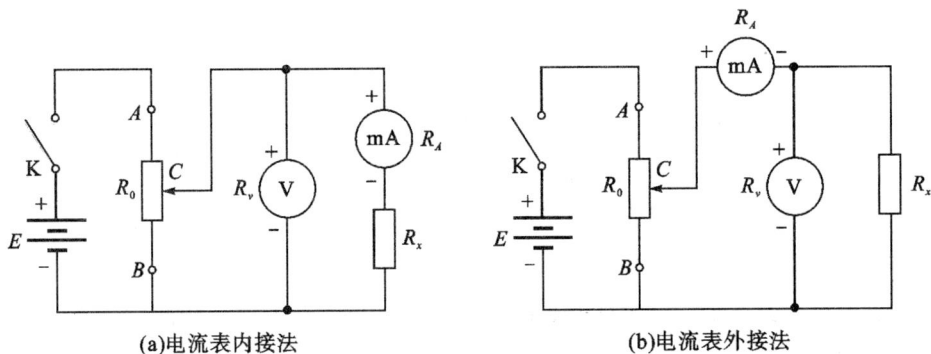

(a)电流表内接法   (b)电流表外接法

图 4-1-4 伏安法测电阻的两种电路图

电流表的读数却包括了电压表中的电流。两种方式所引入的误差大小和符号均可估算出来。如果想不进行数值修正,又能迅速得出比较准确的测量结果,必须满足电流表内阻远小于待测电阻(一般小两个数量级),这是电流表内接法的应用条件;而满足电压表的内阻必须远大于待测电阻(一般大两个数量级),则是电流表外接法的应用条件。

【实验内容】

1. 测定线性电阻的伏安特性曲线

取标称值为 1 kΩ 的电阻作为被测元件,并参照图 4-1-5 接好线路。检查无误后,打开稳压电源开关。依次调节直流稳压电源的输出电压,使直流稳压电源的输出电压(注意由电压表读出)从 2～10 V 之间变化,每隔 2 V 测一次电流值。

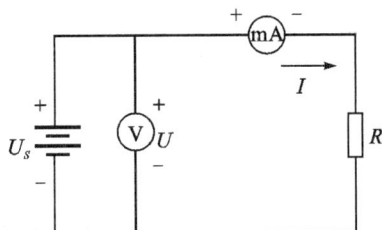

2. 测定半导体二极管的伏安特性曲线

(1) 正向特性。

参照图 4-1-6(a)接好电路,检查无误后,打开稳压电源,输出电压调至 2 V。调节可变电阻器 R,以改变电压表的示数,记录电压表读数和相应的电流表读数,在曲线弯曲部分应适当多测几个点。

(2) 反向特性。

参照图 4-1-6(b)接好线路,检查无误后,开启稳压电源,将其输出电压调至 8 V。调节可变电阻器,改变电压表读数,记录电压表和电流表的读数。

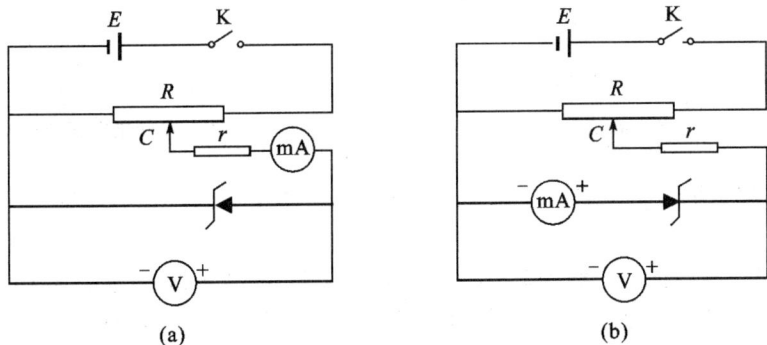

图 4-1-5 电阻特性电路图

图 4-1-6 二极管伏安特性电路图

注意:实验中实测二极管为稳压二极管,有关性能指标由实验室给出,其伏安特性可参见图 4-1-7。

3. 测定直流稳压电源的伏安特性曲线

采用晶体管稳压电源作为理想电压源,在其内阻和外电路电阻相比可以忽略不计的情况下,其输出电压基本维持不变。实验电路如图 4-1-8 所示,其中 $R_1 = 100$ Ω,R_2 为可变电阻器。

(a)锗二极管伏安特性　　　　　(b)硅二极管伏安特性

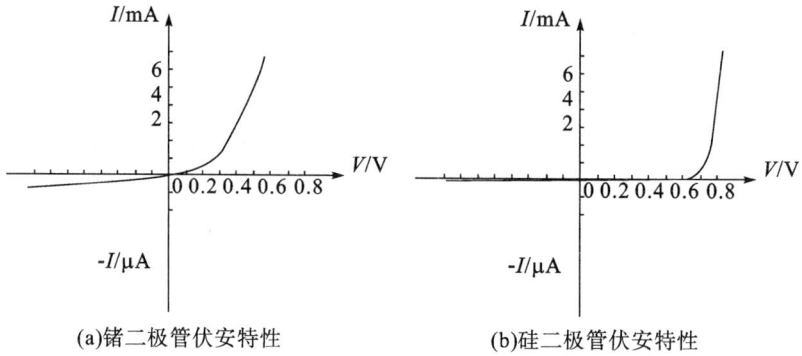

图 4-1-7　二极管伏安特性示意图

按图 4-1-8 接好电路,打开稳压电源,调节输出电压为 10 V。由大到小调节可变电阻器 R_2,使电流从 10 mA 变化到 50 mA,每隔 10 mA 记录相应的电压表读数值。

4. 测定电压源的伏安特性曲线

取一个 51 Ω 的电阻 r 与稳压电源相串联组成一个实际的电压源模型,其电路如图 4-1-9 所示。其中 R 为可变电阻器,稳压电源的输出电压为 10 V。

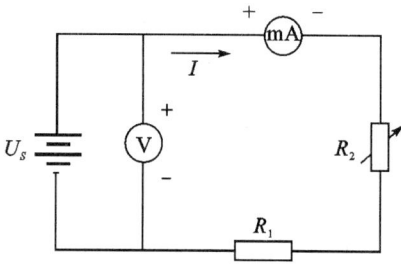

图 4-1-8　稳压源特性电路　　　　　图 4-1-9　实际电压源特性电路

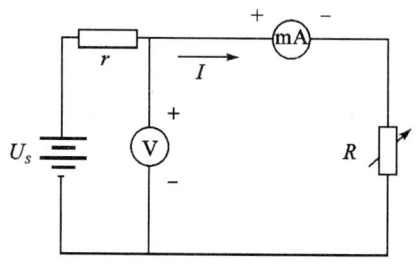

改变 R 的阻值,使电流从 10 mA 变到 50 mA,每隔 10 mA 测一次电压值。

5. 数据处理

根据实验所得数据,分别在坐标纸上绘制线性电阻、半导体二极管、理想电压源和实际电压源的伏安特性曲线。根据线性电阻的伏安特性曲线,求出线性电阻的阻值并与其标称值比较。根据实际电压源模型的伏安特性曲线,求实际电压源模型的内阻。

【讨论思考】

(1) 查看电表表盘上的标记符号,并说明哪些符号与我们所用电表的精确度有关?

(2) 取电阻伏安特性测定中的一组 U 和 I 数据(如 $U = 10$ V),根据 $R = U/I$ 求 R 的值,并:① 计算由所用电表的内阻引起的测量误差,② 查看所用电表的准确度级别,计算由此引起的测 R 的误差。

(3) 二极管反向电阻和正向电阻差异如此大,其物理原理是什么?

实验二　用惠斯通电桥测电阻

【实验目的】
(1) 掌握惠斯通电桥的原理和特点。
(2) 学习调节电桥平衡的操作方法。

【实验仪器】
电阻箱、检流计、电源、开关、箱式惠斯通电桥等。

【实验原理】

电阻是电路中的基本元件,电阻值的测量是基本的电学测量之一。测电阻的方法很多,其中电桥法是常用的方法之一。

1. 惠斯通电桥的线路原理

惠斯通电桥是一种直流单臂电桥,适用于测中值电阻,其原理图如图 4-2-1 所示。AB,AD,CD 和 BC 四条支路分别由电阻 R_1,R_2,R_0 和 R_x 组成,称为电桥的四条桥臂。其中,连接 R_1,R_2 的桥臂为比例臂(R_1/R_2 的值称为比例臂值),连接 R_0 的桥臂称为比较臂(R_0 称为标准电阻或比较电阻),连接 R_x 的桥臂称为惠斯通电桥的外接测量臂,连接待测电阻 R_x。通常除了待测电阻,其余各臂电阻阻值均可调节。桥路 BD 中接入检流计 V,作为平衡指示器,用以比较 BD 两点间的电位。测量时,调节比例臂和比较臂,使检流计的指针指零,这时称电桥达到平衡。容易证明:

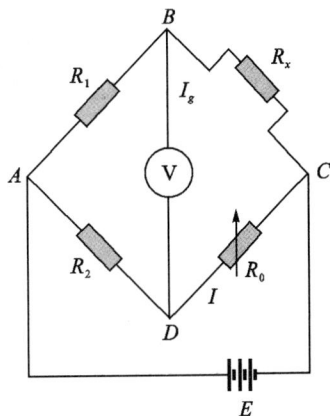

图 4-2-1　惠斯通电桥
电路原理图

$$\frac{R_1}{R_2} = \frac{R_x}{R_0} \tag{4-2-1}$$

即

$$R_x = \frac{R_1}{R_2} \cdot R_0$$

此时 R_1,R_2 和 R_0 均为已知(或 R_1/R_2 和 R_0 均为已知),R_x 即可由上式求出。

2. 电桥的灵敏度

公式(4-2-1)是在电桥处于平衡状态的前提下推导出来的,而在实验中判断电桥是否处于平衡状态的依据是看检流计的指针有无偏转。但检流计的灵敏度是有限的。假设电桥在 $R_1/R_2 = 1$ 的状态下处于平衡状态,则 $R_x = R_0$。这时若把 R_0 改变一个量 ΔR_0,电桥就失去了平衡,从而使检流计的指针发生偏转。但若因为检流计的灵敏度有限,而造成检流计的指针偏转得很微小,使我们无法察觉,我们就会认为电桥依然处于平衡状态,因而得出 $R_x = R_0 + \Delta R_0$,ΔR_0 就是由于检流计灵敏度不够带来的测量误差。为了衡量这类因素给最后电阻测量值带来的影响,我们引入电桥灵敏度 S 的概念,

它定义为

$$S = \frac{\Delta n}{\Delta R_x / R_x} \tag{4-2-2}$$

式中，ΔR_x 是在电桥平衡后 R_x 的微小改变量（实际上待测电阻 R_x 是不能变的，在测 S 时，改变的是标准电阻 R_0）而 Δn 是由于电桥偏离平衡而引起的检流计的偏转格数。S 越大，说明电桥越灵敏，带来的误差也就越小。例如 $S = 100$ 格 $= 1$ 格/1%，也就是当 R_x 改变 1% 时，检流计可以有 1 格的偏转，通常我们可以觉察出 1/10 的偏转，也就是说，该电桥平衡后，R_x 只要改变 0.1% 我们就可以察觉出来，这样由于电桥灵敏度的限制所引起的误差肯定小于 0.1%。

在实际测量过程中，由于 R_x 的值我们既不知晓又不能改变，因此在测量电桥灵敏度 S 时，我们用改变 R_0 的值来代替改变 R_x。可以证明改变电桥任意一臂得出的电桥灵敏度都是一样的，即

$$S = \frac{\Delta n}{\Delta R_0 / R_0} = \frac{\Delta n}{\Delta R_1 / R_1} = \frac{\Delta n}{\Delta R_2 / R_2} = \frac{\Delta n}{\Delta R_x / R_x} \tag{4-2-3}$$

因此

$$S = \frac{\Delta n}{\Delta R_0 / R_0} \tag{4-2-4}$$

灵敏度 S 的表达式可进一步变换为

$$S = \frac{\Delta n}{\Delta R_0 / R_0} = \frac{\Delta n}{\Delta I_g} \left(\frac{\Delta I_g}{\Delta R_0 / R_0} \right) = S_1 \cdot S_2 \tag{4-2-5}$$

式中，$S_1 = \Delta n / \Delta I_g$ 是检流计本身的灵敏度；$S_2 = \Delta I_g / (\Delta R_0 / R_0)$ 是由线路结构所决定的，称为电桥线路灵敏度。经过理论推导，我们可以得出以下结论：S_2 与电源的电动势 E 成正比，与电源内阻及串联的限流电阻有关，内阻及限流电阻越小，S_2 越大。同时 S_2 也与检流计和电源所接的位置以及各桥臂电阻有关。因此我们说：电桥灵敏度的高低取决于电源电压的高低、检流计本身的灵敏度、四个桥臂的搭配以及桥路电阻的大小，并非是一个固定值。

3. 箱式惠斯通电桥

实验室所用的电桥为 QJ23 型电桥，其面板图和原理图如图 4-2-2 和图 4-2-3 所示。其比例臂的倍数共分七挡（0.001,0.01,0.1,1,10,100,1 000），由转换开关选择使用。比较臂 R_0 相当于一只具有四个步进盘的电阻箱。待测臂 R_x 设有供接入待测电阻的接线柱。检流计左侧的三个接线柱是检流计的连接端，当用仪器备用的短路铜片把"外接"两接线柱短路时，即可使用内接检流计；当把"内接"两接线柱短路时，即短路了内部检流计，此时可根据需要从"外接"两接线柱上接入外接检流计。仪器内可装 3 节 2 号电池。左上方有"＋""－"标记的接线柱，是用来加接外部电源的。

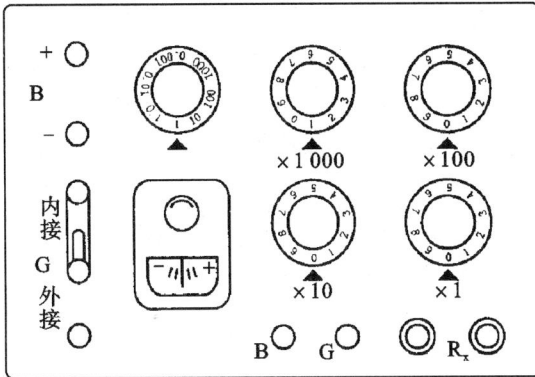

图 4-2-2 QJ23 型电桥面板图

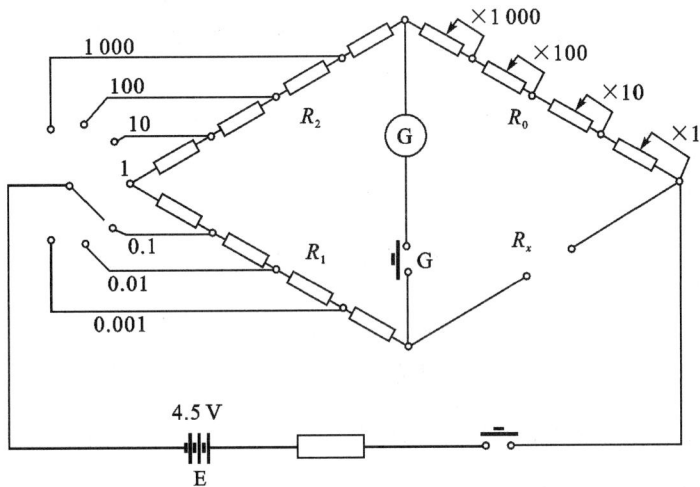

图 4-2-3 QJ23 型电桥原理图

【实验内容】

（1）用电阻箱按图 4-2-4 连接成电桥,图中 R_h 是保护电阻。开始操作时,电桥一般处在极不平衡的状态,为防止过大的电流通过检流计,应使 R_h 尽量大,随着电桥逐步接近平衡,R_h 也逐渐减小至零。

为了保护检流计,开关的顺序应该是先合 K_b,后合 K_g；先断 K_g,后断 K_b。即电源开关要先合后断,以防止在测具有电感的器件时,因突然通断,电感的反电动势对检流计造成冲击。

在电桥接近平衡时,为了更好地判断检流计电流是否为零,应反复合开关 K_g（跃接法）,细心观察检流计指针是否有摆动。

测量几千、几百和几十欧姆的电阻各一个,分别取 $R_1/R_2 = 1$ 和 0.1 进行测量和比较。R_1 和 R_2

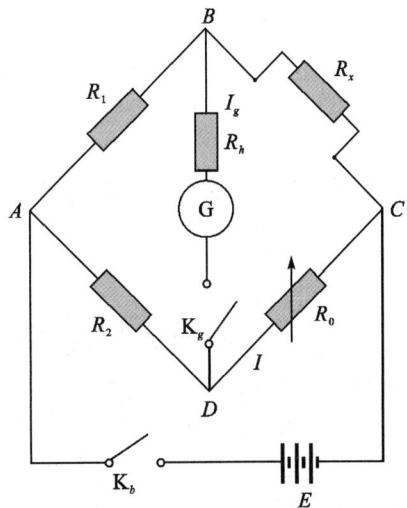

图 4-2-4 电桥连线图

的数值可取几十或几百欧姆。

(2) 用箱式电桥测电阻,测量上面选取的三个电阻的阻值和相应的电桥灵敏度,并算出由电桥灵敏度所引起的误差。注意以下事项:

① 实验中使用内部电池和检流计,为此先用短路片短路检流计的"外接"两接线柱,旋动检流计调节盖使其指针指零线。

注意:仪器用完后应用短路片短路检流计的"内接"两接线柱,以保护检流计。

② 在用箱式电桥测电阻时,对待测电阻值时先应有所估计,并根据其大小选择合适的比例臂,以使比较臂能有四位读数。并注意因比例臂和比较臂选择不当而损伤仪器。

③ 箱式电桥的电键 B 和 G,其功能相当于 K_b 和 K_g,使用时应先按通 B 再按通 G,先断开 G 再断开 B。

④ 测灵敏度时,用改变 R_0 来代替改变 R_x,可以证明,改变任意臂得出的电桥灵敏度都是一样的,故有

$$S = \frac{\Delta n}{\Delta R_0 / R_0}$$

测量中 Δn 一般取 5 格左右。

(3) 用箱式电桥测一个表头的内阻,注意考虑表头的安全。

【数据处理】

(1) 列出用自组电桥测量未知电阻的数据及测量结果表。

(2) 列出用箱式电桥测量未知电阻的数据及测量结果表,并计算三种情况下的电桥灵敏度以及由此引起的最大误差($\Delta R_x = \frac{\Delta n'}{S} R_x$,这里 $\Delta n'$ 取 0.1,即检流计读数的最小可分辨率。问:为什么这样取?)一并列入表中。

【讨论思考】

(1) 下列因素是否会使电桥测量误差增大?

① 电源电压不太稳定;

② 检流计没有调好零点;

③ 检流计灵敏度不够高。

(2) 取 R_1 等于 R_2,调节电桥平衡,得出第一个 R_0 值(R_{01}),如果把 R_1 和 R_2 对调后,电桥不再平衡,这说明什么问题? 此时重调 R_0 得出第二个 R_0 值(R_{02})。试证明 R_x 的测量值应为

$$R_x = \sqrt{R_{01} R_{02}}$$

(3) 电桥灵敏度是什么意思? 如果测量电阻要求误差小于 0.05%,那么电桥灵敏度应为多大?

(4) 用电桥测电表内阻时,既要保护电表,又要尽量精确,实验应如何设计?

实验三　用电视显微密立根油滴仪测量电子电荷

【实验目的】

（1）利用电视显微密立根油滴仪测量电子电荷。

（2）了解 CCD 图像传感器的原理与应用，学习电视显微测量方法。

【实验仪器】

OM99 微机密立根油滴仪、清洁用品等。

【实验原理】

一个质量为 m、带电量为 q 的油滴处在两块平行极板之间，在平行极板未加电压时，油滴受重力作用而加速下降。由于空气的黏滞阻力 f 作用，下降一段距离后，油滴将做匀速运动，此时速度为 v_g，重力 G 与阻力 f 平衡（空气浮力忽略不计），如图 4-3-1 所示，根据斯托克斯定律，黏滞阻力为

$$f = 6\pi r\eta v_g$$

式中，η 是空气的黏滞系数，r 是油滴的半径。这时有

$$6\pi r\eta v_g = G \tag{4-3-1}$$

当在平行极板上加电压 U 时，油滴处在场强为 E 的静电场中，设电场力 qE 与重力 G 相反，如图 4-3-2 所示。使油滴受电场力作用加速上升，由于空气黏滞阻力作用，上升一段距离后，油滴所受的空气黏滞阻力、重力与电场力达到平衡（空气浮力忽略不计），油滴将匀速上升，此时速度为 v_e，则有

$$6\pi r\eta v_e = qE - G \tag{4-3-2}$$

又因为

$$E = U/d \tag{4-3-3}$$

由式（4-3-1），（4-3-2），（4-3-3）可解出

$$q = G\,\frac{d}{U}\left(\frac{v_g + v_e}{v_g}\right) \tag{4-3-4}$$

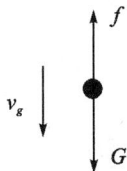

图 4-3-1　重力与阻力平衡　　　　图 4-3-2　电场力与重力相反

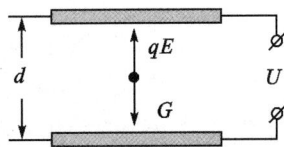

为测定油滴所带电荷 q，除应测出 U,d 和速度 v_g,v_e 外，还需知道油滴质量 m。由于空气的悬浮和表面张力作用，可将油滴看作圆球，其质量为

$$m = 4\pi r^3\rho/3 \tag{4-3-5}$$

式中，ρ 是油滴的密度。

由式(4-3-1)和(4-3-5)得油滴的半径

$$r = \left(\frac{9\eta v_g}{2\rho g} \right)^{\frac{1}{2}} \tag{4-3-6}$$

式中，g 为重力加速度。考虑到油滴非常小，空气已不能看成连续媒质，空气的黏滞系数 η 应修正为

$$\eta' = \frac{\eta}{1 + \frac{b}{pr}} \tag{4-3-7}$$

式中，b 为修正常数，p 为空气压强，r 为未经修正过的油滴半径。由于它在修正项中不必计算得很精确，由式(4-3-6)计算就够了。

实验时取油滴匀速下降和匀速上升的距离相等，设都为 l，测出油滴匀速下降的时间 t_g，匀速上升时间 t_e，则

$$v_g = \frac{l}{t_g}, v_e = \frac{l}{t_e} \tag{4-3-8}$$

将式(4-3-5)、(4-3-6)、(4-3-7)、(4-3-8)代入式(4-3-4)，可得

$$q = \frac{18\pi}{\sqrt{2\rho g}} \left(\frac{\eta l}{1 + \frac{b}{pr}} \right)^{\frac{3}{2}} \cdot \frac{d}{U} \cdot \left(\frac{1}{t_e} + \frac{1}{t_g} \right) \cdot \left(\frac{1}{t_g} \right)^{\frac{1}{2}}$$

令 $K = \frac{18\pi}{\sqrt{2\rho g}} \cdot \left(\frac{\eta l}{1 + \frac{b}{pr}} \right)^{\frac{3}{2}} \cdot d$ 得

$$q = K \cdot \left(\frac{1}{t_e} + \frac{1}{t_g} \right) \cdot \left(\frac{1}{t_g} \right)^{\frac{1}{2}} \cdot \frac{1}{U} \tag{4-3-9}$$

此式便是动态(非平衡)法测油滴电荷的公式。

下面导出静态(平衡)法测油滴电荷的公式。

调节平行极板间的电压，使油滴不动，$v_e = 0$，即 $t_e \to \infty$，由式(4-3-9)可得

$$q = K \cdot \left(\frac{1}{t_g} \right)^{\frac{3}{2}} \cdot \frac{1}{U}$$

或者

$$q = \frac{18\pi}{\sqrt{2\rho g}} \cdot \left[\frac{\eta l}{t \left(1 + \frac{b}{pr} \right)} \right]^{\frac{3}{2}} \cdot \frac{d}{U} \tag{4-3-10}$$

上式即为静态法测油滴电荷的公式。

为了求电子电荷 e，对实验测得的各个电荷 q_i 求最大公约数，就是基本电荷 e 的值，也就是电子的电荷 e。也可以测量同一油滴所带电荷的改变量 Δq_i(可以用紫外线或放射源照射油滴，使它所带电荷改变)，这时 q 应近似为某一最小单位的整数倍，此最小单位即为基本电荷 e。

【实验装置】

仪器主要由油滴盒、CCD 电视显微镜、电路箱、显示器等组成。油滴盒是一个重要部

件,其结构见图 4-3-3。从结构上可以看出,在上电极板中心有一个 0.4 mm 的油雾落入孔,在胶木圆环上开有显微镜观察孔、照明孔和一个备用孔。备用孔为采用紫外线等手段改变油滴带电量时启用。

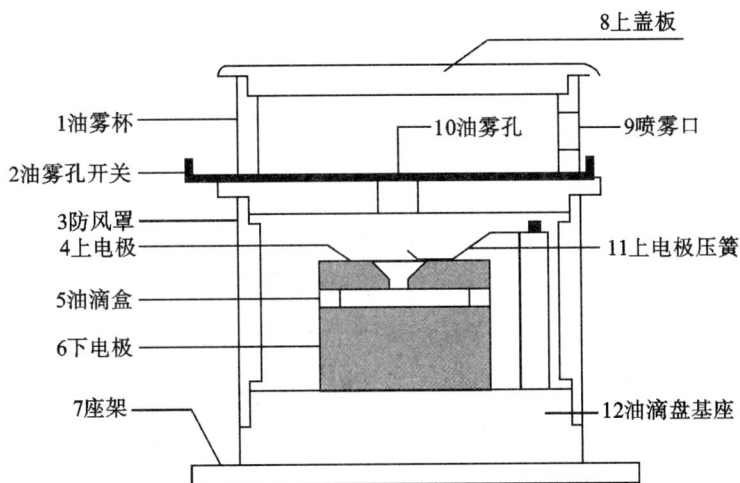

图 4-3-3　油滴盒结构图

在油滴盒外套有防风罩,罩上放有一个可以取下的油雾杯,杯底中心有一个落油孔及一个挡片,用来开关落油孔。

在上电极板上方有一个可以左右拨动的压簧,注意,只有将压簧拨向最边位置,方可取出上极板! 以保证压簧与电极始终接触良好。

照明灯安装在照明座中间位置,在照明光源和照明光路设计上也与一般油滴仪不同。传统油滴仪的照明光路与显微光路间的夹角为 120°,现根据散射理论,将此夹角增大为 150°～160°,油滴像特别明亮。

CCD 电视显微镜的光学系统是专门设计的,体积小巧,成像质量好。由于 CCD 摄像头与显微镜是整体设计,无须另加连接圈就可方便地拆下装上,使用可靠、稳定、不易损坏 CCD 器件。

电路箱体内装有高压产生、测量显示等电路。底部装有三只调平手轮,面板结构见图 4-3-4。

由测量显示电路产生的电子分划板,与 CCD 摄像头的行扫描严格同步,相当于刻度线是做在 CCD 器件上的。所以,尽管监视器有大小,或监视器本身有非线形性失真,但刻度值是不会变的。

OM98B 油滴仪备有两种分划板,标准分划板 R 是 8×3 结构,垂直线视场为 2 mm,分 8 格,每格值为 0.25 mm;为观察油滴的布朗运动,设计了另一种 x,y 方向为 15 小格的分划板 B。用随机配备的标准显微镜时,每格为 0.08 mm;换上高倍显微镜后(选购件),每格为 0.04 mm,此时,观察效果明显,油滴的运动轨迹可以满格。

进入或退出分划板 B 的方法:按住"计时/停"按钮大于 5 s 即可切换分划板。在面板上有两只控制平行极板电压的三挡开关,K_1 控制上极板电压的极性,K_2 控制极板上电压

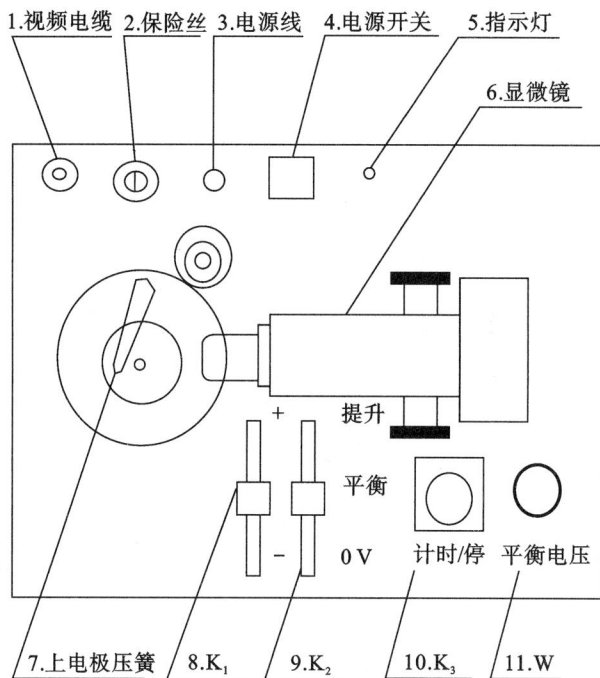

图 4-3-4 面板结构图

的大小。当 K_2 处于中间位置即"平衡"挡时,可用电位器 W 调节平衡电压。打向"提升"挡时,自动在平衡电压的基础上增加 $200\sim300$ V 的提升电压,打向"0 V"挡时,极板上电压为 0 V。

为了提高测量精度,OM98B 油滴仪将 K_2 的"平衡""0 V"挡与计时器的"计时/停"联动。在 K_2 由"平衡"打向"0 V",油滴开始匀速下落的同时开始计时,油滴落到预定距离时,迅速将 K_2 由"0 V"挡打向"平衡"挡,油滴停止下落的同时停止计时。这样,在屏幕上显示的是油滴实际的运动距离及对应的时间,提供了修正参数。这样可以提高测距、测时精度。根据不同的教学要求,也可以不联动,拔去 K_2 的一个插头即可。

由于空气阻力的存在,油滴是先经一段变速运动然后进入匀速运动的。但这变速运动时间非常短,小于 0.01 s,与计时精度相当。所以可以看作当油滴自静止开始运动时,油滴是立即做匀速运动的。运动的油滴突然加上原平衡电压时,将立即静止下来。

OM98B 油滴仪的计时器采用"计时/停"方式,即按一下开关,清零的同时立即开始计数,再按一下,停止计数,并保存数据。计时器的最小显示为 0.01 s,但内部计时精度为 1 μs,也就是说,清零时刻仅占用 1 μs。

【实验内容】

仪器使用与操作请参见附一。

(1)将面板上最右边带有 Q_9 插头的电缆线接至监视器后背下部的插座上,注意要插紧,保证接触良好。监视器阻抗选择开关拨在 75 Ω 处。

(2)将仪器放平稳,调整仪器底座上的三只调平手轮,使水准泡指示水平(气泡调至居中),这时油滴盒处于水平状态。

（3）打开监视器和油滴仪的电源，在监视器上显示出分划板刻度线及电压和时间值。如想直接进入测量状态，按一下"计时/停"按钮即可。

（4）将油滴盒或油雾室用布擦拭干净，特别注意保持油滴盒上电极板中央"油雾孔"的通畅，油雾孔应无油膜堵住。把油滴盒和油雾室的盖子盖上，油雾孔开启，检查上电极板压簧是否和上电极板接触良好。

利用喷雾器向油雾室喷油。转动显微镜的调焦手轮，使显微镜聚焦，屏幕上出现清晰的油滴图像。

适当调节监视器的亮度、对比度旋钮，使油滴图像最清晰，且与背景的反差适中。监视器亮度一般不要调得太亮，否则油滴不清楚。如图像不稳，可调监视器的帧同步与行同步旋钮。

（5）将 K_2 置"平衡"挡，调节 W 使板极电压为 200～300 V。对准喷雾口向油雾室喷射油雾，注意观察监视器是否有油滴落下。若无油滴下落可再喷一次。如发现油滴下落应关上油雾孔开关。

（6）选择一颗合适的油滴十分重要。大而亮的油滴必然质量大而匀速下降的时间则很短，增大了时间测量的误差；反之，很小的油滴因质量小，因此布朗运动较为明显，同样造成很大的测量误差。通常选择平衡电压在 200～300 V，匀速下落 1.5 mm（每格0.25 mm）的时间在 8～20 s，目视油滴的直径在 0.5～1 mm 的油滴较适宜。

（7）调节油滴平衡需要足够的耐心。先用 K_2（"提升"挡）将油滴移至刻度线上，再把 K_2 置"平衡"挡，仔细地反复地调节平衡电压，经过一段时间观察，油滴确实不再移动，这时油滴处于平衡状态。测准油滴上升或下降某段距离所需的时间。如发现油滴散焦，可微动调焦手轮，使之重新聚焦，跟踪油滴。

（8）正式测量时用平衡测量法（推荐使用）和动态测量法两种方法测量。如采用平衡法测量，可将已经平衡的油滴用 K_2 控制移到"起落"线上，让计时器复零，然后将 K_2 拨向"0 V"，油滴开始匀速下落的同时，计时器开始计时。到"终点"时迅速将 K_2 拨向"平衡"，油滴的运动立即停止，计时器也停止计时。动态法是分别测出加电压时油滴上升的速度和不加电压时下落的速度，代入相应公式，求出 e 值。油滴运动距离一般取 1～1.5 mm。对某颗油滴重复测量 3 次，选择 10～20 个油滴，求得电子电荷的平均值。

注意：每次测量时都要检查和调整平衡电压，以减少因偶然误差和油滴挥发而导致平衡电压发生变化。

【数据处理】

1. 数据处理基本公式和参数

静态法测油滴电荷的公式为式（4-3-10），动态法测油滴电荷的公式为式（4-3-9），式中的时间 t 应为测量数次时间的平均值。

钟表油密度

$$\rho = 981 \text{ kg} \cdot \text{m}^{-3}（20 \text{ ℃}）$$

重力加速度

$$g = 9.797 \text{ m} \cdot \text{s}^{-2}（青岛地区）$$

空气黏滞系数

$$\eta = 1.83 \times 10^{-5} \text{ kg} \cdot \text{m}^{-1} \cdot \text{s}^{-1}$$

修正系数

$$b = 6.17 \times 10^{-6} \text{ m} \cdot \text{cmHg}$$

大气压强

$$p = 76.0 \text{ cmHg}$$

平行极板间距

$$d = 5.00 \times 10^{-3} \text{ m}$$

油滴密度、空气黏滞系数都是温度的函数,重力加速度和大气压强随实验地点变化。因此,式(4-3-9),(4-3-10)计算是近似的。一般条件下要引起1%左右误差。

钟表油的密度随温度变化的关系如表 4-3-1 所示。(供精确测量参考)

表 4-3-1　钟表油的密度随温度变化的关系

$T/℃$	0	10	20	30	40
$\rho/\text{kg} \cdot \text{m}^{-3}$	991	986	981	976	971

2.几种常用的数据处理方法

(1)用测量和计算得到的一组油滴,计算出各油滴的电荷后除以公认值 e,得到各个油滴的带电量子数(一般为非整数),四舍五入取整后作为油滴带电量子数,然后用求得的量子数去除对应的油滴带电量,得到一组单位电荷的实验值。

(2)将测量和计算得到的一组油滴,求它们的最大公约数,即为基本电荷 e 值。

(3)将测量和计算得到的一组油滴带电量依次求取差值,再在这组差值中求取最大公约数。该公约数即为单位电荷 e。

(4)可用作图法求 e 值。设实验得到 m 个油滴的带电量分别为 $q_1, q_2, \cdots, q_m$,由于电荷的量子化特性,$q_i = n_i e$,此为一直线方程,n 为自变量,q 为因变量,e 为斜率。因此 m 个油滴对应的数据在 n-q 坐标系中将在同一条过原点的直线上,若找到满足这一关系的直线,就可用斜率求得 e 值,具体做法,参看附二。

将 e 的实验值与公认值($e = 1.602 \times 10^{-19}$ 库仑)比较,求相对误差。

【讨论思考】

(1)如何判断油滴盒内两平行极板是否水平? 不水平对实验有何影响?

(2)为什么向油雾室喷油时,一定要使电容器的两平行极板短路? 这时平衡电压的换向开关置于何处?

(3)应选什么样的油滴进行测量? 选太小的油滴好不好? 选带电太多的油滴好不好?

(4)对实验结果造成影响的主要因素有哪些?

(5)当油滴大小一定时,下降速度较小的油滴,带电量 q 是多还是少? 而当带电量 q 一定时,油滴越大,平衡电压是越大还是越小?

附一　仪器使用方法与操作

1.仪器连接

将 OM98B 面板上最左边带有 Q_9 插头的电缆线接至监视器后背下部的插座上,注意,一定要插紧,保证接触良好,否则图像紊乱或只有一些长条纹。监视器阻抗选择开关一定要拨在 75 Ω 处。

2. 仪器调整

调节仪器底座上的三只调平手轮,将水泡调平。由于底座空间较小,调手轮时如将手心向上,用中指和无名指夹住手轮调节较为方便。照明光路不需调整。CCD 显微镜对焦也不需用调焦针插在平行电极孔中来调节,只需将显微镜筒前端和底座前端对齐,然后喷油后再稍稍前后微调即可。在使用中,前后调焦范围不要过大,取前后调焦 1 mm 内的油滴较好。

3. 仪器使用

打开监视器和 OM98B 油滴仪的电源,在监视器上先出现"OM98B 微机密立根油滴仪南京大学 025-3613625"字样,5 s 后自动进入测量状态,显示出标准分划板刻度线及 V 值、S 值。开机后如想直接进入测量状态,按一下"计时/停"按钮即可。如开机后屏幕上的字很乱或字重叠,先关掉油滴仪的电源,过一会再开机即可。

面板上 K_1 用来选择平行电极上极板的极性,实验中置于"+"位置或"−"位置均可,一般不常变动。使用最频繁的是 K_2 和 W 及"计时/停"(K_3)。如在使用中发现高压突然消失,这是供电线路强脉冲干扰所致,只需关闭油滴仪电源半分钟左右再开机就可恢复(这种情况极少发生)。

监视器门前有一小盒,压一下小盒盒盖就可打开,内有四个调节旋钮。对比度一般置于最大(顺时针旋到底或稍退回一些),亮度不要太亮。如发现刻度线上下抖动,这是"帧抖",微调左边起第二只旋钮即可解决。

4. 仪器维护

喷雾器内的油不可装得太满,否则会喷出很多"油"而不是"油雾",堵塞上电极的落油孔。每次实验完毕应及时揩擦上极板及油雾室内的积油。

喷油时喷雾器的喷头不要深入到喷油孔内,防止大颗粒油滴堵塞落油孔。

喷雾器的气囊不耐油,实验后,将气囊与金属件分离保管较好,可延长使用寿命。

OM98B 油滴仪的电源保险丝的规格是 2 A。如需打开机器检查,一定要拔下电源插头再进行!

附二　作图求各油滴带电量子数的数据处理方法

设实验得到了 i 个油滴的带电量分别为 $q_1, q_2, \cdots, q_i$,由于电荷的量子化特性,应有 $q_i = n_i e$,式中 n_i 为第 i 个油滴的带电量子数,e 为单位电荷值。

具体方法是:在线性坐标系中,沿纵轴标出 q_i 点,并过这些点作平行于横轴的直线。沿横轴等间距的标出若干点,并过这些点作平行于纵轴的直线。这样,在 n-q 坐标系中形成一张网,满足 $q_i = n_i e$ 关系的那些点必定位于网的节点上,如图 4-3-5 所示。用一直尺,由过原点和过距原点最近的一个节点连成一条直线 l_0 开始,绕原点慢慢向下方扫过,直到每一条平行线上都有一个节点落在或接近落在直线 l_1 上,画出这条直线,从图上可读取对应 q_i 的量子数 n_i(整数)。该直线的斜率即是单位电荷值。如需要准确地求出 e 值,可由 $e = q_i / n_i$ 求取 e 及其残差和均方差,并进行剔除粗差等常规实验数据处理。这种方法的优点是,可在未知 e 值的情况下求得该值,并可取得所有油滴的带电量子数。

以下是某次实验测量并计算得到的油滴带电量:

$q_1 = 3.238 \times 10^{-19}$ C,

$q_2 = 4.880 \times 10^{-19}$ C,

$q_3 = 3.068 \times 10^{-19}$ C,

$q_4 = 4.732 \times 10^{-19}$ C,

$q_5 = 1.645 \times 10^{-19}$ C,

$q_6 = 8.121 \times 10^{-19}$ C,

$q_7 = 4.571 \times 10^{-19}$ C,

$q_8 = 6.370 \times 10^{-19}$ C。

图 4-3-6 是这组数据的图解结果。从图中可解出 n 值分别为

$n_1 = 2$,

$n_2 = 3$,

$n_3 = 2$,

$n_4 = 3$,

$n_5 = 1$,

$n_6 = 5$,

$n_7 = 3$,

$n_8 = 4$。

在 l_1 上任取一点,求出直线 l_1 的斜率,即为粗略的单位电荷 e 的值。精确地求解 e 值的方法,如前所述。

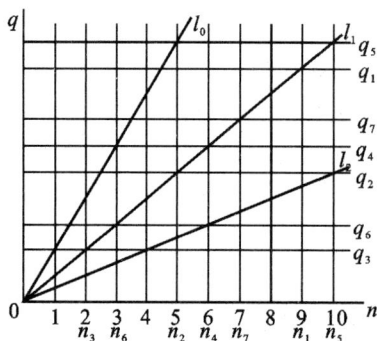

图 4-3-5　图解法处理油滴实验数据

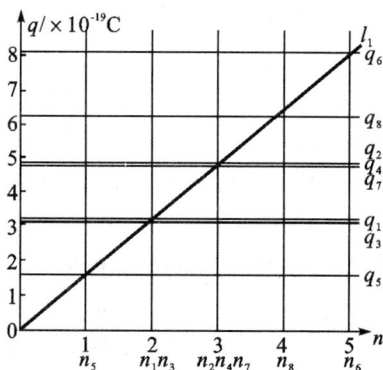

图 4-3-6　实验数据处理结果

实验四　电位差计的应用

【实验目的】

(1) 掌握电位差计的工作原理和正确使用方法,理解和运用补偿法测量原理。

（2）训练简单测量电路的设计和测量条件的选择。

【实验仪器】

UJ25 型电位差计、直流稳压电源、标准电池、标准电阻、灵敏检流计、直流电阻箱、滑线变阻器、待校验电表、单刀开关和导线等。

【实验原理】

如图 4-4-1 所示，电位差计的工作原理是根据电压补偿法，先使标准电池 E_n 与测量电路中的精密电阻 R_n 的两端电势差 U_{st} 相比较，再使被测电势差（或电压）E_x 与准确可变的电势差 U_x 相比较，通过检流计 G 两次指零来获得测量结果。电压补偿原理也可从电位差计的"校准"和"测量"两个步骤中理解。

校准：将 K_2 打向"标准"位置，检流计和校准电路连接，R_n 取一预定值，其大小由标准电池 E_S 的电动势确定；把 K_1 合上，调节 R_P，使检流计 G 指零，即 $E_n = IR_n$，此时测量电路的工作电流已调好为 $I = E_n / R_n$。校准工作电流的

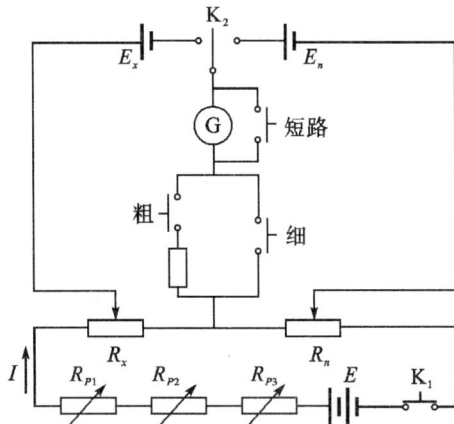

图 4-4-1　电位差计的工作原理

目的：使测量电路中的 R_x 流过一个已知的标准电流 I_o，以保证 R_x 电阻盘上的电压示值（刻度值）与其（精密电阻 R_x 上的）实际电压值相一致。

测量：将 K_2 打向"未知"位置，检流计和被测电路连接，保持 I_o 不变（即 R_P 不变），K_1 合上，调节 R_x，使检流计 G 指零，即有 $E_x = U_x = I_o R_x$。

由此可得 $E_x = \dfrac{E_n}{R_n} R_x$。由于箱式电位差计面板上的测量盘是根据 R_x 电阻值标出其对应的电压刻度值，因此只要读出 R_x 电阻盘刻度的电压读数，即为被测电动势 E_x 的测量值。所以，电位差计使用时，一定要先"校准"，后"测量"，两者不能倒置。

【实验装置】

1. UJ25 型电位差计

UJ25 型箱式电位差计是一种高电势直流电位差计，其面板如图 4-4-2 所示。检流计 G、标准电池 E_N 和工作电源不包含在电位差计中，皆为外接。电计控制按钮"粗、细、短路"为控制检流计用，按下"粗"或"细"按钮，检流计 G 方能接入电位差计。按下"粗"较按下"细"检流计呈现的灵敏度低。"短路"按钮与检流计自身的"短路"按钮作用相同。工作电流调节旋钮分"粗、中、细、微" 4 挡，其电阻相当于图 4-4-1 中的 R_P。标有"N，X1，X2，断"的转换开关旋钮相当于图 4-4-1 中的 K_2。校准时，旋钮指在"N"位置，此时标准电池 E_N 接入电位差计；测量时，旋钮指在"X1"（或"X2"）时面板上方中间标有"未知 1"（或"未知 2"）的两接线柱之间的电位差被接入电位差计。通过"未知 1"和"未知 2"，电位差计可分别测量两个电位差。中间 6 个旋钮为电压测量盘，相当于图 4-4-1 中的 R_x，各旋钮所对应的窗口标有电位差值，其总的电位差值为 6 个窗口示值之和。另外，温度补偿旋钮实为两可变电阻，使用电位差计时，把两旋钮旋在 E_t 值，以补偿标准电池电动势 E_t 随温度

的变化。E_t 值可根据插入标准电池中的温度计读数和由实验室给出的 $E_t\text{-}t$ 的修正值表详算,或用后面所给出的 E_t 值的温度公式计算。

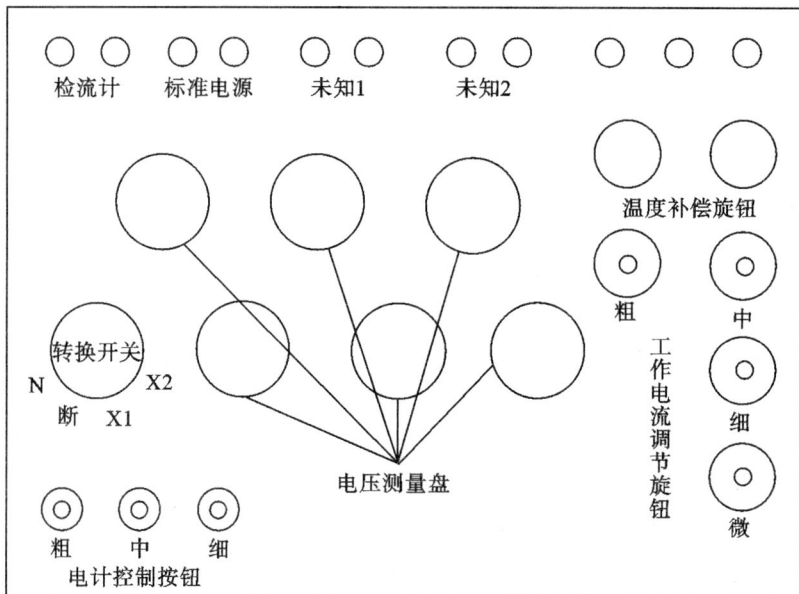

图 4-4-2　UJ25 型电位差计面板图

2. 标准电池

由于电位差计的测量精度依赖于 E_S,故 E_S 一般由精度很高的标准电池提供。常用的标准电池是镉汞电池,分为 H 形封闭玻璃管式和单管式,前者只能正立使用,且不能晃动或倒置。图 4-4-3 为 H 形标准电池示意图,其两极为汞和镉汞齐,正、负极引出线都是铂丝,电解液为硫酸镉溶液,按溶液浓度,H 形标准电池又可分为饱和式和不饱和式两种,饱和式的电动势最稳定,但其电动势易随温度变化,温度为 T 时电动势 E_t 为

$$E_t = E_{20} - 39.94 \times 10^{-6}(T-20) - 0.929 \times 10^{-6}(T-20)^2$$
$$+ 0.009\,0 \times 10^{-6}(T-20)^3 - 0.000\,06 \times 10^{-6}(T-20)^4\,(V)$$

式中,$E_{20} = 1.018\,63$ V 为 20 ℃时的电动势。不饱和式则不必做温度校正。本实验采用饱和式"H"形封闭玻璃管式标准电池。

标准电池准确度分为 I,II,III 级。I, II 级的最大容许电流为 1 μA,内阻不大于 1 kΩ;III 级的最大容许电流为 10 μA,内阻不大于 600 Ω。可见,标准电池只能作电动势的参考标准,绝不能作为电源使用,也不准直接用伏特计测量其电压(为什么?)。在用电位差计时,若使用需做温度修正的标准电池,必须考虑温度修正。

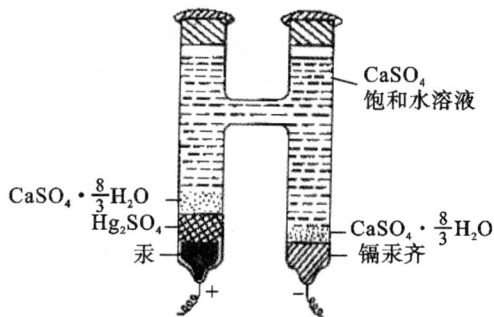

图 4-4-3　标准电池示意图

【实验内容】

1. 用电位差计校准量程为 75 mV 的电压表（参考电路见图 4-4-4）

(1) 设计校准电压表的控制电路，要求控制电路的电压调节范围在 0～75 mV 间连续可调。

(2) 根据电位差计和待校电压表的量程，选取适当的分压比。

(3) 作 ΔU_x-U_x 校准曲线，对待校电压表的精度做出评价。

(4) 估算电表校验装置的误差，并判断它是否小于电表基本误差限的 1/3，进而得出校验装置是否合理的初步结论。

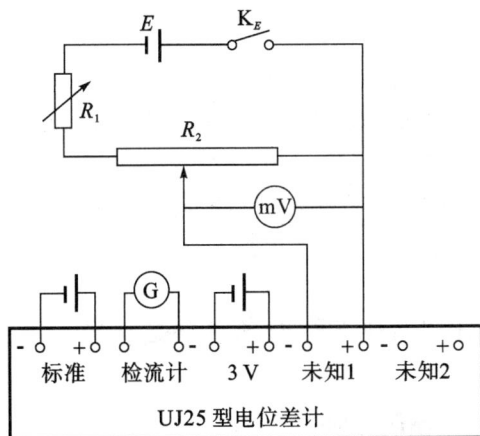

2. 用电位差计校准量程为 50 mA（或其他）的毫安表（参考电路见图 4-4-5）

(1) 设计校准毫安表的控制电路。要求控制电路的电流调节范围在 0～50 mA（或其他）内连续可调。

(2) 选取适当的取样电阻和变阻器阻值。

(3) 作 ΔI_x-I_x 校正曲线，对待校电流表的精度做出评价。

(4) 估算电表校验装置的误差，并判断它是否小于电表基本误差限的 1/3，进而得出校验装置是否合理的初步结论。

图 4-4-4　用电位差计校正毫伏表　　　　图 4-4-5　用电位差计校正毫安表

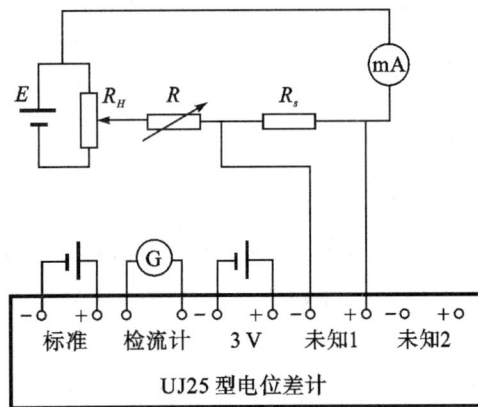

3. 操作步骤参考

(1) 电位差计使用前，首先将转换开关旋在"断"，将电计控制按钮全部松开。接好电路后，调检流计零位调整旋钮使检流计指零。算出室温下标准电池的 E_t 值（或根据实验室提供的标准电池电动势随温度变化的修正值表得出），调节电位差计上的温度补偿旋钮使其指在 E_t 值。按下检流计面板上的"电计"按钮并转动使之不弹起，此时检流计便已接入电位差计，可以完全由电位差计控制。

(2) 将电位差计的转换开关旋钮示值由"断"转至"N"处，按下电计控制按钮"粗"，转动调节工作电流旋钮"粗、中、细、微"，使检流计 G 指零，再按下电计控制按钮"细"，再调至使 G 指零，此时表明电位差计已被校准好。

（3）对待校表进行校准。

闭合 K，调 R，使待校表指示待校的刻度值，并估计接到"未知 1"两接线柱的电位差值，调节测量盘使其接近此值。将转换开关旋钮转至 X1，此时待测电表从"未知 1"处接入，先按下电计控制按钮"粗"，调测量盘使 G 指零，再按电计控制按钮"细"，再调至使 G 指零，测量盘上的读数即为待测电压值。

注意：在每次测量之后，都要再将转换开关旋钮转至"N"处，检查电位差计是否处于校准好的状态（即按下电计控制按钮"细"时 G 指零）。若已偏离，应重新校准，并重新测量待测电压值。

（4）测量结束后，将转换开关旋钮转至"断"处。

【注意事项】

（1）实验前熟悉 UJ25 型直流电位差计各旋钮、开关和接线端钮的作用。接线路时注意各电源及未知电压的极性。

（2）检查并调整电表和电流计的零点，开始时电流计应置于其灵敏度最低挡，以后逐步提高灵敏度档次。

（3）测量前，必须预先估算被测电压值，并将测量盘各旋钮调到估算值。

【讨论思考】

（1）在使用标准电池时要注意什么问题？

（2）为什么用电位差计可以直接测量电池的电动势？

（3）测量时为什么要估算并预置测量盘的电位差值？接线时为什么要特别注意电压极性是否正确？

（4）校准（或测量）时如果无论怎样调节电流调节盘（或测量盘），电流计总是偏向一侧，可能有哪几种原因？

（5）什么是"补偿法"？用这种方法测电动势有什么特点？

（6）如果电位差计没有严格校准，工作电流偏大，将使测量结果偏大还是偏小？

实验五　静电场的描绘

【实验目的】

（1）学习用模拟法测绘电场的分布。

（2）加深对电场强度和电势的理解。

【实验仪器】

EQC-4 型导电玻璃静电场描绘仪。

【实验原理】

任何带电体周围都存在电场，若电场不随时间变化，则称之为静电场。电场可以用电场强度 E 或电位 U 来描述。由于 U 没有方向性，故它的测量比 E 容易得多，所以研究电场往往是用实验方法测出 U 的空间分布，绘出其等位线，需要知道 E 时，再根据电位与电场强度的关系求出 E。当带电体较复杂时，用实验方法研究往往比理论方法简便，所以常被采用。

　　用实验方法直接研究静电场，会因测量仪器的引入而改变原始场的状态，以至无法得到真实情况。而电流场与静电场相比，某些特性存在类似之处，故实验中多用电流场作为静电场的模型，用模拟法去研究静电场。

　　模拟法要求两个类比的物理现象所遵循的物理规律在形式上相近似，在实验条件近似的条件下，把不便于直接测量的物理量，用易于实现、便于测量的物理量所代替，间接地完成对该物理量的测量。

　　虽然静电场与稳恒电流场本是两种不同的场，但是，它们在一定条件下具有相似的空间分布，即两场所遵守的规律在形式上相似。如它们都可以引入电位 U，对静电场，在无源区域内，下列方程成立：

$$\begin{cases} \oint \vec{E} \cdot \mathrm{d}\vec{S} = 0 \\ \oint \vec{E} \cdot \mathrm{d}\vec{l} = 0 \end{cases}$$

　　对导电介质中的稳恒电流场，电荷在导电介质内的分布与时间无关，于是电荷守恒定律的积分形式可写为

$$\begin{cases} \oint \vec{J} \cdot \mathrm{d}\vec{S} = 0 \\ \oint \vec{J} \cdot \mathrm{d}\vec{l} = 0 \end{cases}$$

　　对比上面两组方程可知，导电介质中稳恒电流场的电流密度 J 与电介质中的静电场强度 E 所遵循的物理规律具有相同的数学形式，由电动力学理论可以严格证明，像这样具有相同边界条件、相同形式的方程，其解也相同。所以进行这样的模拟测量在理论上是完全可行的。

　　下面以柱状电容内的静电场与平面同心圆电极之间的稳流场为例，说明二者的类似之处。

　　1. 真空中柱状电容的静电场

　　设有半径为 a 的无限长圆柱（图 4-5-1）均匀带电，其线电荷密度为 λ，若考虑长为 l 的一段，因其对称性，半径为 $r(b > r > a)$ 的圆柱面上电场强度应为同一数值。令其为 E，则由高斯定理：

$$E \cdot 2\pi r l = \frac{l\lambda}{\varepsilon_0} \tag{4-5-1}$$

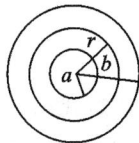

图 4-5-1　圆柱截面

$$E = \frac{\lambda}{2\pi\varepsilon_0} \cdot \frac{1}{r}$$

　　设半径为 r 的圆上一点 P 与圆柱之间的电压为 V，则

$$V = V_p - V_a = \int_a^r E \, \mathrm{d}r = \frac{\lambda}{2\pi\varepsilon_0} \ln\frac{r}{a} = K_1 \ln\frac{r}{a}$$

即

$$V = K_1 \ln r - K_1 \ln a \tag{4-5-2}$$

式中，

$$K_1 = \frac{\lambda}{2\pi\varepsilon_0} \tag{4-5-3}$$

显然,在垂直柱状电容轴线的截面上,等位线为一组同心圆。

2. 同心电极间的稳流场

如图 4-5-2 所示,内电极半径为 a,外电极半径为 b,a 和 b 之间为电阻率均匀的电阻,电阻厚为 h,内外电极之间的总阻值为 R,当外电极加有电压 V_b,内电极电压为 V_a,两电极间电流为

$$I = \frac{V_b - V_a}{R} \tag{4-5-4}$$

且有

$$I = 2\pi r h j \tag{4-5-5}$$

式中,j 为半径 r 处的电流密度。

根据欧姆定律的微分形式:

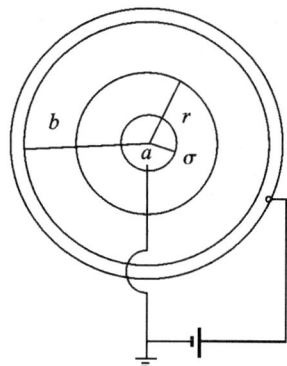

图 4-5-2　同心电极间的稳流场

$$j = \sigma E \tag{4-5-6}$$

式中,σ 为电导率,于是

$$I = 2\pi h r \sigma E \tag{4-5-7}$$

由式(4-5-4)和式(4-5-7),得

$$E = \frac{V_b - V_a}{2\pi h \sigma R} \cdot \frac{1}{r} = K_2 \cdot \frac{1}{r} \tag{4-5-8}$$

式中,

$$K_2 = \frac{V_b - V_a}{2\pi h \sigma R} \tag{4-5-9}$$

当电压一定时,K_2 为常数。

令 $a < r < b$,P 是半径为 r 的圆上的一点:

$$V_P = V_r - V_a = \int_a^r E \, \mathrm{d}r = K_2 \ln \frac{r}{a}$$

即

$$V_p = K_2 \ln r - K_2 \ln a \tag{4-5-10}$$

比较式(4-5-8)与式(4-5-1)、式(4-5-10)与式(4-5-2),可以看出,柱状电容的静电场与同心电极间的稳流场非常相似。故可以通过用后者模拟前者来研究电场分布。

3. 模拟条件

模拟方法的使用有一定的条件和范围,不能随意推广,否则,将会得到荒谬的结论。

用稳恒电流场模拟静电场的条件可以归纳为三点:

(1)稳恒电流场中的电极形状应与被模拟的静电场中的带电体几何形状相同。

(2)稳恒电流场中的导电介质应是不良导体且电导率分布均匀,并满足 σ 电极 $\gg \sigma$ 导电质才能保证电流场中的电极(良导体)的表面也近似是一个等位面。

(3)模拟所用电极系统与被模拟电极系统的边界条件相同。

【实验内容】

1.测绘同心圆电极间的等势线,模拟柱状电容的静电场。

接通电源。左右开关,测左按左,测右按右。测量校正开关按到校正,调电压显示按钮,使显示表的读数为 8 V,然后将测量校正开关按到测量位置。纵横移动测量笔,则按电压表显示寻找所测电压值。

在对应记录电极架上放好橡胶板铺平白纸,用磁条吸住,当液晶显示读数认为需要记录时,轻轻按下记录笔,并在白纸上能清晰计下小点,每等位线 10 点,然后连接即可。

2.测绘平行输电线的模拟电极

使两电极一为 0 V,一为 8 V,按上述方法在白纸上清晰计下两电极间等电位的点,然后连接即可。

【数据处理】

1.绘制等势线和电场线

根据测绘结果分别绘出各电场的各条等势线,并由电场线与等势线的关系画出电场线。并说明所模拟的是什么样的静电场。

2.分析所测绘的柱状电容的等势线

根据画出的同心圆电极间的等势线图,选取其中的一条等势线进行分析,在该等势线上均匀选取 6 个点测量其半径后,求出平均值。同样求出各条等势线平均半径,作 U-lnr 图线,验证其线性关系,并与理论结果相比较。

【讨论思考】

(1)为什么本实验称模拟法实验?模拟法与一般实验方法有何不同?

(2)用稳恒电流场模拟静电场的理论依据是什么?

(3)电力线与等位线有何关系?电力线起于何处?止于何处?等位线的疏密说明了什么?

实验六 霍尔效应及其应用

【实验目的】

(1)了解霍尔效应的基本原理。

(2)学习用"对称测量法"消除副效应的影响,测量霍尔器件试样的 V_H-I_S 和 V_H-I_M 曲线。

(3)确定试样的导电类型、载流子浓度以及迁移率等电学参数。

(4)利用霍尔效应原理测量磁场。

【实验仪器】

TH-H 型霍尔效应组合实验仪(实验仪和测试仪)。

【实验原理】

1.霍尔效应

霍尔效应从本质上讲是运动着的带电粒子(载流子)在磁场中受洛仑兹力作用而引起

的偏转。当带电粒子(电子或空穴)被约束在固体材料中,这种偏转就导致在垂直电流和磁场的方向上产生正负电荷的聚集,从而形成附加的横向电场,即霍尔电场,这个电场所对应的电势差称为霍尔电压,记作 V_H。对于图 4-6-1a 所示的 N 型半导体试样,若在 x 方向通以电流 I_S,在 z 方向加磁场 B,试样中载流子(电子)将受洛仑兹力

$$F_g = evB \tag{4-6-1}$$

则在 y 方向上,即试样的 A,A' 所在的两侧,就开始聚集异号电荷而产生相应的附加电场——霍尔电场。电场的指向取决于试样的导电类型。对 N 型试样,霍尔电场沿 y 轴负方向,对 P 型试样(图 4-6-1b)霍尔电场沿 y 轴正方向,有 $E_H(y) < 0$(N 型),$E_H(y) > 0$(P 型)。

显然,该电场是阻止载流子继续向侧面偏移,当载流子所受的横向电场力 eE_H 与洛仑兹力 evB 相等时,样品两侧电荷的积累就达到平衡,故有

$$eE_H = evB \tag{4-6-2}$$

式中,E_H 为霍尔电场,v 是载流子在电流方向上的平均漂移速度。

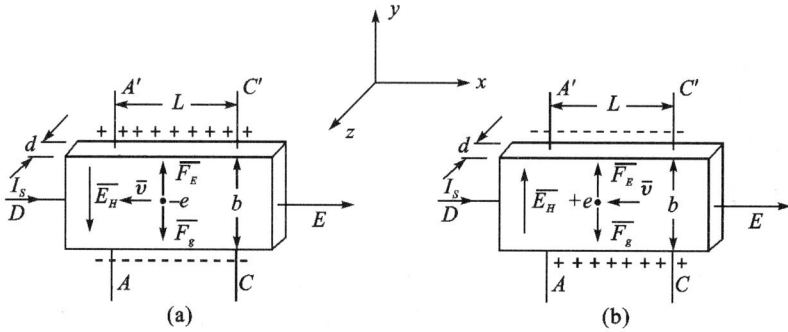

图 4-6-1　样品示意图

设试样的宽为 b,厚度为 d,载流子浓度为 n,则

$$I_S = nevbd \tag{4-6-3}$$

由式(4-6-2)、式(4-6-3)可得

$$V_H = E_h b = \frac{1}{ne} \frac{I_S B}{d} = R_H \frac{I_S B}{d} \tag{4-6-4}$$

即霍尔电压(A,A' 电极之间的电压)与 $I_S B$ 乘积成正比,与试样厚度成反比。比例系数 $R_H = 1/(ne)$ 成为霍尔系数,它是反映材料霍尔效应强弱的重要参数,只要测出 $V_H(V)$ 以及 $I_S(A)$,$B(T)$ 和 $d(m)$,可按下式计算 $R_H(m^3 \cdot C^{-1})$:

$$R_H = \frac{V_H d}{I_S B} \tag{4-6-5}$$

2. 根据 R_H 可进一步确定以下参数

(1) 由 R_H 的符号(或霍尔电压的正负)判断样品的导电类型。

判断的方法是按图 4-6-1 所示的 I_S 和 B 的方向,若测得的 $V_H = V_{AA'} < 0$,即点 A 的电位低于点 A' 的电位,则 R_H 为负,样品属 N 型,反之则为 P 型。

（2）由 R_H 求载流子浓度 n。

$n=1/(|R_H|e)$，这个关系式是假定所有的载流子都具有相同的漂移速度得到的，严格来讲要考虑载流子的速度统计分布，则需引入 $3\pi/8$ 的修正因子。

（3）结合电导率的测量，求载流子的迁移率。

电导率 σ 与载流子浓度 n 以及迁移率之间有如下关系：

$$\sigma=ne\mu \tag{4-6-6}$$

即 $\mu=|R_H|\sigma$，通过实验测出 σ 值即可求出 μ。

根据上述可知，要得到大的霍尔电压，关键是要选择霍尔系数大（即迁移率 μ 高、电阻率 ρ 也较高）的材料。因 $|R_H|=\mu\rho$，就金属导体而言，μ 和 ρ 均很低，而不良导体 ρ 虽高，但 μ 极小，因而上述两种材料的霍尔系数都很小，不能用来制造霍尔器件。半导体 μ 高，ρ 适中，是制造霍尔器件较理想的材料。由于电子的迁移率比空穴迁移率大，所以霍尔器件都采用 N 型材料，其次霍尔电压的大小与材料的厚度成反比，因此薄膜型的霍尔器件的输出电压比片状要高得多。就霍尔器件而言，其厚度是一定的，所以实用上采用

$$K_H=\frac{1}{ned} \tag{4-6-7}$$

来表示器件的灵敏度，K_H 称为霍尔灵敏度，单位为 $mV \cdot mA^{-1} \cdot T^{-1}$。

3. 霍尔电压的测量

在产生霍尔效应的同时，因伴随着多种副效应，以至实验测得的 A，A' 两电极之间的电压并不等于真实的 U_H 值，而是包含着各种副效应引起的附加电压，因此必须设法消除。

（1）不等势电压 V_O（不等势效应）。

如图 4-6-2 所示，这是由于器件的 A，A' 两电极的位置不在一个理想的等势面上，因此，即使不加磁场，只要有电流 I_S 通过，就有电压 $V_O=I_S \cdot r$ 产生，r 为 A，A' 所在的两个等势面之间的电阻，结果在测量 V_H 时就叠加了 V_O，使得 V_H 值偏大（当 V_H 与 V_O 同号）或偏小（当 V_H 与 V_O 异号）。显然，V_H 的符号取决于 I_S 和 B 两者的方向，而 V_O 只与 I_S 的方向有关，因此可以通过改变 B 的方向予以消除。

（2）温差电效应引起的附加电压 V_E［厄廷好森（Etinghausen）效应］。

如图 4-6-3 所示，由于构成电流的载流子速度不同，若速度为 v 的载流子所受的洛仑兹力与霍尔电场的作用力刚好抵消，则速度大于或小于 v 的载流子在电场和磁场作用下，将各自朝对立面偏转，从而在 y 方向上引起温差 $T_A-T_{A'}$，温度梯度为 $\dfrac{dT}{dy}=PIB$，式中 P 是厄廷好森系数。由此产生的温差电效应在 A，A' 电极上引入附加的温差电压 V_E，且 $V_E \propto I_S B$，其符号与 I_S 和 B 的方向的关系跟 V_H 是相同的，因此不能用改变 I_S 和 B 方向的方法予以消除，但其引入的误差很小，可以忽略。

（3）热磁效应直接引起的附加电压 V_N［能斯脱（Nernst）效应］。

如图 4-6-4 所示，因器件两端电流引线的接触电阻不等，通电后在接点两处将产生不同的焦耳热，导致在 x 方向由温度梯度引起载流子沿梯度方向扩散而产生热扩散电流，热流 Q 在 z 方向磁场作用下，在 y 方向上产生一附加电场 $E_N=QB\dfrac{dT}{dx}$，式中 Q 是能斯脱系

数。相应的电压 $V_N \propto QB$，V_R 的符号只与 B 的方向有关，与 I_S 的方向无关，因此可通过改变 I_M 的方向予以消除。

（4）热磁效应产生温差引起的附加电压 V_R［里纪-勒杜克（Righi-Ledue）效应］。

如图 4-6-5 所示，如（3）所述的 x 方向热扩散电流，因载流子的速度统计分布，在 z 方向的磁场 B 的作用下，由于和（2）中所述的同一道理，将在 y 方向产生温度梯度 $T_A -$ $T_{A'}$，温度梯度为 $\dfrac{\mathrm{d}T}{\mathrm{d}y} = SB \dfrac{\mathrm{d}T}{\mathrm{d}x}$，式中 S 是里纪-勒杜克系数。由此引入附加的温差电压 $V_R \propto QB$，V_R 的符号只与 B 的方向有关，也能消除。

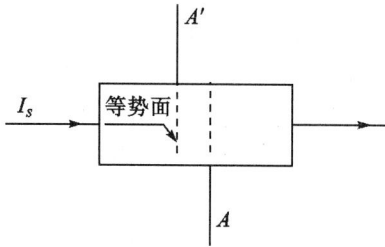

图 4-6-2　不等势效应

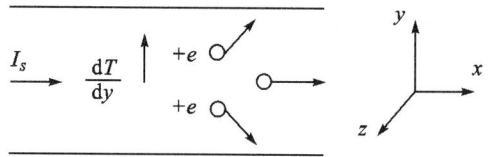

图 4-6-3　厄廷好森效应

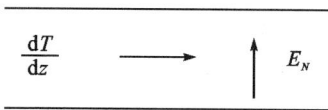

图 4-6-4　能斯脱效应

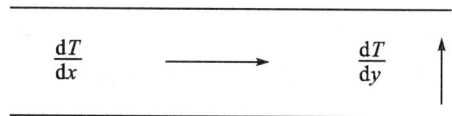

图 4-6-5　里纪-勒杜克效应

（5）附加电压的消除。

综上所述，实验中测得的 A,A' 之间的电压包括 V_O,V_N,V_R 和 V_E 各电压的代数和，其中 V_O,V_N,V_R 均可通过 I_S 和 B 换向对称测量法予以消除。具体的作法是 I_S 和 B（即 I_M）的大小不变，并在设定电流和磁场的正、反方向后，依次测量四组不同方向的 I_S 和 B 组合的 A,A' 两点之间的电压 V_1,V_2,V_3,V_4。

① 设 I_S 和 B 的方向均为正向时，测得 A,A' 之间的电压记为 V_1，当 $+I_S,+B$ 时：

$$V_1 = V_H + V_O + V_N + V_R + V_E$$

② 将 B 换向，而 I_S 的方向不变，测得的电压记为 V_2，此时 V_H,V_N,V_R 和 V_E 均改号而 V_O 符号不变，当 $+I_S,-B$ 时：

$$V_2 = -V_H + V_O - V_N - V_R - V_E$$

③ 当 $-I_S,-B$ 时：

$$V_3 = V_H - V_O - V_N - V_R + V_E$$

④ 当 $-I_S,+B$ 时：

$$V_4 = -V_H - V_O + V_N + V_R - V_E$$

求以上四组数据 V_1,V_2,V_3 和 V_4 的代数平均值，可得

$$V_H + V_E = \frac{V_1 - V_2 + V_3 - V_4}{4}$$

4. 电导率 σ 的测量

σ 可以通过如图 4-6-1 所示的 A,C（或 A',C'）电极进行测量，设 A,C 间的距离为 L，样品的横截面积为 $S=bd$，流经样品的电流为 I_s，在零磁场下，若测得 A,C（或 A',C'）间的电位差为 $V_\sigma(V_{AC})$，可由下式求得

$$\sigma = \frac{I_s L}{V_\sigma S}$$

【实验内容】

1. 连接测试仪和实验仪之间的 I_S, V_H, I_M 各组连线

为了准确测量，应先对测试仪进行调零，即将测试仪的"I_S 调节"和"I_M 调节"旋钮均置零位，待开机数分钟后若 U_H 显示不为零，可通过面板左下方小孔的"调零"电位器实现调零，即调至"0.00"。

2. 测量 V_H-I_S 关系

将实验仪的"V_H, V_σ"切换开关投向"V_H"一侧，测试仪的"功能切换"置"V_H"。保持 I_M 值不变（取 $I_M=0.6A$），测绘 V_H-I_S 曲线，记入表 4-6-1 中。

表 4-6-1　测量 V_H-I_S 关系

I_S/mA	V_1/mV $+I_S, +B$	V_2/mV $+I_S, -B$	V_3/mV $-I_S, -B$	V_4/mV $-I_S, +B$	$V_H = \dfrac{V_1 - V_2 + V_3 - V_4}{4}$/mV
1.00					
1.50					
2.00					
2.50					
3.00					
3.50					

3. 测量 V_H-I_M 关系

实验仪及测试仪各开关同上。保持 I_S 值不变（取 $I_S=3.00$ mA），测量 V_H-I_M 关系，记入表 4-6-2 中。

表 4-6-2　测量 V_H-I_M 关系

I_M/A	V_1/mV $+I_S, +B$	V_2/mV $+I_S, -B$	V_3/mV $-I_S, -B$	V_4/mV $-I_S, +B$	$V_H = \dfrac{V_1 - V_2 + V_3 - V_4}{4}$/mV
0.300					
0.400					
0.500					
0.600					

续表

I_M/A	V_1/mV	V_2/mV	V_3/mV	V_4/mV	$V_H = \dfrac{V_1 - V_2 + V_3 - V_4}{4}/mV$
	$+I_S, +B$	$+I_S, -B$	$-I_S, -B$	$-I_S, +B$	
0.700					
0.800					

4. 测量 V_σ 值

将实验仪的 "V_H, V_σ" 切换开关投向 "V_σ" 侧,测试仪的 "功能切换" 置 "V_σ"。在零磁场下,取 $I_S = 2.00$ mA,测量 V_σ。

注意:I_S 取值不要过大,以免 V_σ 太大,毫伏表超量程(此时首位数码显示为 1,后三位数码熄灭)。

5. 确定样品的导电类型

将实验仪三组双刀开关均投向上方,即 I_S 沿 x 方向,B 沿 z 方向,毫伏表测量电压为 $V_{AA'}$。取 $I_S = 2$ mA,$I_M = 0.6$ A,测量 V_H 大小及极性,判断样品导电类型。

【数据处理】

(1) 根据测得的 $V_H\text{-}I_S$ 关系和 $V_H\text{-}I_M$ 关系,绘制 $V_H\text{-}I_S$ 关系曲线和 $V_H\text{-}I_M$ 关系曲线。

(2) 根据表 4-6-1(或表 4-6-2),用逐差法处理数据,求出 $(\dfrac{V_H}{I_S}$ 或 $\dfrac{V_H}{I_M})$,从而求得 R_H,正确表示计算结果。

(3) 根据求得的 R_H,计算出样品的 n, σ, μ。

【注意事项】

(1) 仪器出厂前,霍尔片已调至电磁铁中心位置。霍尔片性脆易碎,电极甚细易断,严防撞击或用手触摸,否则极易遭损坏。在需要调解霍尔片位置时,必须谨慎,切勿随意改变其 y 轴方向的高度,以免霍尔片与磁极面摩擦受损。

(2) 严禁将测试仪的励磁电源 "I_M 输出" 接到实验仪的 "I_S 输入" 或 "V_H, V_σ 输入",否则一旦通电,霍尔器件即遭破坏。

(3) 仪器开机前应将 I_S, I_M 调节旋钮逆时针方向旋到底,使其输出电流趋于最小状态,然后再开机。仪器接通电源后,应预热数分钟后再进行实验。关机前,应将 I_S, I_M 调节旋钮逆时针方向旋到底,使其输出电流趋于零,然后才可切断电源。

(4) 每次对 I_M 双刀开关换向前均应将 I_M 调节旋钮逆时针方向旋到底,以免双刀开关换向时开关打火,产生安全隐患且缩短仪器使用寿命。

【讨论思考】

(1) 若磁感应强度 B 和霍尔器件平面不完全正交,按式 (4-6-5) $R_H = \dfrac{V_H d}{I_S B}$ 测出的霍尔系数 R_H 比实际值大还是小?要准确测定 R_H 值应怎样进行?

(2) 若已知霍尔器件的性能参数,采用霍尔效应法测量一个未知磁场时,测量误差有哪些来源?

(3) 如已知霍尔样品的工作电流 I_S 及磁感应强度 B 的方向,如何判断样品的导电类型？

（4）本实验为什么要用三个转向开关？

实验七　RLC 电路的暂态过程

【实验目的】

（1）研究 RC,RL,LC,RLC 等电路的暂态过程,加深对电容、电感特性的理解。

（2）观察 RLC 串联电路的暂态过程,理解阻尼振动运动规律。

（3）学会用电子示波器观察和分析 RC,RL,RLC 串联电路暂态过程中电容器两端电压的变化规律,并定量地测定时间常数、振荡周期等物理量。

【实验仪器】

电子示波器、信号发生器、电阻箱、电容箱、电感箱、导线等。

【实验原理】

R,L,C 元件的不同组合,可以构成 RC,RL 和 RLC 电路,这些电路对阶跃电压的响应是不同的,从而有一个从一种平衡态转变到另一种平衡态的过程,这个转变过程即为暂态过程。

1. RC 串联电路的暂态过程

在由电阻 R 及电容 C 组成的直流串联电路中,暂态过程即是电容器的充放电过程,其电路图见图 4-7-1。当开关 K 打向位置 1 时,电源对电容器 C 充电,直到其两端电压等于电源 E,如果电容 C 在初始状态下储能为零,响应由外加激励引起,该响应称为零状态响应。在充电过程中回路方程为

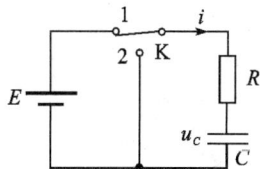

图 4-7-1　RC 电路

$$\frac{\mathrm{d}u_C}{\mathrm{d}t} + \frac{1}{RC}u_C = \frac{1}{RC}E \qquad (4\text{-}7\text{-}1)$$

假定该响应为零状态响应,当 $t=0$ 时,$u_C=0$,得到方程的解为

$$u_C = E(1 - \mathrm{e}^{-t/RC}) \qquad (4\text{-}7\text{-}2)$$

表示电容器两端的充电电压是按指数增长的一条曲线,在充电的过程中,其电压稳态时电容两端的电压等于电源电压 E,如图 4-7-2(a)所示。式中 $\tau = RC$ 具有时间量纲,称为电路的时间常数,是表征暂态过程进行得快慢的一个重要的物理量,当 R 的单位取欧姆,C 的单位取法拉的时候,τ 的单位为秒。电容 C 两端电压由 0 V 上升到 $0.63E$,所对应的时间即为 τ。

当把开关 K 打向位置 2 时,电容 C 通过电阻 R 放电,此时电源被断路,当电路在没有外加激励时,有电路中的电容所含的初始储能引起的响应,称为零输入响应。其回路方程为

$$\frac{\mathrm{d}u_c}{\mathrm{d}t} + \frac{1}{RC}u_C = 0 \qquad (4\text{-}7\text{-}3)$$

假定该响应为零输入响应,当 $t=0$ 时,$u_C=E$,得到方程的解为 $u_C = E\mathrm{e}^{-t/\tau}$,表示电容

器两端的放电电压按指数律衰减到零,τ 也可由此曲线衰减到 $0.37E$ 所对应的时间来确定。充放电曲线如图 4-7-2(b)所示。

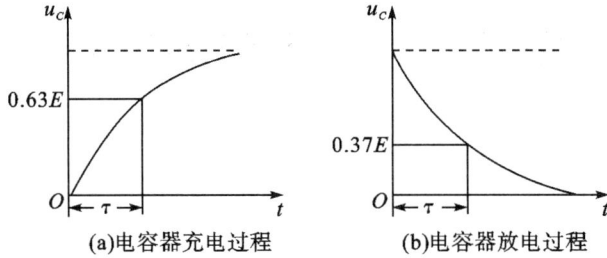

(a)电容器充电过程　　　　(b)电容器放电过程

图 4-7-2　RC 电路的充放电曲线

2. RL 串联电路的暂态过程

在由电阻 R 及电感 L 组成的直流串联电路中,如图 4-7-3 所示,当开关 K 置于 1 时,由于电感 L 的自感作用,回路中的电流不能瞬间突变,如果闭合时间足够长,电流将会逐渐增加到最大值 E/R,达到稳定状态。在电流增长过程中,回路方程为

$$L \frac{\mathrm{d}i}{\mathrm{d}t} + iR = E \qquad (4\text{-}7\text{-}4)$$

假定该响应为零状态响应,当 $t=0$ 时,$i=0$,可得方程的解为

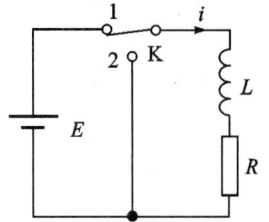

图 4-7-3　RL 电路

$$i = \frac{E}{R}(1 - \mathrm{e}^{-tR/L})。$$

可见,回路电流 i 是经过一指数增长过程,逐渐达到稳定值 E/R 的,如图 4-7-4(a)所示。i 增长的快慢由时间常数 $\tau = L/R$ 决定。

当开关 K 打到位置 2 时,电路方程为

$$L \frac{\mathrm{d}i}{\mathrm{d}t} + iR = 0 \qquad (4\text{-}7\text{-}5)$$

由初始条件 $t=0$,$i=E/R$,可以得到方程的解为

$$i = \frac{E}{R}\mathrm{e}^{-t/\tau}$$

表示回路电流从 $i=E/R$ 逐渐衰减到 0,如图 4-7-4(b)所示。

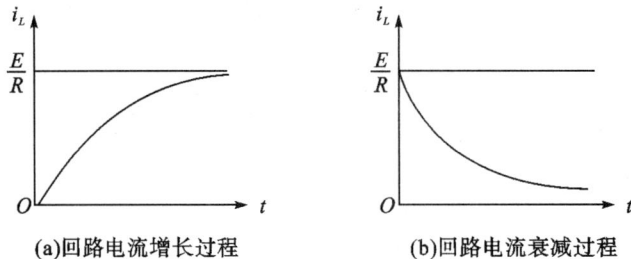

(a)回路电流增长过程　　　　(b)回路电流衰减过程

图 4-7-4　回路电流变化过程

3. RLC 串联电路的暂态过程

以上讨论的都是理想化的情况,即认为电容和电感中都没有电阻,可实际上不但电容和电感本身都有电阻,而且回路中也存在回路电阻、电源内阻,这些电阻是会对电路产生影响的,电阻是耗散性元件,将使电能单向转化为热能,可以想象,电阻的主要作用就是把阻尼项引入到方程的解中。

RLC 串联电路如图 4-7-5 所示。电路方程为

$$u_C + u_L + iR = \varepsilon$$

将 $u_L = L\dfrac{\mathrm{d}i}{\mathrm{d}t}$ 及 $i = C\dfrac{\mathrm{d}u_C}{\mathrm{d}t}$ 代入上式,得

$$LC\frac{\mathrm{d}^2 u_C}{\mathrm{d}t^2} + RC\frac{\mathrm{d}u_C}{\mathrm{d}t} + u_C = \varepsilon$$

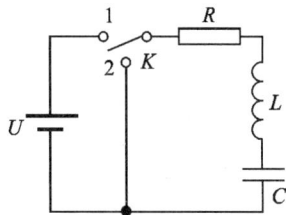

图 4-7-5　RLC 串联电路

令 $\omega_0 = 1/\sqrt{LC}$,$2\beta = R/L$,得到 RLC 串联电路的回路方程为二阶常微分方程

$$\frac{\mathrm{d}^2 u_C}{\mathrm{d}t^2} + 2\beta\frac{\mathrm{d}u_C}{\mathrm{d}t} + \omega_0^2 u_C = \omega_0^2 \varepsilon \tag{4-7-6}$$

若考虑放电过程,则 $\varepsilon(t) = E$,假定放电过程为零输入响应,则放电前 $u_C = E$,放电后 $u_C' = 0$,依据判别式 $\Delta = 4\beta^2 - 4\omega_0^2$ 大于、等于和小于零的情况,方程(4-7-6)有 3 种不同的解。

(1) $\Delta < 0$,$R < 2\sqrt{L/C}$:电阻较小,弱阻尼状态。

电容器两端的振荡电压为

$$R > R_C \tag{4-7-7}$$

其中,时间常数 $\tau = 2L/R$,衰减振动的圆频率为

$$\omega = \omega_0\sqrt{1 - \frac{R^2 C}{4L}} \tag{4-7-8}$$

而阻尼振动的周期为

$$T = \frac{2\pi}{\omega} = 2\pi\sqrt{LC}\Big/\sqrt{1 - \frac{R^2 C}{4L}} \tag{4-7-9}$$

在阻尼振动状态下 $u_C(t)$ 随时间变化的规律如图 4-7-6(a)所示,振动的振幅呈指数衰减,振幅衰减的快慢由时间常数 $\tau = 2L/R$ 的大小决定,电阻值越大,则 τ 越小,振幅衰减越迅速。

如果 $R \ll 2\sqrt{L/C}$,通常是 R 很小的情况,振幅衰减很缓慢,由式 4-7-8 可知 $\omega \approx 1/\sqrt{LC} = \omega_0$,此时近似为 LC 电路的自由振动,$\omega_0$ 为 LC 电路的固有振动频率(电阻 $R = 0$ 的无阻尼等幅振荡状态)。

(2) $\Delta = 0$,$R = R_C = 2\sqrt{L/C}$:临界阻尼状态。

在临界阻尼状态下,回路电阻值取临界电阻 R_C,临界电阻是从阻尼振荡到刚好无振荡的过渡分界,此时,电容器两端的电压为

$$u_C(t) = E\left(1 + \frac{t}{\tau}\right)\mathrm{e}^{-t/\tau}$$

临界阻尼的图形如图 4-7-6(b)所示。

(3) $\Delta > 0, R > R_c$:过阻尼状态。

过阻尼状态下的 $u_c(t)$ 的变化曲线如图 4-7-6(c)所示,它以缓慢单调的变化方式逐渐趋于稳态。

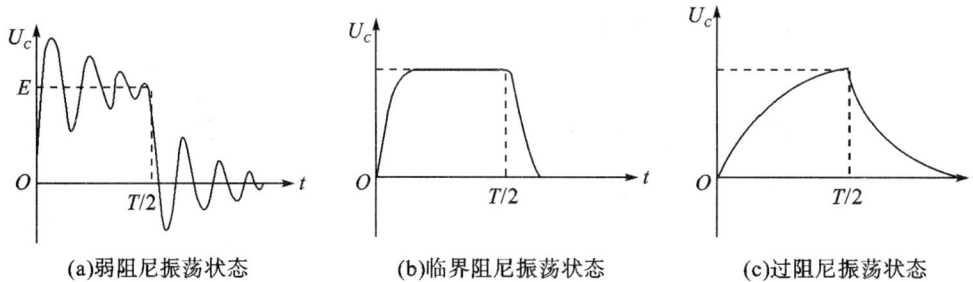

(a)弱阻尼振荡状态　　　　　(b)临界阻尼振荡状态　　　　　(c)过阻尼振荡状态

图 4-7-6　RLC 电路对阶跃电压的响应

对于充电过程,则 $\varepsilon(t) = E$,假定充电过程为零状态响应,则放电前 $u_c = 0$,放电后 $u_c' = E$,依据放电过程类似的分析也可以得到不同电阻取值相应的解。

【实验内容】

本实验在实际操作中采用电子示波器观察上述暂态过程,从示波器的原理可知,要使屏幕上出现稳定的图形,须满足两个条件:第一,整个暂态过程所用的时间要比较短,如 1 ms,这是因为屏幕上的光点保留的时间是短暂的。常见示波器光点保留的时间约在 10 ms 的数量级,如果暂态过程很长,那么显示后面过程时前面的图形已经消失,不能观察到图形的全貌。第二,同样的图形必须重复出现,否则即使图形齐全,但显示一瞬即过,也是来不及仔细观察的。

为了满足上述第一个条件,L, C 的数值要选择得合适,例如 RLC 电路中 L 取 1 mH,C 取 0.1 μF,用自由振荡周期 T_0 作为粗略估计暂态过程的时间,$T_0 = 2\pi\sqrt{LC} = 2 \times 10^{-5}$ s。为了满足上述的第二个条件,开关 K 不能用人工操作,因为人工操作既不能十分迅速,又不能定时重复,办法是用函数信号发生器函数信号输出代替直流电源 E 和开关 K。将输出波形设置在方波输出,并调节其直流电平令低电平和示波器的零点一致,这样,它在前半周期输出电压为 E,然后迅速回 0,后半周期输出为 0,而后不断重复,前半周期相当于把 K 合向 1,后半周前相当于 K 合向 2。

在电路连接的过程中应注意,用示波器的 CH1 或者 CH2 通道来测量信号,示波器应并联在待测元件的两端,并使示波器连接线的接地端和电路的地线接在一起,在调整示波器和信号发生器的零点时,应将示波器相应通道的直流电平开关打开。

1. RC 电路的暂态过程

(1) 观察信号发生器的方波输出波形,令方波信号输出频率 $f = 1$ kHz,电压为 800 mV,将方波信号接入示波器 CH1 输入端,观察记录方波波形,并调节直流电平,使示波器和信号发生器的零点一致。

(2) 按图 4-7-7 接线,观察电容器上电压随时间的变化关系。将 u_c 接到示波器 CH1

输入端,电容 C 取 $0.1~\mu F$。改变 R 的阻值,使 τ 分别为 $\tau \ll T/2$,$\tau = T/2$,$\tau \gg T/2$,T 是输入方波信号的周期,观察并记录这三种情况下 u_C 的波形,记录下 R,C 等参数,在坐标纸上绘制一个周期的图形,并分别解释 u_C 的变化规律。

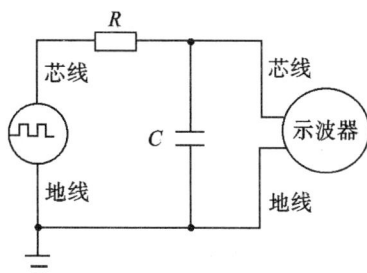

图 4-7-7 RC 电路的暂态过程接线

(3) 测量时间常数 τ,用作图法讨论 τ 随 R 的变化规律,并与 τ 的定义 $\tau = RC$ 进行比较,在计算过程中应注意,信号发生器的输出有 $50~\Omega$ 的内阻。

2. RL 电路的暂态过程

按照图 4-7-8 所示连接电路,观察电感上电压随时间的变化关系。将 u_L 接到示波器 CH1 输入端,电感 L 取 $0.1~H$。改变 R 的阻值,使 τ 分别为 $\tau \ll T/2$,$\tau = T/2$,$\tau \gg T/2$,T 是输入方波信号的周期,观察并记录这三种情况下 u_L 的波形,记录下 R,L 等参数,在坐标纸上绘制一个周期的图形,并分别解释 u_L 的变化规律。

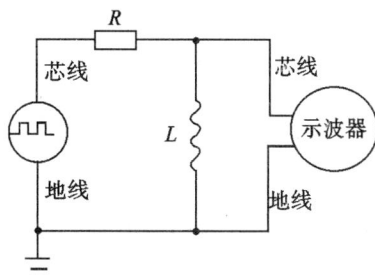

图 4-7-8 RL 电路的暂态过程接线图

测量时间常数 τ,用作图法讨论 τ 随 R 的变化规律,并与 τ 的定义 $\tau = L/R$ 进行比较,在计算过程中应注意,信号发生器的输出有 $50~\Omega$ 的内阻。

3. RLC 电路的暂态过程

(1) 电路连接如图 4-7-9 所示,用示波器观察 u_C 为了清楚地观察到 RLC 阻尼振荡的全过程,需要适当调节方波发生器的频率,电感 L 取 $0.01~H$,电容 C 取 $0.1~\mu F$,计算三种不同阻尼状态对应的电阻值范围。

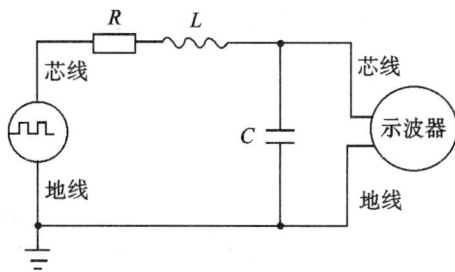

图 4-7-9 RLC 串联电路的暂态过程接线图

(2) 选择合适的 R 值,使示波器上出现完整的阻尼振荡波形。改变 R 的值,观察振荡波形的变化情况,并加以讨论。

(3) 观察临界阻尼状态。

逐步加大 R 值,当 u_C 的波形刚刚不出现振荡时,即处于临界状态,此时回路的总电阻就是临界电阻,与用公式 $R = \sqrt{4L/C}$ 所计算出来的总阻值进行比较(不应忽略示波器的内阻)。

(4) 观察过阻尼状态。

继续加大 R,即处于过阻尼状态,观察不同 R 对 u_C 波形的影响。

【讨论思考】

(1) 在 RC 串联电路中,固定方波频率 f 而改变 R 的阻值,为什么会有各种不同的波形?若固定 R 而改变方波频率 f,会得到类似的波形吗?为什么?

(2) 在 RLC 串联电路中,若方波发生器的频率很高或很低,能观察到阻尼振荡的波形吗？

（3）在 RLC 串联电路中，如何判定临界阻尼现象？

实验八 示波器应用

【实验目的】

（1）了解示波器的主要组成部分，扫描和整步的作用原理，加深对振动合成的理解。

（2）熟练使用示波器观察和测量信号，利用李萨如图形测量信号频率。

【实验仪器】

YB43020 电子示波器、MOS-620B 电子示波器、EE1641D 型函数信号发生器等。

【实验原理】

示波器是一种用途十分广泛的电子测量仪器。它能把肉眼看不见的电信号变换成看得见的图像，便于人们研究各种电现象的变化过程。示波器利用高速电子组成的电子束，打在涂有荧光物质的屏面上，形成细小的光点。在被测信号的作用下，电子束就可以在屏面上描绘出被测信号的瞬时值的变化曲线。利用示波器能观察各种不同信号幅度随时间变化的波形曲线，还可以用它测试各种不同的电量，如电压、电流、频率、相位差、调幅度等等。

（一）示波器的工作原理

1. 示波器的组成

普通示波器有 5 个基本组成部分：显示电路、垂直（Y 轴）放大电路、水平（X 轴）放大电路、扫描与同步电路、电源供给电路。普通示波器的原理功能方框图如图 4-8-1 所示。

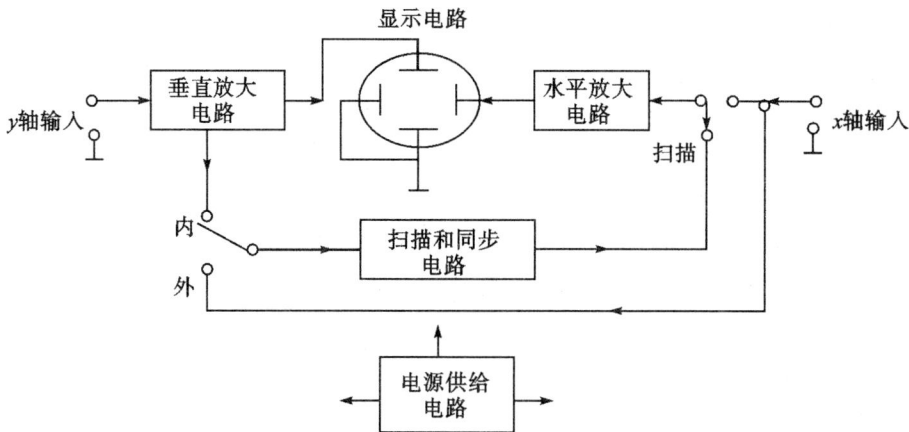

图 4-8-1 示波器的原理功能方框图

（1）显示电路。

显示电路包括示波管及其控制电路两个部分。示波管的基本原理如图 4-8-2 所示。

示波管由电子枪、偏转系统和荧光屏 3 个部分组成。

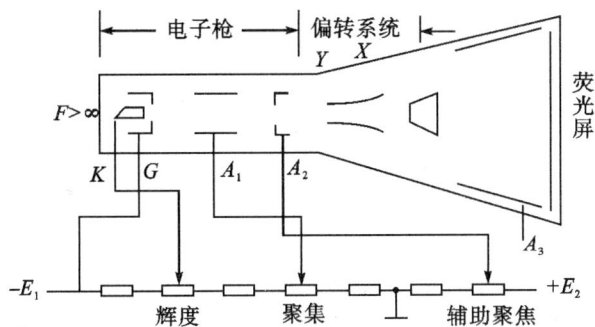

图 4-8-2　示波管内部结构示意图

① 电子枪。

电子枪用于产生并形成高速、聚束的电子流,去轰击荧光屏使之发光。它主要由灯丝 F、阴极 K、控制极 G、第一阳极 A_1、第二阳极 A_2 组成。阴极被加热后,可沿轴向发射电子;控制极相对阴极来说是负电位,改变电位可以改变通过控制极小孔的电子数目,也就是控制荧光屏上光点的亮度。为了提高屏上光点亮度,又不降低对电子束偏转的灵敏度,现代示波管中,在偏转系统和荧光屏之间还加上一个后加速电极 A_3。

② 偏转系统。

示波管的偏转系统大都是静电偏转式,它由两对相互垂直的平行金属板组成,分别称为水平偏转板和垂直偏转板。分别控制电子束在水平方向和垂直方向的运动。当电子在偏转板之间运动时,如果偏转板上没有加电压,偏转板之间无电场,离开第二阳极后进入偏转系统的电子将沿轴向运动,射向屏幕的中心。如果偏转板上有电压,偏转板之间则有电场,进入偏转系统的电子会在偏转电场的作用下射向荧光屏的指定位置。如图 4-8-3 所示。偏转量 y 与偏转板上所加的电压 V_y 成正比。

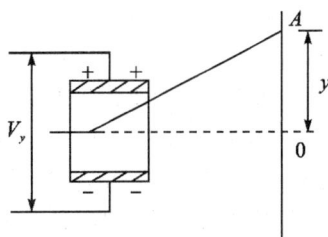

图 4-8-3　偏转板电场电子束的控制作用

③ 荧光屏。

在示波器的荧光屏内壁涂有一层发光物质,因而,荧光屏上受到高速电子冲击的地点就显现出荧光。此时光点的亮度决定于电子束的数目、密度及其速度。改变控制极的电压时,电子束中电子的数目将随之改变,光点亮度也就改变。在使用示波器时,不宜让很亮的光点固定出现在示波管荧光屏一个位置上,否则该点荧光物质将因长期受电子冲击而烧坏,从而失去发光能力。

涂有不同荧光物质的荧光屏,在受电子冲击时将显示出不同的颜色和不同的余辉时间,通常供观察一般信号波形用的是发绿光的,属中余辉示波管,供观察非周期性及低频信号用的是发橙黄色光的,属长余辉示波管;供照相用的示波器中,一般都采用发蓝色的短余辉示波管。

(2) 垂直(Y 轴)放大电路。

由于示波管的偏转灵敏度较低,所以一般的被测信号电压都要先经过垂直放大电路的放大,再加到示波管的垂直偏转板上,以得到垂直方向的适当大小的图形。

(3) 水平(X 轴)放大电路。

由于示波管水平方向的偏转灵敏度也很低,所以接入示波管水平偏转板的电压(锯齿波电压或其他电压)也要先经过水平放大电路的放大以后,再加到示波管的水平偏转板上,以得到水平方向适当大小的图形。

(4) 扫描与同步电路。

扫描电路产生一个锯齿波电压。该锯齿波电压的频率能在一定的范围内连续可调。锯齿波电压的作用是使示波管阴极发出的电子束在荧光屏上形成周期性的、与时间成正比的水平位移,即形成时间基线。这样,才能把加在垂直方向的被测信号按时间的变化波形展现在荧光屏上。

(5) 电源供给电路。

电源供给电路供给垂直与水平放大电路、扫描与同步电路以及示波管与控制电路所需的负高压、灯丝电压等。

由示波器的原理功能方框图可见,被测信号电压加到示波器的 Y 轴输入端,经垂直放大电路加于示波管的垂直偏转板。示波管的水平偏转电压,虽然多数情况都采用锯齿电压(用于观察波形时),但有时也采用其他的外加电压(用于测量频率、相位差等时),因此在水平放大电路输入端有一个水平信号选择开关,以便按照需要选用示波器内部的锯齿波电压,或选用外加在 X 轴输入端上的其他电压来作为水平偏转电压。

此外,为了使荧光屏上显示的图形保持稳定,要求锯齿波电压信号的频率和被测信号的频率保持同步。这样,不仅要求锯齿波电压的频率能连续调节,而且在产生锯齿波的电路上还要输入一个同步信号。为了适应各种需要,同步(或触发)信号可通过同步或触发信号选择开关来选择,通常来源有 3 个:① 从垂直放大电路引来被测信号作为同步(或触发)信号,此信号称为"内同步"(或"内触发")信号;② 引入某种相关的外加信号为同步(或触发)信号,此信号称为"外同步"(或"外触发")信号,该信号加在外同步(或外触发)输入端;③ 有些示波器的同步信号选择开关还有一挡"电源同步",是由 220 V,50 Hz 电源电压,通过变压器次级降压后作为同步信号。

2. 波形显示的基本原理

由示波管的原理可知,一个直流电压加到一对偏转板上时,将使光点在荧光屏上产生一个固定位移,该位移的大小与所加直流电压成正比。如果分别将两个直流电压同时加到垂直和水平两对偏转板上,则荧光屏上的光点位置就由两个方向的位移所共同决定。

如果将被测信号电压(正弦信号)加到垂直偏转板上,锯齿波扫描电压加到水平偏转板上,而且被测信号电压的频率等于锯齿波扫描电压的频率,则荧光屏上将显示出一个周期的被测信号电压随时间变化的波形曲线(图 4-8-4)。由图 4-8-4 可见,在时间 $t=0$ 的瞬间,信号电压为 V_0(零值),锯齿波电压为 V_0'(负值),荧光屏上光点在坐标原点左面,位移的距离正比于电压 V_0';在时间 $t=1$ 的瞬间,交流电压为 V_1(正值),锯齿波电压为 V_1'(负值),荧光屏上光点在坐标的第 Ⅱ 象限中。同理,在时间 $t=2,t=3,\cdots,t=8$ 的瞬间,荧光屏上光点分别位于 2,3,…,8 点。在 $t=8$ 瞬间,锯齿波电压由最大正值 V_8' 跳变到最大负值 V_0',因而荧光屏上的光点也从 8 点极其迅速地向左移到起始位置 0 点。以后,在被测周期信号的第二个周期、第三个周期 …… 都重复第一个周期的情形,光点在荧光屏上描出的轨迹也都重叠在第一次描出的轨迹上。所以,荧光屏上显示出来的被测信号电压是随时间变化的稳定波形曲线。

若被测信号电压的频率等于锯齿波电压频率整数倍数时,则荧光屏上将显示出周期为整数的被测信号稳定波形。而当被测信号电压的频率与锯齿波电压的频率不成整数倍数时,则荧光屏上不能获得稳定的波形,如图 4-8-5 所示。第一次扫描时,屏上显示的是 0~1 这段波形曲线;第二次扫描时,屏上显示 1~2 这段波形曲线;第三次扫描时,屏上显示 2~3 这段波形曲线;……可见,每次荧光屏上显示的波形曲线都不同,所以图形不稳定。

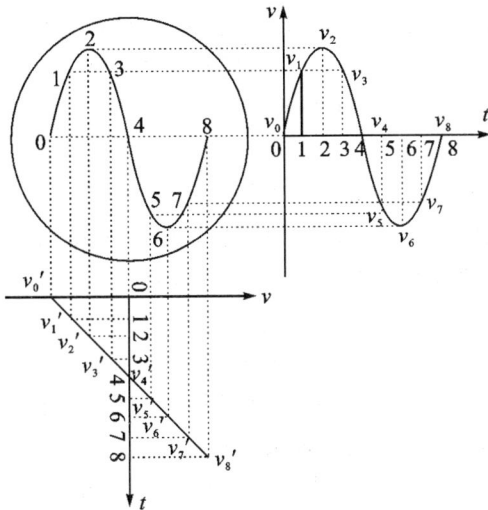

图 4-8-4　正弦信号和锯齿波信号在荧光屏上的合成图形　　图 4-8-5　不稳定波形的形成原因

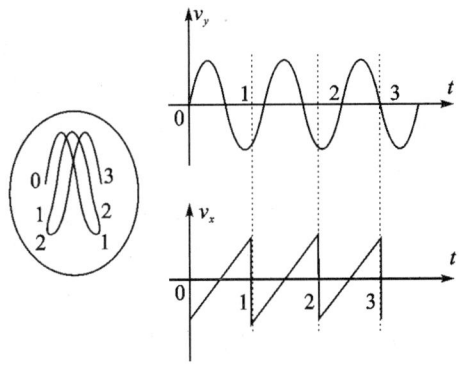

由上述可见,为使荧光屏上的图形稳定,被测信号电压的频率应与锯齿波电压的频率保持整数比的关系,即同步关系。为了实现这一点,就要求锯齿波电压的频率连续可调,以便适应观察各种不同频率的周期信号。其次,由于被测信号频率和锯齿波振荡信号频率的相对不稳定性,即使把锯齿波电压的频率临时调到与被测信号频率成整倍数关系,也不能使图形一直保持稳定。因此,示波器中都设有同步装置。也就是在锯齿波电路的某部分加上一个同步信号来促使扫描的同步,对于只能产生连续扫描(即产生周而复始连续不断的锯齿波)一种状态的简易示波器而言,需要在其扫描电路上输入一个与被观察信号频率相关的同步信号,当所加同步信号的频率接近锯齿波频率的自主振荡频率(或接近其整数倍)时,就可以把锯齿波频率"拖入同步"或"锁住"。对于具有等待扫描(即平时不产生锯齿波,当被测信号来到时才产生一个锯齿波进行一次扫描)功能的示波器而言,需要在其扫描电路上输入一个与被测信号相关的触发信号,使扫描过程与被测信号密切配合。这样,只要按照需要来选择适当的同步信号或触发信号,便可使任何欲研究的过程与锯齿

波扫描频率保持同步。

3. 双线、双踪示波的显示原理

在电子实践技术过程中,常常需要同时观察两种(或两种以上)信号随时间变化的过程。并对这些不同信号进行电参量的测试和比较。为了达到这个目的,人们在应用普通示波器原理的基础上,采用了以下两种同时显示多个波形的方法:一种是双线(或多线)示波法;另一种是双踪(或多踪)示波法。应用这两种方法制造出来的示波器分别称为双线(或多线)示波器和双踪(或多踪)示波器。

(1)双线(或多线)示波。

双线(或多线)示波器是采用双枪(或多枪)示波管来实现的。双枪示波管有两个互相独立的电子枪产生两束电子。另有两组互相独立的偏转系统,它们各自控制一束电子做上下、左右的运动。荧光屏是共用的,因而屏上可以同时显示出两种不同的电信号波形,双线示波也可以采用单枪双线示波管来实现。这种示波管只有一个电子枪,在工作时是依靠特殊的电极把电子分成两束。然后,由管内的两组互相独立的偏转系统,分别控制两束电子上下、左右运动。荧光屏是共用的,能同时显示出两种不同的电信号波形。由于双线示波管的制造工艺要求高,成本也高,所以应用并不十分普遍。

(2)双踪(或多踪)示波。

双踪(或多踪)示波是在单线示波器的基础上,增设一个专用电子开关,用它来实现两种(或多种)波形的分别显示。由于实现双踪(或多踪)示波比实现双线(或多线)示波来得简单,不需要使用结构复杂、价格昂贵的"双腔"或"多腔"示波管,所以双踪(或多踪)示波获得了普遍的应用。

图 4-8-6 是双踪示波法基本原理的示意图。图中,电子开关 K 的作用是使加在示波管垂直偏转板上的两种信号电压做周期性转换。例如,在 $0\sim1$ 这段时间里,电子开关 K 与信号通道 A 接通,这时在荧光屏上显示出信号 v_A 的一段波形;在 $1\sim2$ 这段时间里,电子开关 K 与信号通道 B 接通,这时在荧光屏上显现出信号 v_B 的一段波形;在 $2\sim3$ 这段时间里,荧光屏上再一次显示出信号 v_A 的一段波形;在 $3\sim4$ 这段时间里,荧光屏上将再一次显示出 v_B 的一段波形……这样,两个信号在荧光屏上虽然是交替显示的,但由于人眼的视觉暂留现象和荧光屏的余辉(高速电子在停止冲击荧光屏后,荧光屏上受冲击处仍保留一段发光时间)现象,就可在荧光屏上同时看到两个被测信号波形,如图 4-8-6(b)所示。

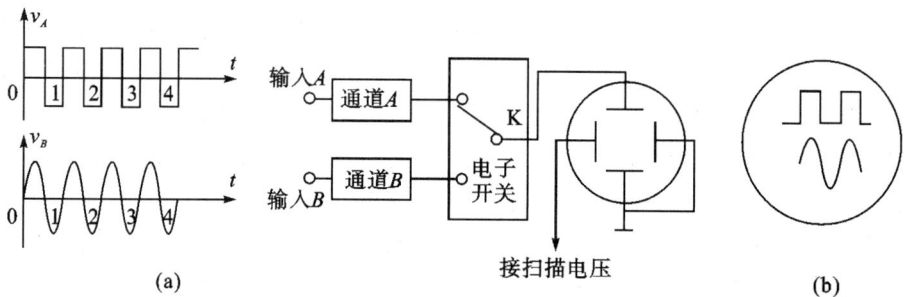

图 4-8-6　双踪示波器基本原理

为了保持荧光屏显示出来的两种信号波形稳定,则要求被测信号频率、扫描信号频率与电子开关的转换频率三者之间必须满足一定的关系。

电子开关的工作方式有"交替"转换和"断续"转换两种。

图 4-8-7 是电子开关"交替"转换工作方式的波形示意图。在 0～1 时间内,电子开关与通道 A 接通,加在 X 轴上的扫描信号开始进行第一个正程扫描,此时荧光屏上将显现出信号 v_A 的波形;在完成 v_A 波形显示后,扫描电压迅速回扫;在 1～2 时间内,电子开关 K 与通道 B 接通,X 轴上的扫描信号开始进行第二个正程扫描。荧光屏上将显示出信号 v_B 的波形;在 2～3 时间内,荧光屏上再一次显示出信号 v_A 的波形;在 3～4 时间内,荧光屏上再一次显示出信号 v_B 的波形……由此可见,被测信号 v_A,v_B 的波形是依次、交替地出现在荧光屏上的,荧光屏上显示的波形如图 4-8-7(b)所示。显然,此时电子开关的转换与 X 轴的扫描始终保持着一致的步调,即电子开关的转换频率等于 X 轴扫描信号的频率。图 4-8-7(b)中的虚线实际上是看不见的。

采用交替转换工作方式的显示的波形与双线示波法所显示的波形非常相似,它们都没有间断点。但由于被测信号 v_A,v_B 的波形是依次交替地出现在荧光屏上的,所以,如果交替的间隙时间超过了人眼的视觉暂留时间和荧光屏的余辉时间,则人们所看到的荧光屏上的波形就会有闪烁现象。为了避免这种情况的出现,就要求电子开关有足够高的转换频率。这就是说当被测信号的频率较低时,不宜采用交替转换工作方式,而应采用断续转换工作方式,断续转换方式的波形如图 4-8-8 所示。

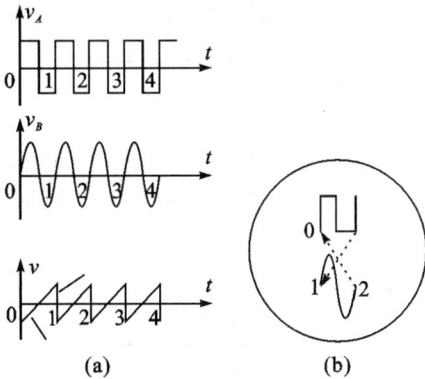

图 4-8-7　采用"交替"转换方式的波形示意图

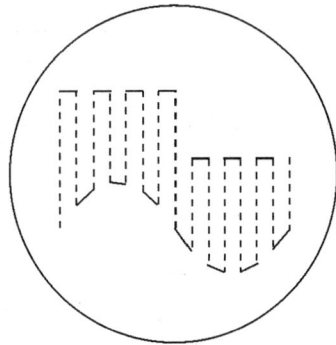

图 4-8-8　采用"断续"转换方式的波形示意图

4. 李萨如图形

将示波器的 X 轴和 Y 轴输入端输入同频率的正弦信号,适当调节示波器面板上相关旋钮,荧光屏上会显现一个大小适宜的椭圆(在特殊情况下,可能是一个正圆或一根斜线)。

形成椭圆的原理如图 4-8-9 所示。由图可见,设 Y 轴偏转板上的信号 u_1 超前于 X 轴偏转板上的信号 u_2 1/8 周期,设 u_2 的初相为零,即 $\varphi_2 = 0$,因此当 u_2 为零时,u_1 为一个较大的值。如图中的"0"点。此时,荧光屏上的光点也相应地位于"0"点。随着时间的变化,u_1 上升,u_2 也上升,则荧光屏上的光点向右上方移动。当经 1/8 周期后,u_1,u_2 分别到达"1"点,此时 u_1 到达最大值,u_2 为一个较大的值,荧光屏上的光点位于相应的"1"。如此继续下去,荧光屏上的光点将描出一个顺时针旋转的椭圆。如果 u_1 滞后于 u_2 则形成一个逆时针旋转的椭圆。 当然,这只有在信号频率很低时(如几赫兹),且在短余辉的荧光屏上便会清楚地看到荧光屏上的光点顺时针或逆时针旋转的现象。由上述可见椭圆的形状是随两个正弦信号电压 u_1,u_2 相位差的不同而不同。因此可以根据椭圆的形状确定两个正弦信号之间的相位差 $\Delta\varphi$。

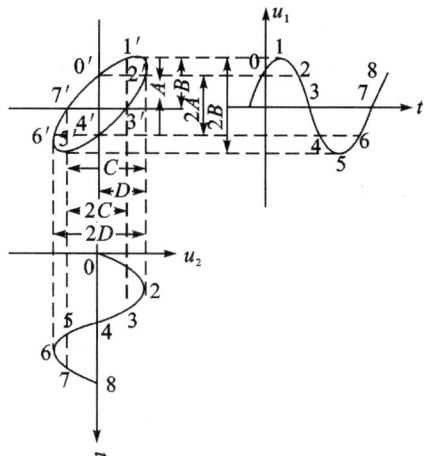

图 4-8-9 李萨如图形成原理

图 4-8-10 所示的各种图形分别表示正弦信号电压在不同相位差时的情况。不难看出,如果椭圆的主轴在第 1 和第 3 象限内,则相位差在 $0°\sim90°$ 或 $270°\sim360°$ 之间;如果主轴在第 2 和第 4 象限内,相位差在 $90°\sim180°$ 或 $180°\sim270°$ 之间。

图形							
相位差	0°或360° (A/B=0)	30°或330° (A/B=0.5)	60°或300° (A/B=0.866)	90°或270° (A/B=1)	120°或240° (A/B=0.866)	150°或210° (A/B=0.5)	180° (A/B=0)

图 4-8-10   不同相位差时的图形

李萨如图形的形状不但与两个偏转电压的相位有关,而且与两个偏转电压的频率也有关。用描迹法可以画出 u_x 与 u_y 的各种频率比、不同相位差时的李萨如图形,几种不同频率比的李萨如图形如图 4-8-11 所示。

$\Phi=0°$				
$\Phi=45°$				
$\Phi=90°$				
$f_y:f_x$	1:1	2:1	3:1	3:2

图 4-8-11   常用频率比的李萨如图形

利用李萨如图形与频率的关系,可进行准确的频率比较来测定被测信号的频率。其方法是分别通过李萨如图形引水平线和垂直线,所引的水平线和垂直线不要通过图形的交叉点或与其相切。若水平线与图形的交点数为 m,垂直线与图形的交点数 n,则

$$f_y/f_x = m/n$$

当标准频率 f_x(或 f_y)为已知时,由上式可以求出被测信号频率 f_y(或 f_x)。显然,在实际测试工作中,用李萨如图形进行频率测试时,为了使测试简便正确,在条件许可的情况下,通常尽可能调节已知频率信号的频率,使荧光屏上显示的图形为圆或椭圆。这时被测信号频率等于已知信号频率。

【实验内容】

(1) 将信号源的 100 Hz 的正弦波输出与示波器的 CH1 通道相连,将示波器的输入信号耦合置"AC",按下"CH1"键,适当调整 CH1 通道的灵敏度和扫描频率,如果波形不稳定,适当调节电平,直到出现稳定的正弦波形,并记录该波形。

(2) 按上面的方法分别观察记录频率为 1 kHz 和 100 kHz 的方波和正弦波形。

(3) 观察教材上给出的 6 个李萨如图形,记录下来,计算各个图形下信号源正弦波的频率,已知 CH2 通道正弦信号频率为 50 Hz。

(4)(选做)用"交替"和"断续"工作方式,观察 CH1 和 CH2 输入的两个信号(CH1 用校准信号)。

【数据处理】

(1) 观察记录波形:正弦波、三角波、方波。

(2) 用函数信号发生器产生一正弦波,用示波器观察并记录,计算信号的峰峰值 $V_P\text{-}P$、频率 f、周期 T。

(3) 观察李萨如图形,根据 $f_x : f_y = n_y : n_x$ 分别计算每一个信号的频率 f_y。

表 4-8-1　数据表

$f_y : f_x$					
李萨如图形					
n_x					
n_v					
f_x/Hz					
f_y/Hz					

【讨论思考】

(1) 示波器的主要组成部分是什么?示波管的主要组成部分是什么?

(2) 示波器的主要用途有哪些?

(3) 为什么示波器的扫描信号必须是锯齿波?

(4) 若想观察一待测电信号,你能够描述应该如何调节双踪示波器吗?若想观察李萨如图形又该如何调节?

(5) 若发现示波器上的图形向右运动,扫描信号的频率与待测电信号的频率有什么

关系?

(6) 1 V 峰峰值的正弦波,它的有效值是多少?

(7) 假定在示波器的输入端输入一个正弦电压,所用水平扫描频率为 120 Hz,在屏上出现了三个完整的正弦波周期,那么输入电压的频率为多少?

(8) 如何使用示波器测量两个频率相同的正弦信号的相位差?

实验九 电子束的电偏转和磁偏转研究

【实验目的】

(1) 了解示波管的构造和工作原理,研究静电场对电子的加速作用。

(2) 定量分析电子束在横向匀强电场作用下的偏转情况。

(3) 研究电子束在横向磁场作用下的运动和偏转情况。

【实验仪器】

LB-EB4 型电子束实验仪。

【实验原理】

1. 小型电子示波管的构造

电子示波管的构造如图 4-9-1 所示。包括下面几个部分:

(1) 电子枪,它的作用是发射电子,把它加速到一定速度并聚成一细束。

(2) 偏转系统,由两对平板电极构成。一对上下放置的 Y 轴偏转板(或称垂直偏转板),一对左右放置的 X 轴偏转板(或称水平偏转板)。

(3) 荧光屏,用以显示电子束打在示波管端面的位置。

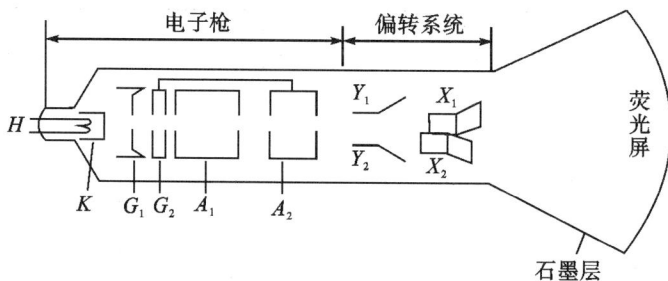

图 4-9-1 小型示波管的构造

以上这几部分都密封在一只玻璃壳之中。玻璃壳内抽成高真空,以免电子穿越整个管长时与气体分子发生碰撞,故管内的残余气压不超过 10^{-6} atm。

电子枪的内部构造如图 4-9-2 所示。电子源是阴极,图中用字母 K 表示。它是一只金属圆柱筒,里面装有加热用的灯丝,两者之间用陶瓷套管绝缘。当灯丝通电时可把阴极加热到很高温度。在圆柱筒端部涂有钡和锶的氧化物,此材料中的电子在加热时较容易逸出表面,并能在阴极周围空间自由运动,这种过程叫热电子发射。与阴极共轴布置着的还有四个圆筒状电极,电极 G_1 离阴极最近,称为控制栅,正常工作时加有相对于阴极 K

有 $-20\sim-5$ V 的负电压,它产生的电场是要把阴极发射出来的电子推回到阴极去。改变控制栅极的电势可以改变穿过 G_1 上小孔出去的电子数目,从而可以控制电子束的强度。电极 G_2 与 A_2 连在一起,两者相对于 K 有几百伏到几千伏的正电压。它产生了一个很强的电场使电子沿电子枪轴线方向加速。因此电极 A_2 对 K 的电压又称加速电压。用 V_2 表示。而电极 A_1 对 K 的电压 V_1 则与 V_2 不同。由于 K 与 A_1,A_1 与 A_2 之间电势不相等,因此使电子束在电极筒内的纵向速度和横向速度发生改变,适当地调整 V_1 和 V_2 的电压比例,可使电子束聚焦成很细的一束电子流,使打在荧光屏上形成很小的一个光斑。聚焦程度的好坏主要取决于 V_1 和 V_2 的大小与比例。

电子束从图 4-9-1 中两对偏转电极间穿过。每一对电极加上的电压产生的横向电场分别可使电子束在 X 方向或 Y 方向发生偏转。

2. 电子束的加速和电偏转原理

在示波管中,电子从被加热的阴极逸出后,由于受到阳极电场的加速作用,使电子获得沿示波管轴向的动能。为以下研究问题方便起见,先引入一个直角坐标,令 Z 轴沿示波管的管轴方向从灯丝位置指向荧光屏。从荧光屏看,X 轴为水平向右,Y 轴为垂直向上。假定电子从阴极逸出时初速度忽略不计,则由功能原理可知,电子经过电势差为 V 的空间,电场力做的功 eV 应等于电子获得的动能

$$eV = \frac{1}{2}mv_z^2 \tag{4-9-1}$$

显然,电子轴向速度 v_z 与阳极加速电压 V 的平方根成正比。由于示波管有两个阳极 A_1 和 A_2,所以实际上示波管中电子束最后的轴向速度由第 2 阳极 A_2 的电压 V_2 决定,即

$$eV_2 = \frac{1}{2}mv_z^2 \quad \text{或} \quad v_z = \sqrt{\frac{2e}{m}V_2} \tag{4-9-2}$$

如果在电子运动的垂直方向加一个横向电场,电子将在该电场作用下发生横向偏转。如图 4-9-3 所示。若偏转板长 l,偏转板末端至屏距离为 L,偏转电极间距离为 d,轴向加速电压为 V_2,横向偏转电压 V_d,则根据电学和力学的有关推导,可以推导出荧光屏上亮斑的横向偏转移量 D 与其他量的关系为

$$D = \left(L + \frac{l}{2}\right) \cdot \frac{V_d}{V_2} \cdot \frac{l}{2d} \tag{4-9-3}$$

在实际的示波管中,偏转电极并非一对平行板,而是呈喇叭口形状,这是为了扩大偏转板的边缘效应,增大偏转板的有效长度。

式(4-9-3)表明,当 V_2 不变时电子束的偏转量 D 随偏转电压 V_d 成正比,$D\sim V_d$ 的这一关系可以通过实验验证。从前面的式(4-9-2)我们可知电子束沿 Z 方向的速度 $v_z \propto \sqrt{V_2}$,而电子 Z 方向运动的速度越大则表示它通过偏转极板所需时间越短,因而横向偏转电场对其作用时间也越短,导致偏转灵敏度越低。事实上,式(4-9-3)已说明了此关系。本实验中若改变加速电压 V_2(为便于对比,在可能的范围内尽可能把 V_2 分别调至最大或最小),适当调节 V_1 到最佳聚焦,可以测定 D-V_d 直线随 V_2 改变而使斜率改变的情况。

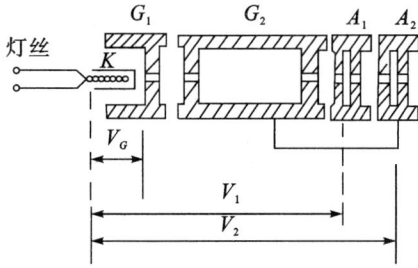

图 4-9-2　电子枪内部构造

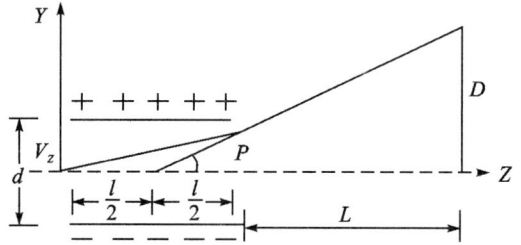

图 4-9-3　电子束的电偏转

3. 电子束的磁偏转原理

电子束运动遇外加横向磁场时,在洛仑兹力作用下要发生偏转。如图 4-9-4 所示,设实线方框内有均强磁场,磁感强度 B 的方向垂直纸面向外,方框外磁场为零。

若电子以速度 v_z 垂直进入磁场 B 中,受洛仑兹力 F_m 作用,在磁场区域内做匀速圆周运动,半径为 R。电子沿弧 AC 穿出磁场区后,沿 C 点的切线方向做匀速直线运动,最后打在荧光屏的 P 点。

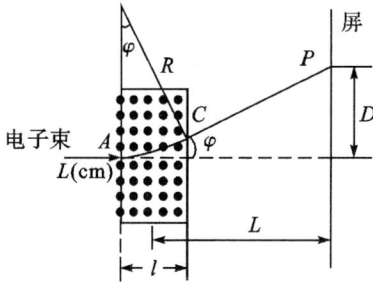

图 4-9-4　电子束的磁偏转

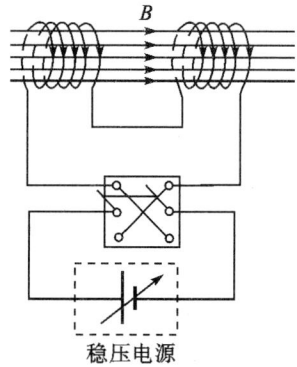

图 4-9-5　偏转磁场的设置

设电子进入磁场之前,使其加速的电压为 V_2,加速电场对电子所做之功等于电子动能的增量,有

$$eV_2 = \frac{1}{2}mv_z^2 \tag{4-9-4}$$

式中,e 为电子的电量,m 为电子的质量。该式忽略电子离开阴极 K 时的初动能。

电子以速度 v_z 垂直进入磁场 B 后,其所受的洛仑兹力 F_m 的大小为

$$F_m = ev_z B \tag{4-9-5}$$

据牛顿运动定律,有

$$ev_z B = m\frac{v_z^2}{R} \tag{4-9-6}$$

所以

$$R = \frac{mv_z}{eB} \tag{4-9-7}$$

设偏转角 φ 较小,近似地有

$$\mathrm{tg}\,\varphi \approx \frac{l}{R} \approx \frac{D}{L} \tag{4-9-8}$$

式中,l 为磁场宽度,D 为电子在荧光屏上亮斑的偏转量(忽略荧光屏的微小弯曲),L 为从横向磁场中心至荧光屏的距离。

据式(4-9-7)和式(4-9-8)可得

$$v_z = \frac{elBL}{mD} \tag{4-9-9}$$

将式(4-9-9)代入式(4-9-4),整理后可得

$$D = lBL \sqrt{\frac{e}{2mV_2}} \tag{4-9-10}$$

实验中的横向磁场由一对载流线圈产生,接线图如图 4-9-5 所示。其磁感强度 B 的大小为

$$B = K\mu_0 nI \tag{4-9-11}$$

式中,μ_0 为真空中的磁导率;n 为单位长度线圈的匝数;I 为线圈中的电流;K 为线圈产生磁场公式的修正系数,$0 < K \leqslant 1$。

将式(4-9-11)代入式(4-9-10)可得

$$D = K\mu_0 nIlL \sqrt{\frac{e}{2mV_2}} \tag{4-9-12}$$

对于给定的示波管和线圈,K,n,l 和 L 均为常量。上式表明,当加速电压一定时,电子束在横向磁场中的偏转量 D 与线圈中的电流 I 成正比。当磁场一定时,电子束在横向磁场中偏转量 D 与加速电压 V_2 的平方根成反比。

产生磁场的单位电流所引起的电子束的磁偏转量称为磁偏转灵敏度(S_m):

$$S_m = \frac{D}{I} = K\mu_0 nlL \sqrt{\frac{e}{2mV_2}} \tag{4-9-13}$$

在国际单位制中,磁偏转灵敏度的单位为米/安培,记为 m・A^{-1}。

【实验内容及数据处理】

1. 电子束的电偏转部分

(1) 用仪器的专用接线,在仪器面板左上角处上分别连接"6.3 V"与"灯丝"、"栅极"与"V_G"、"阴极"与"V_K"、"聚焦(V_1)"与"V_1"、"辅助聚焦(V_2)"与"V_2"相互间的对应插孔。

(2) 调节"V_K"和"V_1"旋钮,使荧光屏上出现一聚焦亮点。调节栅压"V_G"旋钮,使亮点的亮度适中。注意,亮点不能过亮,以免烧坏荧光屏荧光物质。

(3) 把"数显高压表"的"-"表笔放在阴极(V_K)插孔,"+"表笔放在"V_2"插孔,测量第二阳极相对于阴极的电压 V_2。调整 V_K 电位器旋钮,尽可能使 V_2 电压提高,同时适当改变 V_1 旋钮,保持光点聚焦,测出加速电压 V_2。将 V_2 的测量值填入实验记录表中。

(4) 把仪器的"功能转换"按钮按出,使仪器工作在"电子束"实验的状态。

(5) 把仪器"偏转系统"的一对"X 偏转板"和一对"Y 偏转板"分别与"V_X""V'_X"和"V_Y""V'_Y"用专用导线相连。

（6）用数显高压表测量"Y 偏转板"两极间的电压，慢慢调节"V_Y 调节"的旋钮，观察"Y 偏转板"两极间的电压和屏幕上光点在 Y 方向移动的情况。光点在 Y 方向每改变 2 小格（即 2.4 mm）记录一下偏转电压 V_d 的数值，测出一组 D-V_d 数据，并将数据填入表中。

（7）再把光点移到荧屏中间，用数显高压表测量"X 偏转板"两极间的电压，慢慢调节"V_X 调节"的旋钮，观察"X 偏转板"两极间的电压和屏幕上光点在 X 方向移动的情况。光点在 Y 方向每改变 2 小格（即 2.4 mm）记录一下偏转电压 V_d 的数值，测出一组 D-V_d 数据，并将数据填入表中。

（8）改变加速电压 V_2 到最小值附近，并相应调整聚焦电压 V_1，使荧光屏上亮点再次聚焦。重复步骤（6）和步骤（7），再测两组 D-V_d 值。并将数值填入表中。

（9）在同一坐标纸上，以 V_d 为横坐标，D 为纵坐标，分别画出 Y 偏转和 X 偏转的 4 根 D-V_d 直线，并进行比较。

注意：在一般情况下，这 4 根直线不会经过直角坐标系的原点。

（10）比较以上 4 条直线的斜率，讨论不同情况下的偏转灵敏度。

2. 电子束的磁偏转部分

（1）先将加速电压 V_2 调到最大值附近（须保持光点聚焦），记录加速电压 V_2 的值。

（2）再将外接的稳压电源和示波管旁的"外供磁场电源"用导线相连，稳压电源的电压先调至 0 V，此时若荧光屏上亮点不在中线，可调节 Y 轴偏转电压，使亮点回到中线。

（3）当线圈通有电流后，横向磁场产生，亮点在荧光屏上由原来的中心原点向上（或向下）偏移。逐步加大稳压电源电压，使电流增大，从而使亮点向上（或向下）偏移 2 小格（2.4 mm），记下稳压电源电流表上的电流 I，继续调节电压，使亮点再向上（或向下）偏移 2 小格，再记下电流 I……将各数据填入表中。

（4）再将加速电压 V_2 调到最小值附近（须保持光点聚焦），记录加速电压 V_2 的值。

（5）重复步骤（3）的内容，并把各数据填入表中。

（6）以励磁电流 I（平均值）为横坐标，偏转量 D 为纵坐标，在坐标纸上作 D-I 关系曲线。可以看到 D-I 关系是一条直线，并分别求出两直线的斜率 S_m。

【注意事项】

（1）调节栅压"V_G"旋钮时，应使亮度适中，过亮会损坏荧光屏。

（2）在高压接线柱接线时，必须先关闭电源，并单手操作，以防触电。

【实验数据】

1. 电子束的电偏转（Y 方向）

表 4-9-1　Y 方向电子束的电偏转电压

加速电压/V　　　偏转量/mm	−9.6	−7.2	−4.8	−2.4	0	2.4	4.8	7.2	9.6
$V_2 =$ 　　（max）									
$V_2 =$ 　　（min）									

2. 电子束的电偏转(X 方向)

表 4-9-2　X 方向电子束的电偏转电压

加速电压/V ＼偏转量/mm	−9.6	−7.2	−4.8	−2.4	0	2.4	4.8	7.2	9.6
$V_2 =$ 　（max）									
$V_2 =$ 　（min）									

3. 电子束的磁偏转

表 4-9-3　电子束的磁偏转电压

加速电压/V ＼偏转量/mm	−9.6	−7.2	−4.8	−2.4	0	2.4	4.8	7.2	9.6
$V_2 =$ 　（max）									
$V_2 =$ 　（min）									

根据磁偏转量 D 与 I 的关系图,用图解法测得磁偏转灵敏度:

$V_2 =$ _____（max）时,$S_m =$ _____ $\mathrm{m \cdot A^{-1}}$。

$V_2 =$ _____（min）时,$S_m =$ _____ $\mathrm{m \cdot A^{-1}}$。

【讨论思考】

(1) 从本实验所得的测量数据中,做电偏转时在 X 方向和 Y 方向哪一个的偏转灵敏度大? 根据示波管的构造分析这是什么原因造成的?

(2) 当加速电压 $V_2 = 900$ V 时,电子的速度多大? 若电子从阴极到荧光屏保持此速度不变,约需多少时间? (设阴极到荧光屏距离为 16 cm)

(3) 在电子束的电偏转时若偏转电压 V_d 同时加在 X,Y 偏转电极上,预期光点会随 V_d 做何变化?

(4) 在磁偏转实验时,若外加横向磁场后光点向上移动,这时通过改变 Y 方向的电偏转电压 V_d 使光点的净偏转为零后,再增加 V_2 的加速电压,这时会发生什么情况?

(5) 若示波管既不加任何偏转电压,也不人为外加横向磁场,把示波管聚焦调好以后,将仪器原地转一圈,观察荧光屏上的光点位置是否会变化? 可否根据荧光屏上光点的变化来估算当地地磁场的磁感应强度?

实验十　铁磁材料动态磁滞回线和磁化曲线的测量

【实验目的】

(1) 掌握磁滞、磁滞回线和磁化曲线的概念,加深对铁磁材料的主要物理量矫顽力、剩磁和磁导率的理解。

(2) 学会用示波法测绘基本磁化曲线和磁滞回线。

（3）根据磁滞回线确定磁性材料的饱和磁感应强度、剩磁和矫顽力的数值。

（4）研究不同频率下动态磁滞回线的区别，并确定某一频率下的饱和磁感应强度、剩磁和矫顽力的数值。

（5）改变不同的磁性材料，比较磁滞回线形状的变化。

【实验仪器】

动态磁滞回线实验仪、示波器等。

【实验原理】

1. 磁化曲线

如果在通电线圈产生的磁场中放入铁磁物质，则磁场将明显增强，此时铁磁物质中的磁感应强度比单纯由电流产生的磁感应强度增大百倍，甚至在千倍以上。铁磁物质内部的磁场强度 H 与磁感应强度 B 有如下的关系：$B = \mu \cdot H$。

对于铁磁物质而言，磁导率 μ 并非常数，而是随 H 的变化而改变的物理量，即 $\mu = f(H)$，为非线性函数。所以如图 4-10-1 所示，B 与 H 也是非线性关系。铁磁材料的磁化过程为：其未被磁化时的状态称为去磁状态，这时若在铁磁材料上加一个由小到大的磁化场，则铁磁材料内部的磁场强度 H 与磁感应强度 B 也随之变大，其 B-H 变化曲线如图 4-10-1 所示。但当 H 增加到一定值（H_s）后，B 几乎不再随 H 的增加而增加，说明磁化已达饱和，从未磁化到饱和磁化的这段磁化曲线称为材料的起始磁化曲线。如图中的 Os 段曲线所示。

2. 磁滞回线

当铁磁材料的磁化达到饱和之后，如果将磁化场减少，则铁磁材料内部的 B 和 H 也随之减少，但其减少的过程并不沿着磁化时的 Os 段退回。从图 4-10-2 可知当磁化场撤消，$H = 0$ 时，磁感应强度仍然保持一定数值 $B = B_r$，称为剩磁（剩余磁感应强度）。

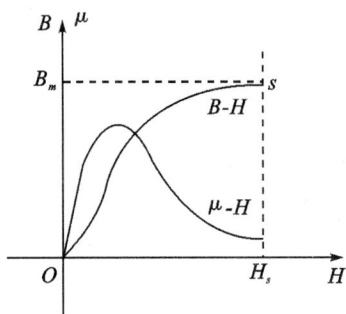

图 4-10-1　磁化曲线和 μ-H 曲线

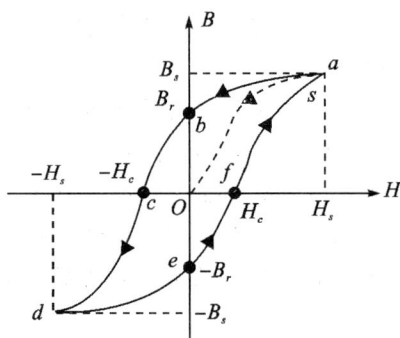

图 4-10-2　起始磁化曲线与磁滞回线

若要使被磁化的铁磁材料的磁感应强度 B 减少到 0，必须加上一个反向磁场，并逐步增大。当铁磁材料内部反向磁场强度增加到 $H = -H_c$ 时，磁感应强度 B 才等于 0，达到退磁。图 4-10-2 中的 bc 段曲线称作退磁曲线，H_c 为矫顽磁力。当 H 按 $O \rightarrow H_s \rightarrow O \rightarrow -H_c \rightarrow -H_s \rightarrow O \rightarrow H_c \rightarrow H_s$ 的顺序变化时，B 相应沿 $O \rightarrow B_s \rightarrow B_r \rightarrow O \rightarrow -B_s \rightarrow -B_r \rightarrow O \rightarrow B_s$ 的顺序变化。图中的 Oa 段曲线称作起始磁化曲线，所形成的封闭曲线

$abcdefa$ 称为磁滞回线。bc 曲线段称为退磁曲线。由图可知：

（1）当 $H=0$ 时，$B \neq 0$，这说明铁磁材料还残留一定值的磁感应强度 B_r，通常称 B_r 为铁磁物质的剩余磁感应强度（简称剩磁）。

（2）若要使铁磁物质完全退磁，即 $B=0$，必须加一个反方向磁场 $-H_c$。这个反向磁场强度 $-H_c$（有时用其绝对值表示），称为该铁磁材料的矫顽力。

（3）B 的变化始终落后于 H 的变化，这种现象称为磁滞现象。

（4）H 上升与下降到同一数值时，铁磁材料内的 B 值并不相同，退磁化过程与铁磁材料过去的磁化经历有关。

（5）当从初始状态 $H=0$，$B=0$ 开始周期性地改变磁场强度的幅值时，在磁场由弱到强地单调增加过程中，可以得到面积由大到小的一簇磁滞回线，如图 4-10-3 所示。其中最大面积的磁滞回线称为极限磁滞回线。

（6）由于铁磁材料磁化过程的不可逆性及具有剩磁的特点，在测定磁化曲线和磁滞回线时，首先必须将铁磁材料预先退磁，以保证外加磁场 $H=0$，$B=0$；其次，磁化电流在实验过程中只允许单调增加或减少，不能时增时减。在理论上，要消除剩磁 B_r，只需通一反向磁化电流，使外加磁场正好等于铁磁材料的矫顽磁力即可。实际上，矫顽磁力的大小通常并不知道，因而无法确定退磁电流的大小。我们从磁滞回线得到启示，如果使铁磁材料磁化达到磁饱和，然后不断改变磁化电流的方向，与此同时逐渐减少磁化电流，直到等于零。则该材料的磁化过程中就会出现一连串面积逐渐缩小而最终趋于原点的环状曲线，如图 4-10-4 所示。当 H 减小到零时，B 亦同时降为零，达到完全退磁。

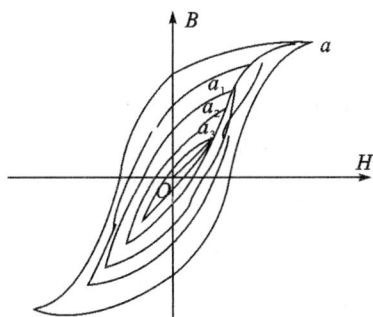

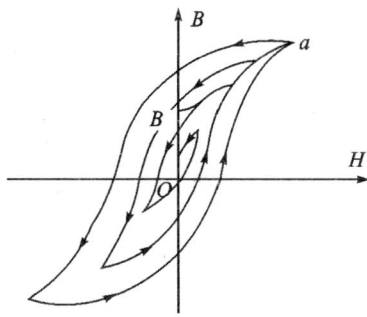

图 4-10-3　铁磁性材料的基本磁化曲线　　　　图 4-10-4　铁磁性材料的退磁

实验表明，经过多次反复磁化后，B-H 的量值关系形成一个稳定的闭合的"磁滞回线"。通常以这条曲线来表示该材料的磁化性质。这种反复磁化的过程称为"磁锻炼"。本实验使用交变电流，所以每个状态都是经过充分的"磁锻炼"，随时可以获得磁滞回线。

我们把图 4-10-3 中原点 O 和各个磁滞回线的顶点 $a_1, a_2, \cdots, a$ 所连成的曲线，称为铁磁性材料的基本磁化曲线。不同铁磁材料其基本磁化曲线是不相同的。为了使样品的磁特性可以重复出现，也就是指所测得的基本磁化曲线都是由原始状态（$H=0$，$B=0$）开始，在测量前必须进行退磁，以消除样品中的剩余磁性。

3．示波器显示 B-H 曲线的原理线路

示波器测量 B-H 曲线的实验线路如图 4-10-5 所示。在样品上绕有励磁线圈 N_1 匝

和测量线圈 N_2 匝。若在线圈 N_1 中通过磁化电流 I_1 时,此电流在试样内产生磁场,根据安培环路定律 $H \cdot L = N_1 \cdot I_1$,磁场强度的大小为

$$H = \frac{N_1 \cdot I_1}{L} \tag{4-10-1}$$

式中,L 为铁芯试样的平均磁路长度。

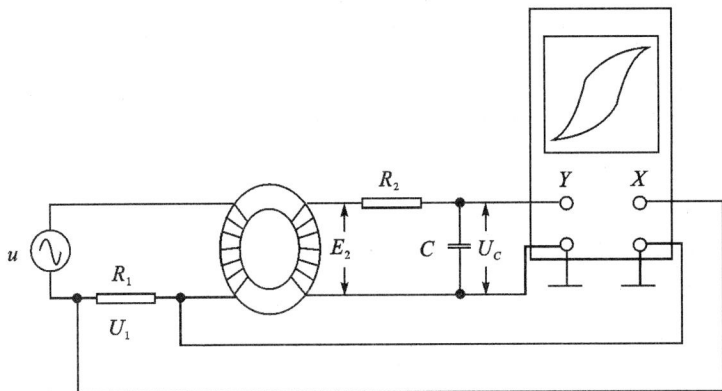

图 4-10-5　用示波器测动态磁滞回线的电路图

由图 4-10-5 可知示波器 CH1(X)轴偏转板输入电压为

$$U_X = I_1 \cdot R_1 \tag{4-10-2}$$

由式(4-10-1)和式(4-10-2)得

$$U_X = \frac{L \cdot R_1}{N_1} \cdot H \tag{4-10-3}$$

上式表明在交变磁场下,任一时刻电子束在 X 轴的偏转正比于磁场强度 H。

为了测量磁感应强度 B,在次级线圈 N_2 上串联一个电阻 R_2 与电容 C 构成一个回路,同时 R_2 与 C 又构成一个积分电路。取电容 C 两端电压 U_C 至示波器 CH2(Y)轴输入,若适当选择 R_2 和 C,使 $R_2 \gg \dfrac{1}{\omega \cdot C}$,则

$$I_2 = \frac{E_2}{\left[R_2^2 + \left(\dfrac{1}{\omega \cdot C} \right)^2 \right]^{\frac{1}{2}}} \approx \frac{E_2}{R_2} \tag{4-10-4}$$

式中,ω 为电源的角频率,E_2 为次级线圈的感应电动势。

因交变的磁场 H 在样品中产生交变的磁感应强度 B,则

$$E_2 = N_2 \cdot \frac{\mathrm{d}\varphi}{\mathrm{d}t} = N_2 \cdot S \cdot \frac{\mathrm{d}B}{\mathrm{d}t} \tag{4-10-5}$$

式中,$S = a \cdot b$ 为铁芯试样的截面积(设铁芯的宽度为 a,厚度为 b),则

$$U_Y = U_C = \frac{Q}{C} = \frac{1}{C} \int I_2 \mathrm{d}t$$

$$= \frac{1}{C \cdot R_2} \int E_2 \mathrm{d}t = \frac{N_2 \cdot S}{C \cdot R_2} \int \mathrm{d}B = \frac{N_2 \cdot S}{C \cdot R_2} \cdot B \tag{4-10-6}$$

式(4-10-6)表明接在示波器 Y 轴输入的 U_Y 正比于 B，RC 电路在电子技术中称为积分电路，表示输出的电压 U_C 是感应电动势 E_2 对时间的积分。为了如实地绘出磁滞回线，要求：① $R_2 \gg \dfrac{1}{2\pi \cdot f \cdot C}$。② 在满足上述条件下，$U_C$ 振幅很小，不能直接绘出大小适合需要的磁滞回线。为此，需将 U_C 经过示波器 Y 轴放大器增幅后输至 Y 轴偏转板上。这就要求在实验磁场的频率范围内，放大器的放大系数必须稳定，不会带来较大的相位畸变。事实上示波器难以完全达到这个要求，因此在实验时经常会出现如图 4-10-6 所示的畸变。观测时将 X 轴输入选择"AC"，Y 轴输入选择"DC"挡，

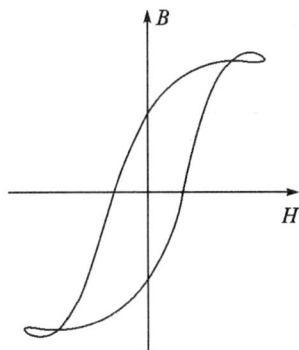

图 4-10-6　磁滞回线
图形的畸变

并选择合适的 R_1 和 R_2 的阻值可得到最佳磁滞回线图形，避免出现这种畸变。这样，在磁化电流变化的一个周期内，电子束的径迹描出一条完整的磁滞回线。适当调节示波器 X 和 Y 轴增益，再由小到大调节信号发生器的输出电压，即能在屏上观察到由小到大扩展的磁滞回线图形。逐次记录其正顶点的坐标，并在坐标纸上把它联成光滑的曲线，就得到样品的基本磁化曲线。

4. 示波器的定标

从前面说明中可知从示波器上可以显示出待测材料的动态磁滞回线，但为了定量研究磁化曲线和磁滞回线，必须对示波器进行定标。即还须确定示波器的 X 轴的每格代表多少 H 值($\mathrm{A \cdot m^{-1}}$)，Y 轴每格实际代表多少 B(T)。

一般示波器都有已知的 X 轴和 Y 轴的灵敏度，可根据示波器的使用方法，结合实验使用的仪器就可以对 X 轴和 Y 轴分别进行定标，从而测量出 H 值和 B 值的大小。

设 X 轴灵敏度为 S_X($\mathrm{V \cdot div^{-1}}$)，$Y$ 轴的灵敏度为 S_Y($\mathrm{V \cdot div^{-1}}$)(上述 S_X 和 S_Y 均可从示波器的面板上直接读出)，则

$$U_X = S_X \cdot X$$
$$U_Y = S_Y \cdot Y$$

式中，X，Y 分别为测量时记录的坐标值(单位：格。注意：指示波器显示屏上的一大格)

由于实验使用的 R_1，R_2 和 C 都是阻抗值已知的标准元件，误差很小，其中的 R_1，R_2 为无感交流电阻，C 的介质损耗非常小。所以综合上述分析，本实验定量计算公式为

$$H = \frac{N_1 \cdot S_X}{L \cdot R_1} \cdot X \tag{4-10-7}$$

$$B = \frac{R_2 \cdot C \cdot S_Y}{N_2 \cdot S} \cdot Y \tag{4-10-8}$$

式中，R_1，R_2 单位是 Ω；L 单位是 m；S 单位是 $\mathrm{m^2}$；C 单位是 F；S_X，S_Y 单位是 $\mathrm{V \cdot div^{-1}}$；$X$，$Y$ 单位是格；H 的单位是 $\mathrm{A \cdot m^{-1}}$；B 的单位是 T。

【实验内容】

实验前先熟悉实验的原理和仪器的构成。使用仪器前先将信号源输出幅度调节旋钮逆时针到底(多圈电位器)，使输出信号为最小。然后调节频率调节旋钮，因为频率较低

时,负载阻抗较小,在信号源输出相同电压下负载电流较大,会引起采样电阻发热。

1. 显示和观察 2 种样品在 25 Hz,50 Hz,100 Hz,150 Hz 交流信号下的磁滞回线图形

(1) 正确连线。

① 逆时针调节幅度调节旋钮到底,使信号输出最小。

② 调示波器显示工作方式为 X-Y 方式,即图示仪方式。

③ 示波器 X 输入为 AC 方式,测量采样电阻 R_1 的电压。

④ 示波器 Y 输入为 DC 方式,测量积分电容的电压。

⑤ 接通示波器和动态磁滞回线实验仪电源,适当调节示波器辉度,以免荧光屏中心受损。预热 10 min 后开始测量。

(2) 示波器光点调至显示屏中心,调节实验仪频率调节旋钮,频率显示窗显示 25.00 Hz。

(3) 单调增加磁化电流,即缓慢顺时针调节幅度调节旋钮,使示波器显示的磁滞回线上 B 值增加缓慢,达到饱和。改变示波器上 X,Y 输入增益段开关并锁定增益电位器(一般为顺时针到底),调节 R_1,R_2 的大小,使示波器显示出典型美观的磁滞回线图形。

(4) 单调减小磁化电流,即缓慢逆时针调节幅度调节旋钮,直到示波器最后显示为一点,位于显示屏的中心,即 X 和 Y 轴线的交点,如不在中间,可适当调节示波器的 X 和 Y 位移旋钮,把显示图形移到显示屏的中心。

(5) 单调增加磁化电流,即缓慢顺时针调节幅度调节旋钮,使示波器显示的磁滞回线上 B 值缓慢增加,达到饱和,改变示波器上 X,Y 输入增益波段开关和 R_1,R_2 的值,示波器显示典型美观的磁滞回线图形。磁化电流在水平方向上的读数为(-5.00,+5.00)格。

(6) 逆时针调节(幅度调节旋钮到底),使信号输出最小,调节实验仪频率调节旋钮,频率显示窗分别显示 20.0~200.0 Hz 连续可调,重复上述(3)~(5)的操作步骤,比较磁滞回线形状的变化。表明磁滞回线形状与信号频率有关,频率越高磁滞回线包围面积越大,用于信号传输时磁滞损耗也大。

(7) 更换实验样品,重复上述(2)~(6)步骤。

2. 测基本磁化曲线和动态磁滞回线

(1) 在实验仪样品架上插好实验样品,逆时针调节幅度调节旋钮到底,使信号输出最小;将示波器光点调至显示屏中心,调节实验仪频率调节旋钮,频率显示窗显示 50.00 Hz。

(2) 退磁:

① 单调增加磁化电流,缓慢顺时针调节信号幅度旋钮,使示波器显示的磁滞回线上 B 值增加变得缓慢,达到饱和。改变示波器上 X,Y 输入增益和 R_1,R_2 的值,示波器显示典型美观的磁滞回线图形。磁化电流在水平方向上的读数为(-5.00,+5.00)格,此后,保持示波器上 X,Y 输入增益波段开关和 R_1,R_2 值固定不变并锁定示波器增益电位器(一般为逆时针到底),以便进行 H,B 的标定。

② 单调减小磁化电流,即缓慢逆时针调节幅度调节旋钮,直到示波器最后显示为一点,位于显示屏的中心,即 X 和 Y 轴线的交点,如不在中间,可调节示波器的 X 和 Y 位移旋钮。实验中可用示波器 X,Y 输入的接地开关检查示波器的中心是否对准屏幕 X,Y 坐标的交点。

(3) 基本磁化曲线(即测量大小不同的各个磁滞回线的顶点的连线):

单调增加磁化电流,即缓慢顺时针调节幅度调节旋钮,磁化电流在 X 方向读数为 0, 0.20,0.40,0.60,0.80,1.00,2.00,3.00,4.00,5.00,单位为格,记录磁滞回线顶点在 Y 方向上读数如表 4-10-1(a)和(b),单位为格,磁化电流在 X 方向上的读数为(−5.00, 5.00)格时,示波器显示典型美观的磁滞回线图形。此后,保持示波器上的 X,Y 输入增益波段开关和 R_1,R_2 值固定不变,并锁定增益微调电位器(一般为顺时针到底)。

表 4-10-1(a)　样品 1(软磁材料)

序号	1	2	3	4	5	6	7	8	9	10	11	12
X/div	0.00	0.20	0.40	0.60	0.80	1.00	1.50	2.00	2.50	3.00	4.00	5.00
Y/div												

测试条件:

$f=$ _____ Hz,CH1(X)= _____ V·div^{-1},CH2(Y)= _____ V·div^{-1},$R_1=$ _____ Ω,$R_2=$ _____ kΩ,$C=$ _____ μF,$U_m=$ _____ V,$I_m=$ _____ mA

表 4-10-1(b)　样品 2(硬磁材料)

序号	1	2	3	4	5	6	7	8	9	10	11	12
X/div	0.00	0.20	0.40	0.60	0.80	1.00	1.50	2.00	2.50	3.00	4.00	5.00
Y/div												

测试条件:

$f=$ _____ Hz,CH1(X)= _____ V·div^{-1},CH2(Y)= _____ V·div^{-1},$R_1=$ _____ Ω,$R_2=$ _____ kΩ,$C=$ _____ μF,$U_m=$ _____ V,$I_m=$ _____ mA

(4) 动态磁滞回线:

在磁化电流 X 方向上的读数在(−5.00,+5.00)格范围时,记录示波器显示的磁滞回线在 X 坐标为 5.0,4.0,3.0,2.0,1.0,0,−1.0,−2.0,−3.0,−4.0,−5.0 格时所对应的 Y 坐标,记入表格 4-10-2(a)。然后在 Y 坐标为 4.0,3.0,2.0,1.0,0,−1.0,−2.0,−3.0,−4.0 格时相对应的 X 坐标,同样记入表 4-10-2(a)(需要说明的是,后面各表(b)与(a)形式相同,故只给出(a)表)。

表 4-10-2(a)　样品 1(软磁材料)

X/div	Y/div	Y/div	X/div
5.00		4.00	
4.00		3.00	
3.00		2.00	
2.00		1.00	
1.00		0.00	
0.00		−1.00	

X/div	Y/div	Y/div	X/div
−1.00		−2.00	
−2.00		−3.00	
−3.00		−4.00	
−4.00			
−5.00			

显然 Y 最大值对应饱和磁感应强度 B_S; $X=0$, Y 读数对应剩磁 B_r; $Y=0$, X 读数对应矫顽力 H_e。

【数据处理】

由前所述 H, B 的计算公式为

$$H = \frac{N_1 \cdot S_X}{L \cdot R_1} \cdot X = \underline{\qquad} (\text{A} \cdot \text{m}^{-1})$$

$$B = \frac{R_2 \cdot C \cdot S_Y}{N_2 \cdot S} \cdot Y = \underline{\qquad} (\text{mT})$$

式中,L 为铁芯实验样品平均磁路长度;S 为铁芯实验样品截面积;N_1 为磁化线圈匝数;N_2 为副线圈匝数;R_1 为磁化电流采样电阻,单位为 Ω;R_2 为积分电阻,单位为 Ω;C 为积分电容,单位为 F;S_X 为示波器 X 轴灵敏度,单位 $\text{V} \cdot \text{div}^{-1}$;$S_Y$ 为示波器 Y 轴灵敏度,单位 $\text{V} \cdot \text{div}^{-1}$。可以得到一组实测的磁化曲线数据。

注:实验室中有两种动态磁滞回线实验仪,它们的参数有所不同。

FB310 型动态磁滞回线实验仪的参数为:

$N_1 = 100$ 匝,$N_2 = 300$ 匝,铁芯截面 $S = 2.21 \times 10^{-4}$ m^2,平均磁路长度 $L = 0.084$ m。

FD-BH-2 型动态磁滞回线实验仪的参数为:

$N_1 = 200$ 匝,$N_2 = 200$ 匝,铁芯截面 $S = 2.21 \times 10^{-4}$ m^2,平均磁路长度 $L = 0.084$ m。

(1) 分别整理表 4-10-1(a) 和 (b) 的实验数据,得到表 4-10-3(a) 和 (b)。

表 4-10-3(a)　数据表

($R_1 = \underline{\quad}$ Ω,$R_2 = \underline{\quad}$ $k\Omega$,$C = \underline{\quad}$ μF,$S_x = \underline{\quad}$ $\text{V} \cdot \text{div}^{-1}$,$S_y = \underline{\quad}$ $\text{V} \cdot \text{div}^{-1}$)

序号	1	2	3	4	5	6	7	8	9	10	11	12
X/div	0	0.20	0.40	0.60	0.80	1.00	1.50	2.00	2.50	3.00	4.00	5.00
H/A·m⁻¹	0											
Y/div	0											
B/mT	0											

按表中数据作 B-H 基本磁化曲线。

(2) 整理表 4-10-2(a) 和 (b) 的实验数据,得到表 4-10-4(a) 和 (b)。

同样按表中数据作 B-H 磁滞回线,并求出 B_r,B_S,H_e 的值。

表 4-10-4(a) 数据表

($R_1 = $_____ Ω,$R_2 = $_____ $k\Omega$,$C = $_____ μF,$S_x = $_____ $V \cdot div^{-1}$,$S_y = $_____ $V \cdot div^{-1}$)

X/div	H/A·m^{-1}	Y/div	B/mT	X/div	H/A·m^{-1}	Y/div	B/mT
5.00				−5.00			
4.00				−4.00			
3.00				−3.00			
2.00				−2.00			
1.00				−1.00			
0				0			
−1.00				1.00			
−2.00				2.00			
−3.00				3.00			
−4.00				4.00			
−5.00				5.00			

按表中数据,用计算机电子表格或手工作磁滞回线图 B-H。

【讨论思考】

(1) 在测量 B-H 曲线过程中,为何不能改变 X 轴和 Y 轴的分度值?

(2) 示波器显示的正弦波电压值与交流电压表显示的电压值有何区别? 两者之间如何换算?

(3) 硬磁材料的交流磁滞回线与软磁材料的交流磁滞回线有何区别?

【附 录】

软磁材料和硬磁材料简介:

磁滞回线所围面积很小的材料称为软磁材料。这种材料的特点是磁导率较高,在交流下使用时磁滞损耗也较小,故常作电磁铁或永磁铁的磁轭以及交流导磁材料。如电工纯铁、坡莫合金、硅钢片、软磁铁氧体等都属于这一类。磁滞回线所围面积很大的材料称为硬磁材料,其特征常常用剩余磁感应强度 B_r 和矫顽力 H_c 两个特定点数值表示。B_r 和 H_c 大的材料可作为永久磁铁使用。有时也用 BH 乘积的最大值 $(BH)_{max}$ 衡量硬磁材料的性能,称为最大磁能,硬磁材料典型例子是各种磁钢合金和永久钡铁氧体。

实验十一 指针式电表的改装与校准

【实验目的】

(1) 测量表头内阻 R_g 及满度电流 I_g。

（2）掌握将 $100~\mu A$ 表头改成较大量程的电流表和电压表的方法。

（3）设计一个 $R_中 = 10~k\Omega$ 的欧姆表，要求电源电压在 $1.35\sim1.6~V$ 范围内使用，并能调零。

（4）用电阻器校准欧姆表，画校准曲线，并根据校准曲线用组装好的欧姆表测未知电阻。

（5）学会校准电流表和电压表的方法。

【实验仪器】

FB308 型电表改装与校准实验仪 1 台，专用连接线等。

【实验原理】

常见的磁电式电流计主要由放在永久磁场中的由细漆包线绕制的可以转动的线圈、用来产生机械反力矩的游丝、指示用的指针和永久磁铁所组成。当电流通过线圈时，载流线圈在磁场中就产生一磁力矩，使线圈转动并带动指针偏转。线圈偏转角度的大小与线圈通过的电流大小成正比，所以可由指针的偏转角度直接指示出电流值。

1. 测量量程 I_g、内阻 R_g

电流计允许通过的最大电流称为电流计的量程，用 I_g 表示，电流计的线圈有一定内阻，用 R_g 表示，I_g 与 R_g 是两个表示电流计特性的重要参数。

测量内阻 R_g 常用方法有：

（1）半电流法也称中值法。

测量原理图见图 4-11-1。当被测电流计接在电路中时，使电流计满偏，再用十进位电阻箱与电流计并联作为分流电阻改变电阻值即改变分流程度，当电流计指针指示到中间值，且总电流强度仍保持不变，显然这时分流电阻值就等于电流计的内阻。

（2）替代法。

测量原理图见图 4-11-2。当被测电流计接在电路中时，用十进位电阻箱替代它，且改变电阻值，当电路中的电压不变时，且电路中的电流亦保持不变，则电阻箱的电阻值即为被测电流计内阻。替代法是一种运用很广的测量方法，具有较高的测量准确度。

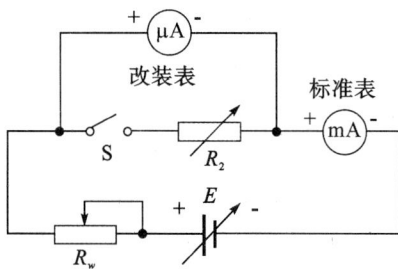

图 4-11-1 中值法测量表头灵敏度和内阻   图 4-11-2 替代法测量表头灵敏度和内阻

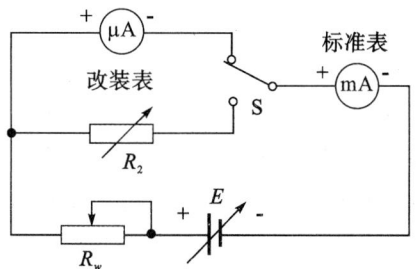

2. 改装为大量程电流表

根据电阻并联规律可知，如果在表头两端并联上一个阻值适当的电阻 R_2，如图 4-11-3 所示，可使表头不能承受的那部分电流从 R_2 上分流通过。这种由表头和并联电阻 R_2 组成的整体（图中虚线框住的部分）就是改装后的电流表。如需将量程扩大 n 倍，则不难得出

$$R_2 = R_g/(n-1) \tag{4-11-1}$$

图 4-11-3 为扩流后的电流表原理图。用电流表测量电流时,电流表应串联在被测电路中,所以要求电流表应有较小的内阻。另外,在表头上并联阻值不同的分流电阻,便可制成多量程的电流表。

3. 改装为电压表

一般表头能承受的电压很小,不能用来测量较大的电压。为了测量较大的电压,可以给表头串联一个阻值适当的电阻 R_M,如图 4-11-4 所示,使表头上不能承受的那部分电压降落在电阻 R_M 上。这种由表头和串联电阻 R_M 组成的整体就是电压表,串联的电阻 R_M 叫作扩程电阻。选取不同大小的 R_M,就可以得到不同量程的电压表。可求得扩程电阻值为:

$$R_M = \frac{U}{I_g} - R_g \tag{4-11-2}$$

实际的扩展量程后的电压表原理见图 4-11-4,用电压表测电压时,电压表总是并联在被测电路上。为了不致因为并联了电压表而改变电路中的工作状态,要求电压表应有较高的内阻。

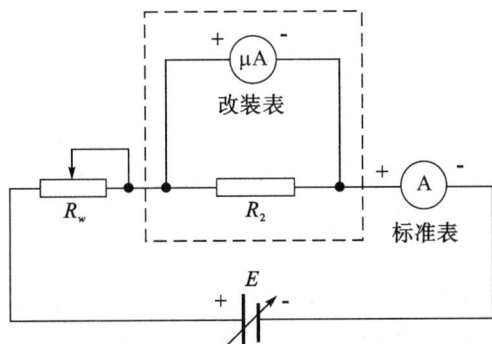

图 4-11-3　改装电流表实验线路图　　图 4-11-4　改装电压表实验线路图

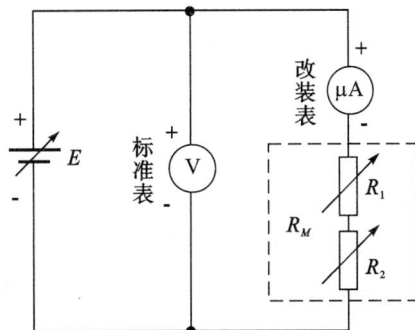

4. 改装微安表为欧姆表

用来测量电阻大小的电表称为欧姆表。根据调零方式的不同,可分为串联分压式和并联分流式两种。其原理电路如图 4-11-5 所示。

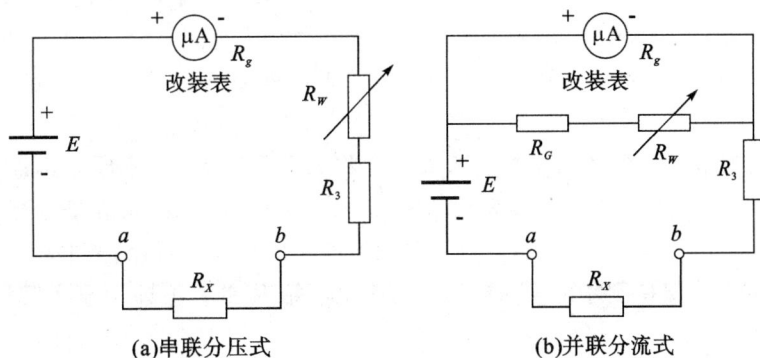

(a)串联分压式　　　　(b)并联分流式

图 4-11-5　磁电式电流表改装欧姆表原理图

图 4-11-5 中 E 为电源，R_3 为限流电阻，R_W 为调"零"电位器，R_X 为被测电阻，R_g 为等效表头内阻。图(b)中，R_G 与 R_W 一起组成分流电阻。

欧姆表使用前先要调"零"点，即 a,b 两点短路，(相当于 $R_X=0$)，调节 R_W 的阻值，使表头指针正好偏转到满度。可见，欧姆表的零点是就在表头标度尺的满刻度(即量限)处，与电流表和电压表的零点正好相反。

在图(a)中，当 a,b 端接入被测电阻 R_X 后，电路中的电流为

$$I = \frac{E}{R_g + R_W + R_3 + R_X} \tag{4-11-3}$$

对于给定的表头和线路来说，R_g，R_W，R_3 都是常量。由此可见，当电源端电压 E 保持不变时，被测电阻和电流值有一一对应的关系。即接入不同的电阻，表头就会有不同的偏转读数，R_X 越大，电流 I 越小。短路 a,b 两端，即 $R_X=0$ 时：这时指针满偏。

$$I = \frac{E}{R_g + R_W + R_3} = I_g \tag{4-11-4}$$

当 $R_X = R_g + R_W + R_3$ 时：

$$I = \frac{E}{R_g + R_W + R_3 + R_X} = \frac{1}{2} \cdot I_g \tag{4-11-5}$$

这时指针在表头的中间位置，对应的阻值为中值电阻，显然 $R_中 = R_g + R_W + R_3$。

当 $R_X = \infty$(相当于 a,b 开路)时，$I=0$，即指针在表头的机械零位。

所以欧姆表的标度尺为反向刻度，且刻度是不均匀的，电阻 R 越大，刻度间隔愈密。如果表头的标度尺预先按已知电阻值刻度，就可以用电流表来直接测量电阻了。

并联分流式欧姆表利用对表头分流来进行调零的，具体参数可自行设计。

欧姆表在使用过程中电池的端电压会有所改变，而表头的内阻 R_g 及限流电阻 R_3 为常量，故要求 R_W 要跟着 E 的变化而改变，以满足调"零"的要求，设计时用可调电源模拟电池电压的变化，范围取 $1.35\sim1.6$ V 即可。

【实验内容】

1. 用中值法或替代法测出表头的内阻

(1) 中值法测量可参考图 4-11-1 接线。先将 E 调至 0 V，接通 E，R_W，被改装表和标准电流表后，先不接入电阻箱 R，调节 E 中 R_W 使改装表头满偏，记住标准表的读数，此电流即为改装表头的满度电流，$I_g =$ _____ μA；再接入电阻箱 R，改变 R 数值，使被测表头指针从满度 100 μA 降低到 50 μA 处。注意调节 E 或 R_W，使标准电流表的读数保持不变。$R_g =$ _____ Ω。

(2) 替代法测量可参考图 4-11-2 接线。先将 E 调至 0 V，接通 E，R_W，被改装表和标准电流表后，调节 E 中 R_W 使改装表头满偏，记录标准表的读数，此值即为被改装表头的满度电流，$I_g =$ _____ μA；再断开接到改装表头的接线，转接到电阻箱 R，调节 R 使标准电流表的电流保持刚才记录的数值。这时电阻箱 R 的数值即为被测表头内阻 $R_g =$ _____ Ω。

2. 将一个量程为 100 μA 的表头改装成 1 mA(或自选)量程的电流表

(1) 根据电路参数，估计 E 值大小，并根据式(4-11-1)计算出分流电阻值。

（2）参考图 4-11-3 接线，先将 E 调至 0 V，检查接线正确后，调节 E 和滑动变阻器 R_W，使改装表指到满量程，这时记录标准表读数。

注意：R_W 作为限流电阻，阻值不要调至最小值。然后每隔 0.2 mA 逐步减小读数直至零点，再按原间隔逐步增大到满量程，每次记下标准表相应的读数于表 4-11-1。

（3）以改装表读数为横坐标，标准表由大到小及由小到大调节时两次读数的平均值为纵坐标，在坐标纸上作出电流表的校正曲线，并根据两表最大误差的数值定出改装表的准确度等级。

（4）重复以上步骤，将 100 μA 表头改成 10 mA 表头，可按每隔 2 mA 测量一次（选做）。

表 4-11-1　改装电流表数据记录表

改装表读数/μA	标准表读数/mA			误差 ΔI/mA
	递减时	递增时	平均值	
20				
40				
60				
80				
100				

（5）将 R_G 和表头串联，作为一个新的表头，重新测量一组数据，并比较扩流电阻有何异同（选做）。

3. 将一个量程为 100 μA 的表头改装成 1.5 V（或自选）量程的电压表

（1）根据电路参数估计 E 的大小，根据式 4-11-2 计算扩程电阻 R_M 的阻值，可用电阻箱 R 进行实验。按图 4-11-4 进行连线，先调节 R 值至最大值，再调节 E；用标准电压表监测到 1.5 V 时，再调节 R 值，使改装表指示为满度。于是 1.5 V 电压表就改装好了。

（2）用数显电压表作为标准表来校准改装的电压表。

调节电源电压，使改装表指针指到满量程（1.5 V），记下标准表读数。然后每隔 0.3 V 逐步减小改装读数直至零点，再按原间隔逐步增大到满量程，每次记下标准表相应的读数于表 4-11-2。

表 4-11-2　改装电压表数据记录表

改装表读数/V	标准表读数/V			示值误差 ΔU/V
	减小时	增大时	平均值	
0.3				
0.6				
0.9				

改装表读数/V	标准表读数/V			示值误差 ΔU/V
	减小时	增大时	平均值	
1.2				
1.5				

（3）以改装表读数为横坐标，标准表由大到小及由小到大调节时两次读数的平均值为纵坐标，在坐标纸上作出电压表的校正曲线，并根据两表最大误差的数值定出改装表的准确度等级。

（4）重复以上步骤，将 100 μA 表头改成 10 V 表头，可按每隔 2 V 测量一次（选做）。

（5）将 R_G 和表头串联，作为一个新的表头，重新测量一组数据，并比较扩程电阻有何异同（选做）。

4. 改装欧姆表及标定表面刻度

（1）根据表头参数 I_g 和 R_g 以及电源电压 E，选择 R_W 为 4.7 kΩ，R_3 为 10 kΩ。

（2）按照图 4-11-5(a) 连线。调节电源 $E=1.5$ V，短路 a，b 两接点，调 R_W 使表头指示为零。如此，欧姆表的调零工作即告完成。

（3）测量改装成的欧姆表的中值电阻。将电阻箱 R（即 R_X）接于欧姆表的 a，b 测量端，调节 R，使表头指示到正中，这时电阻箱 R 的数值即为中值电阻，$R_中 = $ ＿＿＿＿＿＿
Ω。

（4）取电阻箱的电阻为一组特定的数值 R_{Xi}，记下相应的偏转格数于表 4-11-3 中。利用所得读数 R_{Xi}，div 绘出改装欧姆表的标度盘。

表 4-11-3　改装欧姆表数据记录表

（$E=$ ＿＿＿＿＿ V，$R_中 = $ ＿＿＿＿＿ Ω）

R_{Xi}/Ω	$\frac{1}{5}R_中$	$\frac{1}{4}R_中$	$\frac{1}{3}R_中$	$\frac{1}{2}R_中$	$R_中$	$2R_中$	$3R_中$	$4R_中$	$5R_中$
偏转格数/div									

（5）确定改装欧姆表的电源使用范围。短接 a、b 两测量端，将工作电源放在 0～2 V 一挡，调节 $E=1$ V 左右，先将 R_W 逆时针调到低，调节 E 直至表头满偏，记录 E_1 值；接着将 R_W 顺时针调到低，再调节 E 直至表头满偏，记录 E_2 值，E_1～E_2 值就是欧姆表的电源使用范围。

（6）按图 4-10-5(b) 进行连线，设计一个并联分流式欧姆表并进行连线、测量。试与串联分压式欧姆表比较，有何异同（选做）。

【注意事项】

（1）仪器内部有限流保护措施，但工作时尽可能避免工作电源短路（或近似短路），以免造成仪器元器件等不必要的损失。

（2）实验时应注意电压源的输出量程选择是否正确，0～10 V 量程一般只用于电压表改装，其余电流表及欧姆改装建议选用 0～2 V 量程。

（3）仪器采用开放式设计，在连接插线时要注意：被改装表头只允许通过 100 μA 的小电流，过载时会损坏表头！要仔细检查线路和电路参数无误后才能将改装表头接入使用。

（4）仪器采用高可靠性能的专用连接线，正常的使用寿命很长。但使用时须注意不要用力过猛，插线时要对准插孔，避免使插头的塑料护套变形。

【讨论思考】

（1）测量电流计内阻应注意什么？是否还有别的办法来测定电流计内阻？能否用欧姆定律来进行测定？能否用电桥来进行测定？

（2）设计 $R_{中} = 10$ kΩ 的欧姆表，现有两块量程 100 μA 的电流表，其内阻分别为 2 500 Ω 和 1 000 Ω，你认为选哪块较好？

（3）若要求制作一个线性量程的欧姆表，有什么方法可以实现？

第5章 光学实验

光学实验基础知识

　　光学是物理学中一门古老的经典学科,近几十年来又有了突飞猛进的发展。经典的光学理论和实验方法在促进科学技术进步方面发挥了重要作用;新的研究成果和新的实验技术不断促进光学学科自身的进展,也为其他许多科技领域的发展,如天文、化学、生物、医学等提供了重要的实验手段。光学实验技术在现代科技中发挥着越来越重要的作用。在基础物理实验中,学生通过研究一些最基本的光学现象,同时接触一些新的概念和实验技术,学习和掌握光学实验的基本知识和基本方法,培养基本的光学实验技能。在光学实验中使用的仪器比较精密,光学仪器的调节也比较复杂,只有在了解了仪器结构性能基础上建立清晰的物理图像,才能选择有效而准确的调节方法,判断仪器是否处于正常的工作状态。在光学实验中,理论联系实际的科学作风显得特别重要,如果没有很好地掌握光学理论,要做好光学实验几乎是不可能的。在光学实验过程中,仪器的调节和检验,实验现象的观察、分析等都离不开理论的指导。为了做好光学实验,要在实验前充分做好预习,实验时多动手、多思考,实验后认真总结,只有这样才能提高科学实验的素养、培养实验技能、养成理论联系实际的科学作风。

一、光学仪器的正常使用与维护

　　一个实验工作者,在光学实验中,不但要爱护自己的眼睛,还要十分爱惜实验室的各种仪器,实践经验证明,只有认真注意保养和正确地使用仪器,才能使测量得到符合实际的结果,同时这也是培养良好实验素质的重要方面。由于光学仪器一般比较精密,光学元件表面加工(磨平、抛光)也比较精细,有的还镀有膜层,而且光学元件又大多是由透明、易碎的玻璃材料制成,因此使用时一定要十分小心,不能粗心大意,如果使用和维护不当,很容易造成以下不必要的损坏。

　　(1)破损。如发生磕碰、跌落、震动或挤压等情况,均会造成光学元件的破损,以致光学元件的部分或全部无法使用。

　　(2)磨损。往往是由于用手或其他粗糙的东西擦拭光学元件的表面,致使光学表面(光线经过的表面)留下擦不掉的划痕,结果严重地影响了光学仪器的透光能力和成像质量,甚至无法进行观察和测量。

　　(3)污损。拿取光学元件不合规范,手上的油污、汗渍或其他不洁液体沉淀在元件的表面上,留下污迹斑痕,对于镀膜的表面,问题将更会严重。若不及时进行清除,亦将降低光学仪器的透光性能和成像质量。

(4) 发霉生锈。大多由于保管不善,光学元件长期在空气潮湿、温度变化较大的环境下使用,因沾污霉菌所致;光学仪器的金属机械部分也会产生锈斑,使光学仪器失去原来的光洁度,影响仪器的精度、寿命和美观。

(5) 腐蚀、脱胶。光学元件的表面受到酸、碱等化学物品的作用时,会发生腐蚀现象;如有苯、乙醚等溶剂流到光学元件之间或光学元件与金属的胶合部分,就会发生脱胶现象。

使用和维护光学仪器的注意事项:

(1) 在使用仪器前必须认真阅读仪器使用说明书,详细了解所使用的光学仪器的结构、工作原理、使用方法和注意事项,切忌盲目动手,抱着试试看的侥幸心理。

(2) 使用和搬动光学仪器时应轻拿轻放,谨慎小心,避免受震、碰撞,更要避免跌落地面。光学元件使用完毕,不应随便乱放,要做到物归原处。

(3) 仪器应放在干燥、空气流通的实验室内,一般要求保持空气相对湿度为 $60\% \sim 70\%$,室温变化不能太快和太大。也不应让含有酸性或碱性的气体侵入。

(4) 保护好光学元件的光学表面,绝对禁止用手触及,只能用手接触经过磨砂的"毛面",如透镜的侧边,棱镜的上下底面等,正确的方法如图 5-0-1 所示。如发现光学表面有灰尘,可用毛笔、镜头纸轻轻擦去。也可用清洁的空气球吹去。如果光学表面有脏物或油污,则应向教师说明,不要私自处理。对于没有镀膜的表面,可在教师的指导下,用干净的脱脂棉花蘸上清洁的溶剂如酒精、乙醚等,仔细地将污渍擦去。但要注意,不要让溶剂流到元件胶合处,以免产生脱胶。对于镀有膜层的光学元件,则应送实验室做专门技术处理。

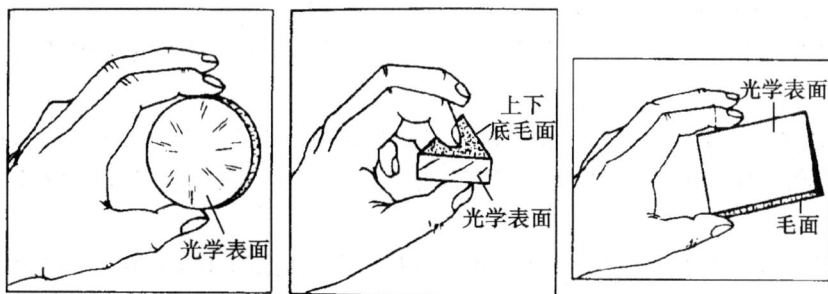

图 5-0-1　光学元件的拿取方法图示

(5) 对于光学仪器中机械部分应注意添加润滑剂,以保持各转动部分灵活自如,平稳连续,并注意防锈,以保持仪器外貌光洁美观。

(6) 仪器长期不使用时,应将仪器放入带有干燥剂(硅胶)的木箱内,防止光学元件受潮,发生霉变,并做好定期检查,发现问题及时处理。

(7) 使用激光光源时切不可直视激光束,以免灼伤眼睛。

二、光学实验的观测方法

1. 用眼睛直接观察

在光学实验中常通过眼睛直接对光学实验现象进行观察。用眼睛直接进行观测具有简单灵敏,同时观察到的图像具有立体感和色彩等特点。这种用眼睛直接观察的方法,常称为主观观察方法。

人的眼睛可以说是一个相当完善的天然光学仪器,从结构上说它类似于一架照相机。人眼能感觉的亮度范围很宽,随着亮度的改变眼睛中瞳孔大小可以自动调节。人眼分辨物体细节的能力称为人眼的分辨力。在正常照度下,人眼黄斑区的最小分辨角约为 $1'$。人眼的视觉对于不同波长的光的灵敏度是不同的,它对绿光的感觉灵敏度最高。人眼还是一个变焦距系统,它通过改变水晶体两曲面的曲率半径来改变焦距,约有 20% 的变化范围。

2. 用光电探测器进行客观测量

除了用人眼直接观察外,还常用光电探测器来进行客观测量,对超出可见光范围的光学现象或对光强测量需要较高精度要求时就必须采用光电探测器进行测量,以弥补人眼的局限性。

常用的光探测器有光电管、光敏电阻和光电池等。

光电管是利用光电效应原理制成的光电发射二极管。它有一个阴极和一个阳极,装在抽真空并充有惰性气体的玻璃管中。当满足一定条件的光照射到涂有适当光电发射材料的光阴极时,就会有电子从阴极发出,在二极间的电压作用下产生光电流。一般情况下光电流的大小与光通量成正比。

光敏电阻是用硫化镉、硒化镉等半导体材料制成的光导管。当有光照射到光导管时,并没有光电子发射,但半导体材料内电子的能量状态发生变化,导致电导率增加(即电阻变小)。照射的光通量越大,电阻就变得越小。这样就可利用光电管电阻的变化来测量光通量大小。

光电池是利用半导体材料的光生伏打效应制成的一种光探测器,由于光电池有不需要加电源、产生的光电流与入射光通量有很好的线性关系等优点,常在大学物理实验中使用。

硅光电池是利用硅片制成 PN 结,在 P 型层上贴一栅形电极,N 型层上镀背电极作为负极。电池表面有一层增透膜,以减少光的反射。由于多数载流子的扩散,在 N 型与 P 型层间形成阻挡层,有一由 N 型层指向 P 型层的电场阻止多数载流子的扩散,但是这个电场却能帮助少数载流子通过。当有光照射时,半导体内产生正负电子对,这样 P 型层中的电子扩散到 PN 结附近被电场拉向 N 型层,N 型层中的空穴扩散到 PN 结附近被阻挡层拉向 P 区,因此正负电极间产生电流;如停止光照,则少数载流子没有来源,电流就会停止。硅光电池的光谱灵敏度最大值在可见光红光附近(800 nm),截止波长为 1 100 nm。

使用时注意,硅光电池质脆,不可用力按压。不要拉动电极引线,以免脱落。电池表面勿用手摸。如需清理表面,可用软毛刷或酒精棉,防止损伤增透膜。

三、光学实验常用仪器的结构与调节

1. 光具座与光路调节

光具座是一种多功能的通用光学仪器。用于物理实验的光具座由导轨、滑动座(光具凳)、光源、可调狭缝、像屏和各种夹持器组成(图 5-0-2),按实验需要另配光学元件,如透镜、棱镜、偏振片等组成光学系统。常用的导轨长度为 1~2 m,导轨上有米尺,滑动座上有定位线,便于确定光学元件的位置。

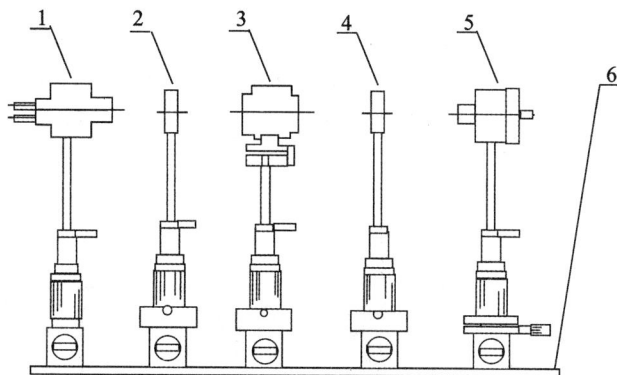

1—光源;2—聚光镜;3—偏振器;4—聚光镜;5—光敏电阻(接收器);6—导轨

图 5-0-2　光具座

光具座的同轴等高调节步骤如下:

无论是几何光学实验还是物理光学实验,在光具座上经常需要进行与共轴球面系统相关的光路调节。一个透镜的两个折射球面的曲率中心处在同一直线(即光轴)上,就成为一个共轴球面系统。实验光具组常由一个或多个共轴球面系统与其他器件组合而成。为了获得良好质量的像,各透镜的主光轴应处于同一直线上,并使物位于主光轴附近;又因物距、像距等长度量都是沿主光轴确定的,为了便于调节和准确测量,必须使透镜的主光轴平行于带标尺的导轨。达到上述要求的调节叫作"等高同轴"调节。具体操作分两步进行。

(1)粗调,即先将透镜等元器件向光源靠拢,凭目视初步决定它们的高低和方位(要求不高时,在形成光路过程中再加以适当修正,即可进行观测)。

(2)细调,即在粗调基础上,按照成像规律或借助其他仪器做细致调节。如两次成像法(贝塞尔法或共轭法)测凸透镜焦距的实验光路,常用于光具组的共轴调节。当透镜移动到两个适当位置,使正立箭头在接收屏上分别成大小两个清晰的倒立实像时,若此二像的尾端在屏坐标的同一位置,它们就与物箭头的尾端同在平行于导轨的主光轴上(轴上物点成像不离轴)。以此为基准,可将物方某点调到主光轴上,或对另一透镜做共轴调节。

2. 测微目镜

测微目镜是带测微装置的目镜,可作为测微显微镜和测微望远镜等仪器的部件,在光学实验中有时也作为一个测长仪器独立使用(例如,测量非定域干涉条纹的间距)。测微目镜的结构很精密,使用时应注意:虽然分划板刻尺是 0~8 mm,但一般测量应尽量在

1～7 mm 范围内进行,竖丝或叉丝交点不许越出毫米尺刻线之外,这是为保护测微装置的准确度所必须遵守的规则。

3. 移测显微镜

移测显微镜是利用螺旋测微器控制镜筒(或工作台)移动的一种测量显微镜。此外,也有移动分划板进行测量的机型。显微镜由物镜、分划板和目镜组成光学显微系统。位于物镜焦点前的物体经物镜成放大倒立实像于目镜焦点附近并与分划板的刻线在同一平面上。目镜的作用如同放大镜,人眼通过它观察放大后的虚像。为精确测量小目标,有的移测显微镜配备测微目镜,取代普通目镜。

为了保证应有的测量精度,移测显微镜最好在室温(20±3)℃条件下使用。使用前先调整目镜,对分划板(叉丝)聚焦清晰后,再转动调焦手轮,同时从目镜观察,使被观测物成像清晰,无视差。为了测量准确,必须使待测长度与显微镜筒移动方向平行。还要注意,应使镜筒单向移动到起止点读数,以避免由于螺旋空回产生的误差。图 5-0-3(a)(b)是两种常用读数显微镜的外形图。

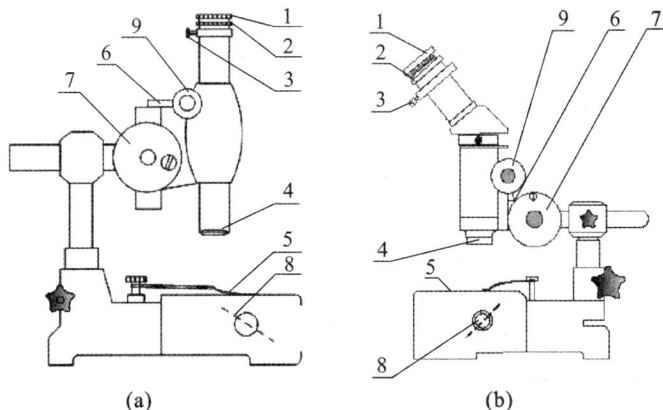

1—目镜调节手轮;2—分划板位置调节手轮;3—分划板位置紧锁螺钉;
4—物镜;5—工作台台面;6—标尺;7—测微鼓轮;8—反射镜;9—调焦手轮

图 5-0-3　读数显微镜

4. 分光计

分光计又称光学测角计,简称测角计,主要用于精确测量平行光束的偏转角度,借助它并利用折射、衍射等物理现象完成偏振角、折射率、光波波长等物理量的测量,其用途十分广泛。分光计的结构及其调节参见本章实验二"分光计的调整和使用"。

5. 常用光源

(1) 白炽灯。

白炽灯是以热辐射形式发射光能的电光源。它以高熔点的钨丝为发光体,通电后温度约 2 500 K 达到白炽发光。玻璃泡内抽成真空,充进惰性气体,以减少钨的蒸发。白炽灯的光谱是连续光谱。白炽灯可作为白光光源和一般照明用。使用低压灯泡特别注意是否与电源电压相适应,避免误接电压较高的电插座造成损坏事故。

　　(2) 汞灯。

　　汞灯是一种气体放电光源。常用的低压汞灯,其玻璃管胆内的汞蒸气压很低(约几十到几百帕之间),发光效率不高,是小强度的弧光放电光源,可用它产生汞元素的特征光谱线。GP20 型低压汞灯的电源电压为 220 V,工作电压 20 V,工作电流 1.3 A。高压汞灯也是常用光源,它的管胆内汞蒸气压较高(有几个大气压),发光效率也较高,是中高强度的弧光放电灯。该灯用于需要较强光源的实验,加上适当的滤光片可以得到一定波长(例如 546.1 nm)单色光。GGQ50 型仪器高压汞灯额定电压 220 V,功率 50 W,工作电压 (95 ± 15)V,工作电流 0.62 A,稳定时间 10 min。

　　汞灯的各光谱线波长分别为 579.07,576.96,546.07,491.60,435.83,407.78,404.66 nm。汞灯工作时必须串接适当的镇流器,否则会烧断灯丝。为了保护眼睛,不要直接注视强光源。正常工作的灯泡如遇临时断电或电压有较大波动而熄灭,须等待灯泡逐步冷却,汞蒸气降到适当压强之后才可以重新发光。

　　(3) 钠灯。

　　钠光谱在可见光范围内有 589.59 nm 和 588.99 nm 两条波长很接近的特强光谱线,实验室通常取其平均值,以 589.3 nm(D 线)的波长直接当近似单色光使用。此时其他的弱谱线实际上被忽略。低压钠灯与低压汞灯的工作原理相类似。充有金属钠和辅助气体氖的玻璃泡是用抗钠玻璃吹制的,通电后先是氖放电呈现红光,待钠滴受热蒸发产生低压蒸气,很快取代氖气放电,经过几分钟以后发光稳定,射出强烈黄光。

　　GP20Na 低压钠灯与 GP20Hg 低压汞灯使用同一规格的镇流器。

　　(4) 光谱管(辉光放电管)。

　　这是一种主要用于光谱实验的光源,大多在两个装有金属电极的玻璃泡之间连接一段细玻璃管,内充极纯的气体。两极间加高电压,管内气体因辉光放电发出具有该种气体特征光谱成分的光辐射。它发光稳定,谱线宽度小,可用于光谱分析实验做波长标准参考。使用时把霓虹灯变压器的输出端接在放电管的两个电极上。因各元素光谱管起辉电压不同,所以在霓虹灯变压器的输入端接一个调压器,调节电压到管子稳定发光为止。光谱管只能配接霓虹灯变压器或专用的漏磁变压器,不可接普通变压器,否则会被烧毁。

　　6. 滤光片

　　滤光片是能够从白光或其他复色光分选出一定的波长范围或某一准单色辐射成分(光谱线)的光学元件。各种滤光片可以按所利用的不同物理现象分类,其中以选择吸收和多光束干涉两种类型最为常见。

　　(1) 吸收滤光片。

　　这是利用化合物基体本身对辐射具有的选择吸收作用制成的滤光片。常用的材料是无机盐做成的有色玻璃或者有机物质做成的明胶和塑料。

　　滤光片的一个重要参数是透射率。若 Φ_0 是入射光通量,Φ 是经过滤光片的透射光通量,则透射率

$$T = \Phi/\Phi_0$$

　　有色玻璃滤光片使用广泛,优点是稳定、均匀,有良好的光学质量,但其通带较宽(很少低于 30 nm)。有机物质滤光片制作容易,便于切割,而机械强度和热稳定性较差。

（2）干涉滤光片。

干涉滤光片的显著优点是既有窄通带,同时又有较高透射率。

常见的透射干涉滤光片利用多光束干涉原理制成。干涉滤光片的主要光学性能由中心波长 λ_0、通带半宽度 $\Delta\lambda$ 和峰值透射率决定。

实验一 薄透镜焦距的测定

【实验目的】

（1）学会测量薄透镜焦距的几种方法。

（2）学习光学元件等高共轴的调节。

【实验仪器】

光学导轨（光学平台）、光具座（磁力座）、凸透镜、凹透镜、光源、物屏、白屏、平面反射镜等。

【实验原理】

透镜是光学仪器中最基本的元件,反映透镜特性的一个主要参量是焦距,它决定了透镜成像的位置和性质(大小、虚实、倒立)。对于薄透镜焦距测量的准确度,主要取决于透镜光心及焦点(像点)定位的准确度。本实验在光学导轨上采用几种不同方法分别测定凸、凹两种薄透镜的焦距,以便了解透镜成像的规律,掌握光路调节技术,比较各种测量方法的优缺点,为今后正确使用光学仪器打下良好的基础。

当透镜的厚度远比其焦距小得多时,这种透镜称为薄透镜。在近轴光线的条件下,薄透镜成像的规律可表示为

$$\frac{1}{u} + \frac{1}{v} = \frac{1}{f} \tag{5-1-1}$$

式中,u 表示物距,v 表示像距,f 为透镜的焦距,u,v 和 f 均从透镜的光心 O 点算起。并且规定 u 恒取正值;当物和像在透镜异侧时,v 为正值;在透镜同侧时,v 为负值。对凸透镜 f 为正值,对凹透镜 f 为负值。

1. 凸透镜焦距的测定

（1）自准直法。

位于凸透镜焦面 F 上的物体所发出的光,经透镜 L 折射后成为平行光(图 5-1-1)。如用一平面镜 M,把这一束光反射回去,再经过原透镜,则必成像于原焦平面上。因此,在实验时,按照图 5-1-1 布置好光路,移动凸透镜,当物与透镜距离刚好等于透镜焦距时,由平面镜反射回来的光束,在物平面上成的像是清晰的,这时,分别读出物与透镜位置 x_1 及 x_2,即得焦距

$$f = |x_2 - x_1| \tag{5-1-2}$$

此法常用来粗测凸透镜的焦距。

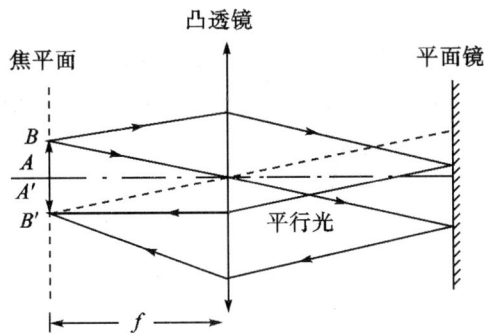

图 5-1-1　自准法测薄透镜焦距

（2）物距像距法（$U > f$）。

物体发出的光线经凸透镜会聚后，将在另一侧成一实像，只要在光具座上分别测出物体、透镜及像的位置，就可得到物距 u 和像距 v，把物距和像距代入式（5-1-1）得

$$f = \frac{uv}{u+v} \tag{5-1-3}$$

由上式可算出透镜的焦距 f。为消除透镜的光心位置不准带来的误差，可以将透镜旋转 $180°$，再次测量，求平均值。

（3）位移法（亦称贝塞尔法）。

如图 5-1-2 所示，固定物与像屏的间距为 $D(D > 4f)$，当凸透镜在物与像屏之间移动时，像屏上可以成一个放大像和一个缩小像，这就是物像共轭。根据透镜成像公式得知：$u_1 = v_2$，$u_2 = v_1$。若透镜在两次成像时的位移为 d，则从图中可以看出 $D - d = u_1 + v_2 = 2u_1$，故 $u_1 = \dfrac{D-d}{2}$；由 $v_1 = D - u_1 = D - \dfrac{D-d}{2} = \dfrac{D+d}{2}$ 得

$$f = \frac{u_1 v_1}{u_1 + v_1} = \frac{D^2 - d^2}{4D} \tag{5-1-4}$$

由上式可知只要测出 D 和 d，就可计算出焦距 f。位移法的优点是把焦距的测量归结为可以精确测量的 D 和 d，避免了测量 u 和 v 时，由于透镜光心位置不准带来的误差。

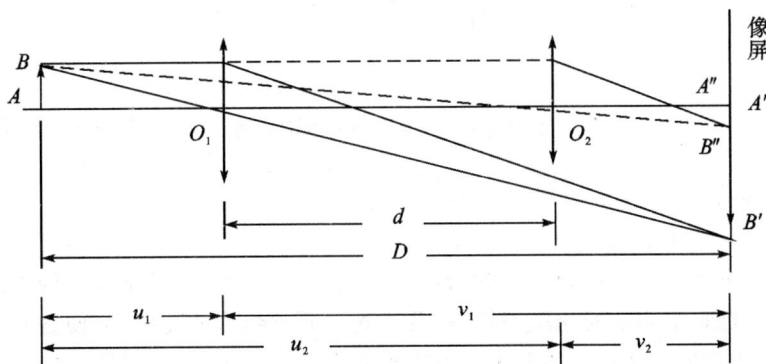

图 5-1-2　位移法测凸透镜焦距

2. 凹透镜焦距的测量

凹透镜是发散透镜,用透镜成像公式测量凹透镜的焦距时,凹透镜成的像为虚像,且虚像的位置在物和凹透镜之间,因而无法直接测量其焦距,常用物距像距法和自准法来测量。

（1）物距像距法。

如图 5-1-3 所示,先使物 A 发出的光线经凸透镜 L_1 后形成一大小适中的实像 A',然后在 L_1 和 A' 之间放入待测凹透镜 L_2,就能使虚物 A' 产生一实像 A''。分别测出 L_2 到 A' 和 A'' 之间距离 u,v,根据式(5-1-1)即可求出 L_2 的焦距 f_2。

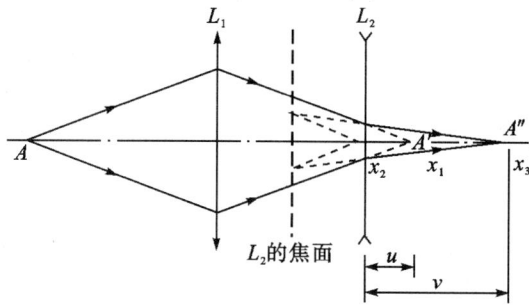

图 5-1-3　物距像距法测凹透镜焦距

（2）自准法。

如图 5-1-4 所示,物屏上出现和物大小相等的倒立实像,记下凹透镜的位置 x_2。再拿掉凹透镜和平面镜,则物经凸透镜后在某点处成实像(物和凸透镜不能动),记下这一点的位置 x_3,则凹透镜的焦距 $f = -|x_3 - x_2|$。

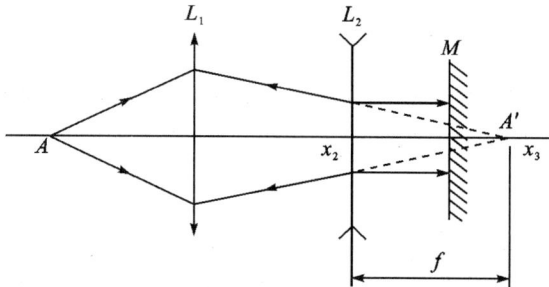

图 5-1-4　自准法测凹透镜焦距

【实验内容】

1. 光学系统的共轴调节

薄透镜成像公式仅在近轴光线的条件下才成立。对于几个光学元件构成的光学系统进行共轴调节是光学测量的先决条件,对几个光学元件组成的光路,应使各光学元件的主光轴重合,才能满足近轴光线的要求。本实验要求光轴与光具座的导轨平行,调节分两步进行:

（1）粗调。

将安装在光具座上的所有光学元件沿导轨靠拢在一起，用眼睛仔细观察，使各元件的中心等高，且与导轨垂直。

（2）细调。

对单个透镜可以利用成像的共轭原理进行调整。实验时，为使物的中心、像的中心和透镜光心达到"同轴等高"要求，只要在透镜移动过程中，大像中心和小像中心重合就可以了。

对于多个透镜组成的光学系统，则应先调节好与一个透镜的共轴，不再变动，再逐个加入其余透镜进行调节，直到所有光学元件都共轴为止。

2．测量凸透镜焦距

（1）自准法。

光路如图 5-1-1 所示，先对光学系统进行共轴调节，实验中，要求平面镜垂直于导轨。移动凸透镜，直至物屏上得到一个与物大小相等，倒立的实像，则此时物屏与透镜间距就是透镜的焦距。为了判断成像是否清晰，可先让透镜自左向右逼近成像清晰的区间，待像清晰时，记下透镜位置，再让透镜自右向左逼近，在像清晰时又记下透镜的位置，取这两次读数的平均值作为成像清晰时透镜位置的读数。重复测量 3 次，将数据填于表格 5-1-1 中，求平均值。

（2）物距像距法。

先对光学系统进行共轴调节，然后取物距 $u \approx 2f$，保持 u 不变，移动像屏，仔细寻找像清晰的位置，测出像距 v，重复 3 次，将数据填于表格 5-1-2 中，求出 v 的平均值，代入式（5-1-3）求出 $\overline{f}$。

（3）位移法。

取物屏，像屏距离 $D > 4f$，固定物屏和像屏，然后对光学系统进行共轴调节。移动凸透镜，当屏上成清晰放大实像时，记录凸透镜位置 x_1；移动凸透镜当屏上成清晰缩小实像时，记录凸透镜位置 x_2，则两次成像透镜移动的距离为 $d = |x_2 - x_1|$。记录物屏和像屏之间距离 D，根据式（5-1-4）求出 f，重复测量 3 次，将数据填于表格 5-1-3 中，求出 $\overline{f}$。

3．测量凹透镜的焦距

（1）物距像距法。

先调节光学系统共轴，取下凹透镜，用凸透镜成缩小像，记录像的位置 x_1，然后在凸透镜和像屏之间放上凹透镜，向后移动像屏成清晰像，记录凹透镜的位置 x_2 及像屏位置 x_3；重复测量 3 次，将数据填于表格 5-1-4 中，求出 $\overline{f}$。

（2）自准法（选做）。

先对光学系统进行共轴调节，然后把凸透镜放在稍大于两倍焦距处。移动凹透镜和平面反射镜，当物屏上出现与原物大小相同的实像时，记下凹透镜的位置读数。然后去掉凹透镜和平面反射镜，放上像屏，用左右逼近法找到 A' 点的位置，重复测量 3 次，将数据填于表格 5-1-5 中，求出 $\overline{f}$。

【数据记录及处理】

1. 测量凸透镜焦距

表 5-1-1　自准法　　　　　　　　　　　物屏位置 $x_0 =$ _____ cm

序号	凸透镜位置 x（左→右）	凸透镜位置 x（右→左）	x 的平均值	$f_n = \lvert x - x_0 \rvert$	$\overline{f}$
1					
2					
3					

表 5-1-2　物距像距法

物屏位置 $x_0 =$ _____ cm　透镜位置 $x_1 =$ _____ cm

序号	像屏位置 x_2	$v_n = \lvert x_2 - x_1 \rvert$	$\overline{v}$	$\overline{f}$
1				
2				
3				

表 5-1-3　共轭法

物屏位置 $x_0 =$ _____ cm　像屏位置 $x_3 =$ _____ cm　$D = \lvert x_3 - x_0 \rvert =$ _____ cm

序号	透镜位置 x_1	透镜位置 x_2	$d = \lvert x_2 - x_1 \rvert$	$f_n = (D^2 - d^2)/4D$	$\overline{f}$
1					
2					
3					

2. 测量凹透镜焦距

表 5-1-4　物距像距法　　　　　透镜所成实像位置 $x_1 =$ _____ cm

序号	x_2	x_3	$u = -\lvert x_1 - x_2 \rvert$	$v = \lvert x_3 - x_2 \rvert$	f_n	$\overline{f}$
1						
2						
3						

表 5-1-5　自准法(选做)

序号	凹透镜位置 左→右	凹透镜位置 右→左	平均	A'点位置 左→右	A'点位置 右→左	平均	f_n	$\overline{f}$
1								
2								
3								

注:上述诸表仅供参考,可自行设计。

【讨论思考】

(1) 共轴调节应满足哪些要求? 不满足这些要求对测量会有什么影响?

(2) 用物距像距法测凸透镜焦距时,常取 $u = 2f$,此时测量的相对不确定度误差最小。你能证明这个结论吗?

(3) 用共轭法测凸透镜焦距时,为什么必须使 $D > 4f$? 试证明之。

(4) 在对物距、像距进行测量时,基于人眼的分辨能力有限等原因,所成像在一定距离内看起来都清晰,那么对应每一确定的物距应如何测定像距为好?

(5) 本实验测量误差的主要来源是什么?

实验二　分光计的调整和使用(一)

自准直法测三棱镜的顶角

【实验目的】

(1) 了解分光计的结构和工作原理。

(2) 掌握分光计的调节和使用方法。

(3) 用自准直法测定三棱镜的顶角。

【实验仪器】

分光计、双面平面镜、三棱镜、钠光光源等。

【实验原理】

下面以 JJY-1 型分光计为例,说明它的结构、工作原理和调节方法。

1. 分光计的结构

图 5-2-1 为 JJY 型分光计的结构外形图。分光计主要由底座、平行光管、自准直望远镜、载物平台和游标刻度圆盘等几部分组成,每部分都有特定的调节螺丝,它们的代号、名称和功能见表 5-2-1。

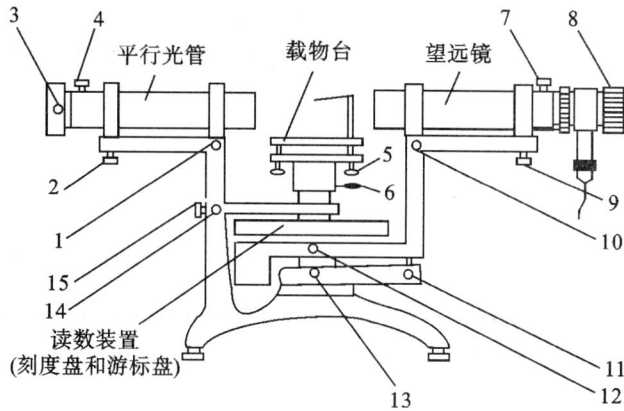

图 5-2-1　分光计结构外型图

表 5-2-1　图 5-2-1 的标注说明

代号	名称	功能
1	平行光管光轴水平调节螺丝	调节平行光管光轴的水平方位(水平面上方位调节)
2	平行光管光轴高低调节螺丝	调节平行光管光轴的倾斜度(铅直面上方位调节)
3	狭缝宽度调节手轮	调节狭缝宽度(0.02～2.00 mm)
4	狭缝装置固定螺丝	松开时,调平行光;调好后锁紧,以固定狭缝装置
5	载物台调平螺丝(3 只)	台面水平调节(本实验中,用来调平面镜和三棱镜折射面平行于中心轴)
6	载物台固定螺丝	松开时,载物台可单独转动、升降,锁紧后,使载物台与游标盘固联
7	叉丝套筒固定螺丝	松开时,叉丝套筒可自由伸缩、转动(物镜调焦);调好后锁紧,以固定叉丝套筒
8	目镜调焦轮	目镜调焦用(可使视场中叉丝清晰)
9	望远镜光轴高低调节螺丝	调节望远镜光轴的倾斜度(铅直面上方位调节)
10	望远镜光轴水平调节螺丝(在图后侧)	调节望远镜光轴的水平方位(水平面上方位调节)
11	望远镜微调螺丝(在图后侧)	在锁紧 13 后,调 11 可使望远镜绕中心轴微动
12	刻度盘与望远镜固联螺丝	松开 12,两者可相对转动;锁紧 12,两者固联,才能一起转动
13	望远镜止动螺丝(在图后侧)	松开 13,可用手大幅度转动望远镜;锁紧 13,微调螺丝 11 才起作用
14	游标盘微调螺丝	锁紧 15 后,调 14 可使游标盘做小幅度转动
15	游标盘止动螺丝	松开 15,游标盘能单独做大幅度转动;锁紧 15,微调螺丝 14 才起作用

（1）底座要求平稳而坚实。底座中央固定着中心轴,望远镜、刻度盘和游标盘内盘套

在中心轴上,可以绕中心轴转动。

(2)望远镜套在主刻度盘上,可绕仪器中心轴旋转,是用来观测目标和确定光线的传播方向。它由目镜系统和物镜组成,为了调节和测量,物镜和目镜之间装有分划板,它们分别置于内管、外管和中管内,且三管彼此可以相对移动,也可以用螺钉固定(图 5-2-2)。照明小灯发出的光线从小棱镜的 $45°$ 反射面反射到分划板上,因棱镜与分划板的相贴部分涂成黑色,仅留一个绿色的小十字窗口,则透光部分在分划板上便形成明亮的十字窗。

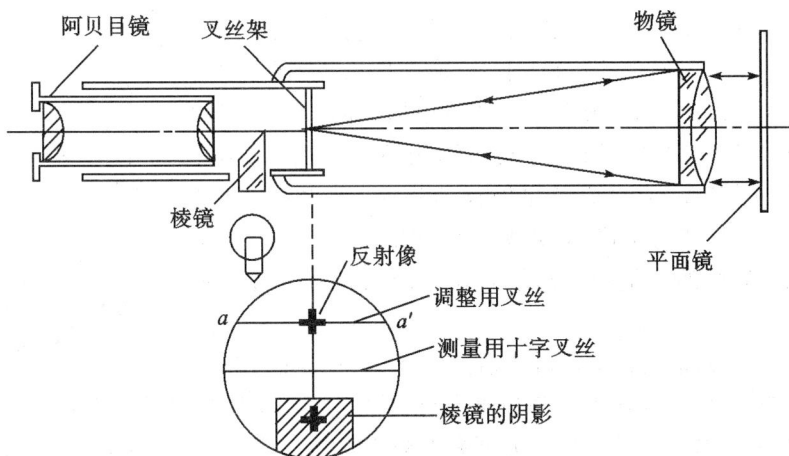

图 5-2-2　阿贝目镜式望远镜的结构和视场

(3)平行光管固定在底座的立柱上,是用来产生平行光的。其一端装有消色差的会聚透镜,另一端装有狭缝,狭缝宽度根据需要可在 $0.02\sim2$ mm 范围内调节。

(4)载物平台套在游标内盘上,可绕通过平台中心的铅直轴转动和升降,是用来放置光学元件的平台。平台下有三个调节螺丝,用以改变平台台面与铅直轴的倾斜度。

(5)望远镜和载物平台的相对方位由分光计刻度盘上的读数确定。主刻度盘有 $0°\sim360°$ 的圆刻度,分度值为 $30'$ 。为了提高测量精度。在内盘径向方向设有两个游标,游标等分为 30 格,正好跟主刻度盘上的 29 小格对齐,因此分光计最小分度值为 $1'$ 。读数方法与游标卡尺的游标原理相同(该处称为角游标),读数示例见图 5-2-3。

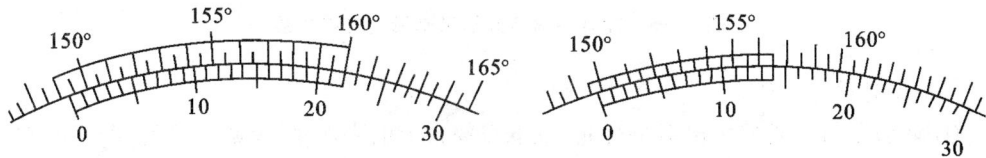

图 5-2-3　角游标的读数示例

(6)记录测量数据时,为了消除刻度盘的刻度中心和仪器转动轴之间的偏心差,必须同时读取两个游标的读数。用双游标消除偏心误差的原理详见本实验附注。

2.分光计的调节

分光计的调整要求是:望远镜适合于接收平行光,望远镜的光轴垂直于仪器转轴,平行光管出射平行光并垂直于仪器转轴。

（1）调节望远镜和载物平台。

① 为了调节迅速，将载物台上的三个调平螺丝 5 全部降低到最低，即将载物台直接落在机械平台上，分光计制造十分精密，此时载物台面非常接近垂直于仪器转轴。

② 使望远镜适合于接收平行光：点亮望远镜侧窗的照明灯照亮目镜视场，轻轻旋出或旋进目镜调焦手轮，直到在目镜中看到的分划板刻线清晰。再将平面反射镜置于载物台两螺丝 G_1，G_2 的中垂线上（图 5-2-4）。然后缓慢转动载物台，从望远镜中找到由平面镜反射回来的小绿"十"字像。如果找不到，主要是望远镜的倾斜度不合适，须再仔细调节望远镜的倾斜度螺丝 9。找到小绿"十"字像后，调节分划板到物镜的距离，使小绿"十"字像看得最清楚，且当眼睛略做移动时，绿"十"字像和分划板刻线之间没有相对位移（即无视差），至此望远镜已适合于接收平行光。后续的测量中望远镜各镜筒间的相对位置就不应改变了。

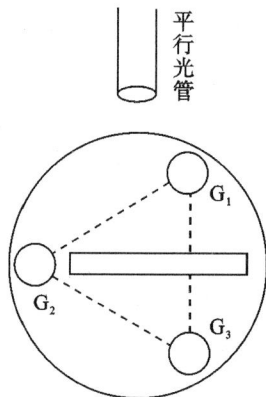

图 5-2-4　平面镜在载物台上的放法

③ 使望远镜光轴垂直于仪器转轴：首先检查平面镜正反两面分别正对望远镜时，视场中是否都能找到小绿色"十"字像。然后用螺丝 9 调节望远镜光轴倾斜度，使小绿色"十"字像到分划板上刻线 aa'（即图 5-2-2 中的调整用叉丝）的距离减小一半，再调载物台螺丝 G_1（或 G_3）使两者重合（图 5-2-5）。把载物台转 180°，使平面镜的反面正对望远镜，再次用载物台螺丝 G_1（或 G_3）和螺丝 9 各调一半。如此反复调节，直到平面镜任一面正对望远镜时，视场中的小绿色"十"字像都落在分划板的上刻线调整用叉丝 aa' 时为止。此时望远镜光轴与仪器转轴垂直。这种调节方法称为"各半调节法"。

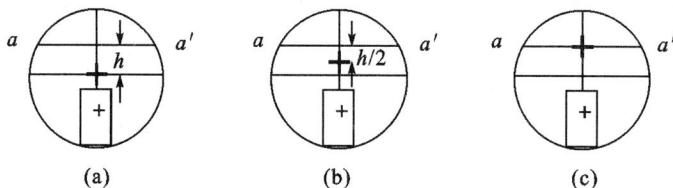

图 5-2-5　绿十字像与分划板刻线的位置关系

（2）调整平行光管。

① 调整平行光管使之出射平行光：取下载物台上的平面镜，狭缝对准照明光源，使望远镜转向平行光管方向，在目镜中观察狭缝的像，沿轴向移动狭缝套管，直到狭缝的像清晰且狭缝像与叉丝（分划板刻线）无视差。

② 使平行光管光轴与分光计转轴垂直：调节螺丝 3 使狭缝像宽约 1 mm，再将狭缝转向横向（水平），调节平行光管光轴高低调节螺丝 2，把狭缝像精确调到视场中心横线上，如图 5-2-6(a) 所示。至此，平行光管与望远镜的光轴重合且与分光计转轴垂直。螺丝 2 不能再动。最后，将狭缝调成竖直，如图 5-2-6(b) 所示，旋紧螺丝 4。

3. 用自准直法测三棱镜的顶角

三棱镜的顶角是三棱镜的两光学表面相交所构成的二面角。为了精确测量顶角,必须使三棱镜的主截面(即 AB 和 AC 两光学表面的法线构成的平面)平行于刻度盘平面,此时棱镜 AB 面和 AC 面正对望远镜时,其反射的绿"十"字像均和分划板的上刻线(即调整叉丝 aa')重合。如图 5-2-7 所示,计算角度 φ,则顶角 $\alpha = 180° - \varphi$。

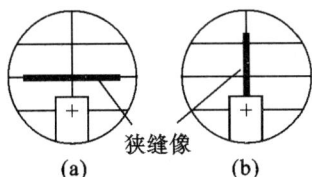

图 5-2-6 平行光管与望远镜光轴重合

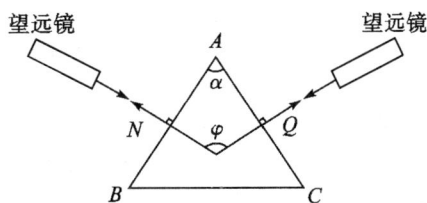

图 5-2-7　自准直法测三棱镜的顶角原理图

【实验内容】

1. 调整分光计

按分光计的调整要求和调节方法,使望远镜适合接收平行光,且调节望远镜光轴与仪器转轴垂直。

2. 用自准直法测三棱镜顶角

(1) 将三棱镜放在载物台上,使棱镜三边与台下三个螺丝的连线所成的三边垂直,如图 5-2-8 所示。这样调节一个螺丝可以调节棱镜光学表面的倾斜度。图中 ABC 表示三棱镜的横截面,AB,AC,BC 是三棱镜的三个侧面。其中,AB,AC 两个侧面是透光的光学表面、侧面 BC 是毛玻璃面。三棱镜两折射面的夹角 α 为顶角。

(2) 转动载物台,首先在望远镜中观察从三棱镜的两个光学表面 AB 和 AC 反射回来的绿"十"字像,一般"十"字像不会和分划板的上刻线调整用叉丝 aa' 重合。转动载物平台使 AC 面正对望远镜,只调节载物台的调平螺丝 G_1(或 G_2),使其反射的"十"像和调整用叉丝 aa' 重合;再转动载物台,使 AB 面正对望远镜,仅调节 G_3,使其反射的"十"字像和调整用叉丝 aa' 重合。反复数次,直到每一面对向望远镜时,反射的"十"字像都与调整用叉丝 aa' 重合,这时三棱镜的光学表面垂直于望远镜光轴。(注意:此调解过程中绝对不能动调望远镜光轴的螺丝9)。三棱镜调好后其位置不能再动。

图 5-2-8　三棱镜在载物台上的放置

(3) 测棱镜顶角。

望远镜和刻度盘固定不动。转动游标盘使 AB 面正对望远镜,如图 5-2-9 所示。分别记下左右游标的读数 θ_1 和 θ_2。再转动游标盘使 AC 面正对望远镜,分别记下左右游标的读数 θ_1' 和 θ_2'。载物台转过的角度 $\varphi = \dfrac{1}{2}(|\theta_1 - \theta_1'| + |\theta_2 - \theta_2'|)$,顶角 $\alpha = 180° - \varphi$。

(参见本实验附注:双游标消除偏心误差原理)

反复测 5 次,将数据填入表 5-2-2 中,并计算顶角的平均值和不确定度。

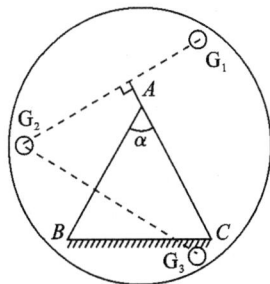

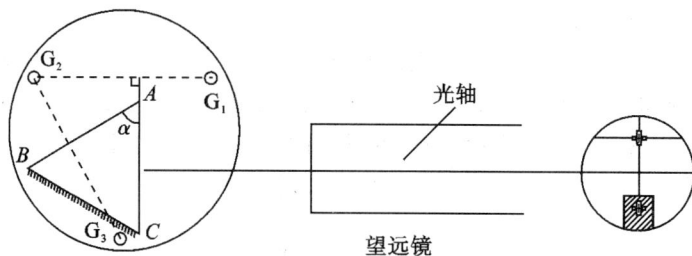

图 5-2-9　测棱镜顶角

【数据处理】

表 5-2-2　自准直法测三棱镜顶角

分光计型号：_____　最小分度值：_____

测量次序	三棱镜 AC 面		三棱镜 AB 面	
	θ_1	θ_2	θ_1'	θ_2'
1				
2				
3				
4				
5				

【讨论思考】

（1）望远镜调焦至无穷远是什么含义？为什么当在望远镜视场中能看见清晰且无视差的绿"十"字像时，望远镜已调焦至无穷远？

（2）为什么当平面镜反射回的绿"十"字像与调节用叉丝重合时，望远镜主光轴必垂直于平面镜？为什么当双面镜两面所反射回的绿"十"字像均与调节用叉丝重合时，望远镜主光轴就垂直于分光计主轴？

（3）为什么要用"各调一半法"调节望远镜主光轴与分光计的主轴垂直？

（4）分光计的双游标读数与游标卡尺的读数有何异同点？

（5）转动望远镜测角度之前，分光计的哪些部分应固定不动？望远镜应和什么盘一起转动？

（6）能否直接通过三棱镜的两个光学面来调望远镜主光轴与分光计主轴垂直？

（7）测量完角度之后，取下棱镜，重新放上平面镜，发现望远镜光轴与平面镜并不垂直，这是否说明你的测量有问题？为什么？

【附注】双游标消除偏心误差原理

测量时，游标盘、载物台均与分光计整体固联，而望远镜与刻度盘固联并绕自身转轴 O 转动。当望远镜（刻度盘）绕 O 轴转过一个角度时，通过安装在游标盘对径上的两个游标分别测得转角为 φ_A 和 φ_B，而相对于分光计中心轴 O' 来说转角为 φ。由于 O 轴跟 O' 不一定重合,一般情况下:$\varphi \neq \varphi_A \neq \varphi_D$。

但由几何原理可知(图 5-2-10):

$$\alpha_A = \frac{1}{2}\varphi_B, \alpha_B = \frac{1}{2}\varphi_A$$

而 $\varphi = \alpha_A + \alpha_B$,故

$$\varphi = \frac{1}{2}(\varphi_A + \varphi_B) = \frac{1}{2}\left[\mid \theta'_A - \theta_A \mid + \mid \theta'_B - \theta_B \mid\right]$$

可见,两个游标所测转角的平均值即为望远镜
(刻度盘)相对于中心轴实际转过的角度。因此,使用
这种双游标读数装置可以消除偏心误差。

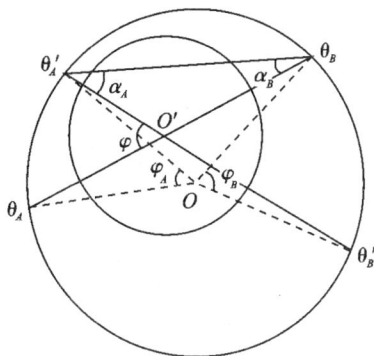

图 5-2-10　消除偏心误差原理图

实验三　分光计的调整和使用(二)

棱镜折射率的测定

【实验目的】

(1) 熟练掌握分光计的调节和使用方法。

(2) 学会用反射法测三棱镜的顶角。

(3) 学习用最小偏向角法测量三棱镜的折射率。

【实验仪器】

分光计、双面平面镜、三棱镜、钠光光源等。

【实验原理】

1. 反射法测三棱镜顶角

一束平行光入射到三棱镜的顶角,如图 5-3-1 所示。
光线经 AB 面和 AC 面反射,两反射光线间的夹角 φ 与顶角
α 有关。由图中几何关系易得 $\varphi = 2\alpha$。

2. 最小偏向角法测棱镜的折射率

三棱镜是分光仪器中的色散元件。本实验介绍用最小
偏向角法测量三棱镜的折射率。

最小偏向角法原理:采用最小偏向角法测量固体折射
率时,必须把材料加工成三棱镜,棱镜顶角一般在 $40° \sim 60°$
之间。如图 5-3-2 所示,沿棱镜主截面折射的光线,在 AB

图 5-3-1　反射法测三棱镜顶角

面上入射角为 i_1,折射角为 i'_1,在 AC 面上入射角为 i'_2,折射角为 i_2,光经棱镜两次折射
后,出射方向和入射方向之间的夹角,叫作光线的偏向角 δ。当 $i_1 = i_2$ 时,δ 取最小值。根
据折射定律,可以推导出棱镜顶角 α 与棱镜折射率 n 和最小偏向角 δ_{min} 有下述关系:

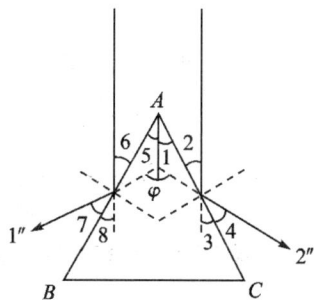

$$n = \frac{\sin i}{\sin \frac{\alpha}{2}} = \frac{\sin \frac{\alpha + \delta_{min}}{2}}{\sin \frac{\alpha}{2}} \qquad (5\text{-}3\text{-}1)$$

因此可以利用分光计测出顶角 α 和最小偏向角 δ_{min}，便可测定折射率 n。

物质的折射率和光的波长有关。如果采用多色光源（如低压汞灯），则通过实验可以求得

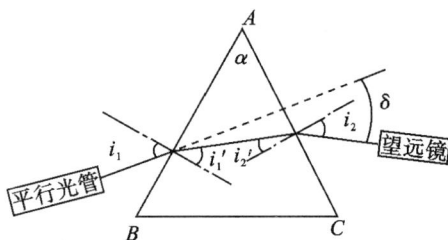

图 5-3-2 单色光在三棱镜中的折射

不同波长的光波的最小偏向角 $\delta_{min}(\lambda)$，再代入式(5-3-1)，可求得棱镜对不同波长的光波的折射率 $n(\lambda)$。

【实验内容】

1. 调整分光计

按分光计的调整要求和调节方法：使望远镜适合接收平行光，且调节望远镜光轴与仪器转轴垂直；使平行光管出射平行光，且平行光管光轴与仪器转轴垂直。

2. 用自准直法调整载物台

使棱镜的两个折射面 AB 和 AC 面都能垂直于望远镜光轴，这时棱镜的折射棱 A 也就已平行于仪器轴，同时，平行光管和望远镜的光轴也就已平行于棱镜主截面。调节方法如下：

如图 5-3-3 所示放置三棱镜，图中 ABC 表示三棱镜，G_1，G_2，G_3 表示载物台的支撑螺钉。棱镜的三条边分别垂直于三个支撑螺钉的连线。棱镜顶角 A 靠近物台中心。调 AB 面时，仅调 G_3，调 AC 面时，仅调 G_1，反复调节数次，直到每一折射面对向望远镜时，反射"十"字像都与调整用叉丝重合(图 5-3-4a)，才满足测量要求。

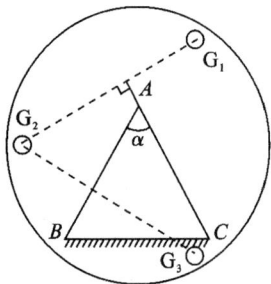

图 5-3-3 三棱镜在载物台上的放置

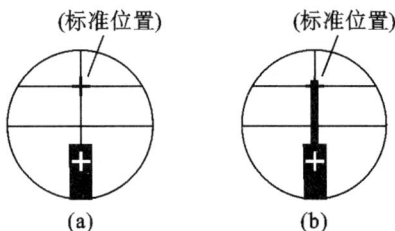

图 5-3-4 调测时"十"与狭缝像的标准位置

3. 用反射法测三棱镜顶角

关闭自准直调节照明小灯。打开照明光源（钠灯），转动载物台，使三棱镜顶角对准平行光管，让平行光管射出的光束照在三棱镜两个折射面上(图 5-3-5)。固定载物台和游标盘，将望远镜转至 I 处观测反射光，使望远镜竖直叉丝对准狭缝像中心线，如图 5-3-4(b)所示。分别从两个游标读出反射光 I 的方位角 θ_1，θ_2；然后将望远镜转至 II 处观测反射光，使望远镜竖直叉丝对准狭缝像中心线，见图 5-3-4(b)，读出反射光 II 的方位角 θ'_1，θ'_2。

顶角 α 为

$$\alpha = \frac{\varphi}{2} = \frac{1}{4}(|\theta_1 - \theta_1'| + |\theta_2 - \theta_2'|)$$

$$(5\text{-}3\text{-}2)$$

要求测量 5 次以上,数据填入表格 5-3-1。求顶角 α 平均值和不确定度。

4. 测量最小偏向角位置

用钠灯照明平行光管狭缝,使平行光以入射角接近 $90°$ 的方向入射到 AB 面上。通过望远镜在 AC 面一侧寻找出射光,当转动望远镜至适当

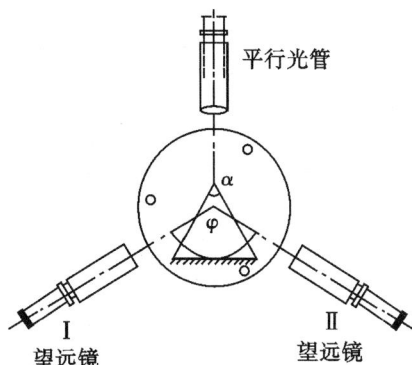

图 5-3-5　用反射法测三棱镜顶角

位置时,可以看到一条很强的黄线,这就是光谱线,即平行光管狭缝的单色像。转动载物台,使入射角变小,这时谱线将向偏向角变小的方向移动。一边转动载物台,一边用望远镜跟踪,直到谱线移至极限位置,即此时如再转动载物台,谱线将反向移动(偏向角变大)。谱线的这个极限位置就是最小偏向角位置。当找到最小偏向角位置时固定载物台和游标盘(旋紧螺丝 15),转动望远镜瞄准这个位置上的黄色谱线,然后用望远镜的固定螺丝 13 固定望远镜,再用望远镜的位置微调螺丝 11 调节望远镜,使望远镜准确瞄准黄色谱线。记录刻度盘上的两个示数 Φ_1,Φ_2。

5. 测量入射光的方向

松开望远镜的固定螺丝 13,转动望远镜,使其对向平行光管,瞄准平行光管的狭缝像(因被测棱镜的顶角靠近物台中心,所以有一部分平行光能从棱镜旁边射入望远镜中),固定望远镜,记录刻度盘上的示数 Φ_1',Φ_2'。

6. 求出棱镜材料的折射率

要求测量 5 次以上,数据填入表格 5-3-2。根据测得的最小偏向角位置和入射光的方向,算出最小偏向角 δ_{min},并求其平均值和不确定度。

将顶角 α 和最小偏向角 δ_{min} 的值代入公式(5-3-1)中,计算棱镜材料的折射率和不确定度。

【数据处理】

表 5-3-1　反射法测三棱镜顶角

分光计型号:_____　最小分度值:_____

测量 次序	三棱镜 AC 面		三棱镜 AB 面	
	θ_1	θ_2	θ_1'	θ_2'
1				
2				
3				
4				
5				

表 5-3-2　最小偏向角测量　　　　　　　　　钠光波长:589.3 nm

测量 次序	折射光		入射光	
	Φ_1	Φ_2	Φ_1'	Φ_2'
1				
2				
3				
4				
5				

【讨论思考】

（1）利用最小偏向角法测折射率时，入射角为什么从接近 90°开始由大到小变化？ 如果入射角很小会发生什么现象？

（2）利用最小偏向角法测折射率时，对棱镜顶角的大小有什么限制吗？ 为什么？

实验四　单缝衍射光强的分布测量

一、光学导轨

【实验目的】

（1）观察单缝衍射现象及特点。

（2）利用单缝衍射的光强分布规律计算光波波长。

【实验仪器】

光学导轨、半导体激光器、小一维＋缝元件、激光功率指示计、一维位移架＋十二挡光探头、白屏等。

【实验原理】

光的衍射是光的波动性的重要特征。单缝衍射是衍射现象中最简单的也是最典型的例子。在近代光学技术中，如光谱分析、晶体分析、光信息处理等领域，光的衍射已成为一种重要的研究手段和方法。所以，研究衍射现象及其规律，在理论和实践上都有重要意义。

光在传播过程中遇到障碍时将绕过障碍物，改变光的直线传播，称为光的衍射。光的衍射分为夫琅和费衍射与菲涅耳衍射，亦称为远场衍射与近场衍射。本实验只研究夫琅和费衍射。理想的夫琅和费衍射，其入射光束和衍射光束均是平行光，满足关系：

$$\frac{a^2}{8L} \ll \lambda \tag{5-4-1}$$

式中，a 是狭缝宽度，L 是狭缝与屏之间的距离，λ 是入射光的波长。单缝的夫琅和费衍射如图 5-4-1 所示。实验时，取 $a \approx 0.1$ mm，$L \approx 1.00$ m。根据惠更斯-菲涅耳原理，单缝

衍射的光强分布规律为

$$I = I_0 \frac{\sin^2 u}{u^2} \tag{5-4-2}$$

式中，$u = \dfrac{\pi a \sin \varphi}{\lambda}$，$I_0$ 是衍射条纹中心处的光强，a 是单缝宽度，φ 为衍射角。当衍射角 $\varphi = 0$ 时，按上式，$I = I_0$，光强最大，称为中央主极大，衍射的相对光强分布如图 5-4-2 所示。

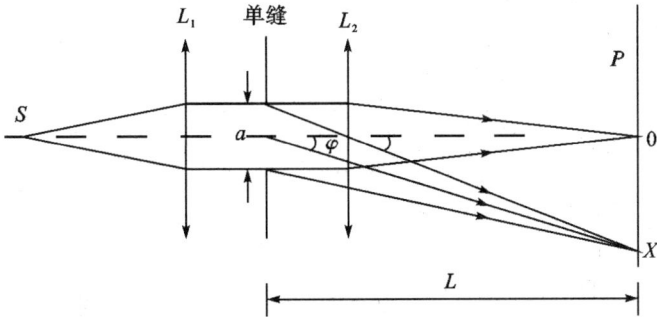

图 5-4-1　单缝夫琅和费衍射

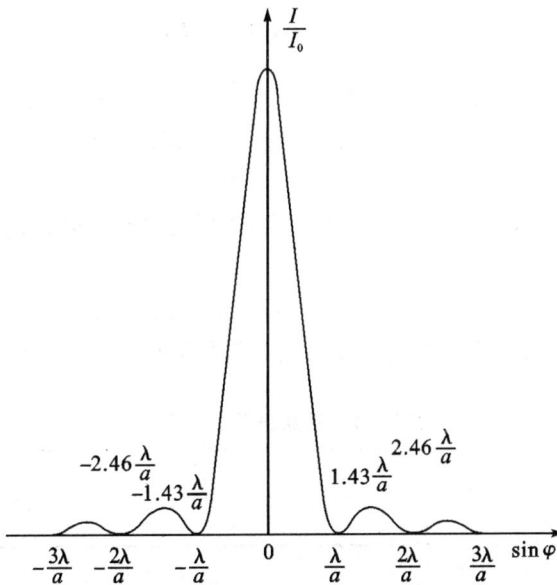

图 5-4-2　单缝衍射的相对光强分布

在式(5-4-2)中，令 $I = 0$ 可求得暗纹(极小值)位置。暗纹的满足条件为

$$a \sin \varphi = k\lambda, \quad k = \pm 1, \pm 2, \cdots \tag{5-4-3}$$

因衍射角 φ 很小，则

$$\sin \varphi \approx \varphi = k\lambda/a \tag{5-4-4}$$

任意两暗纹之间的夹角为

$$\Delta\varphi = \lambda/a \tag{5-4-5}$$

中央主极大的亮纹宽（即＋1级与－1级暗纹间距）为 $2\lambda/a$。由上述可知只要测出狭缝宽度 a 和衍射角 $\Delta\varphi$（由几何关系 $\Delta\varphi = \Delta x/L$），即可求出波长 λ。

即

$$\lambda = \frac{a\Delta x}{L} \tag{5-4-6}$$

【实验内容】

（1）如图5-4-3所示，将激光器、缝元件、白屏依次放置在光学导轨上。开启光源，调节各元件，使激光束垂直穿过单缝，调节缝元件的左右位置和方位、缝元件到白屏的距离（约1 m的距离，以满足远场条件）使衍射条纹清晰、对称、水平。

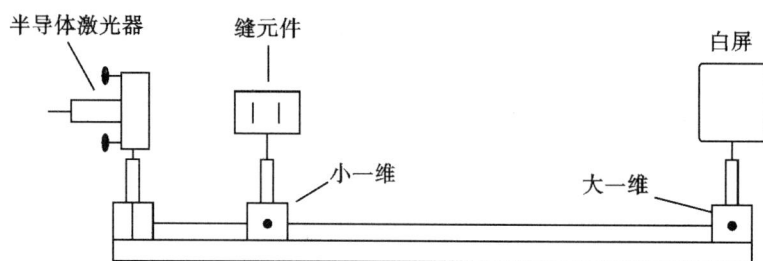

图 5-4-3　实验装置示意图

（2）将白屏取下，换上光探头。将接收狭缝遮住，调节功率计示数为零。调节光探头的高低，使衍射条纹与光探头的接收狭缝等高，光探头移动时，接收狭缝始终与衍射条纹等高。

（3）将光探头的接收狭缝正对中央主极大，选择光探头上合适的狭缝，选择合适的功率计量程。

（4）将光探头移至衍射条纹的左侧3级明纹处，向右移动光探头，每隔0.5 mm记录一次光功率 I，一直测到右侧3级明纹处为止。将数据填入表5-4-1(参考)中。

表 5-4-1　数据记录参考表一

坐标 x																		
相对光强 I																		

（5）测量完毕关掉电源。

（6）从光学导轨上读出缝元件到光探头的距离 L；使用读数显微镜测量单缝宽度 a 三次并取平均值。

【数据处理】

（1）在坐标纸上绘出 I-x 单缝衍射相对光强分布曲线。

（2）从 I-x 曲线确定 $k = \pm 1, \pm 2, \pm 3$ 级暗纹的位置坐标 x_k，填入表5-4-2(参考)中。使用逐差法处理数据求出暗纹间距 Δx，将 $a, L, \Delta x$ 代入式 $\lambda = a\Delta x/L$ 中，求出波长 λ。

表 5-4-2　数据记录参考表二

k	-3	-2	-1	1	2	3
x_k						

【注意事项】

(1) 绝对不能用眼睛直视激光,以免对视网膜造成永久损害。

(2) 实验中应避免硅光电池疲劳;避免强光直接照射加速老化。

(3) 避免环境附加光强,实验应处于暗环境操作。

(4) 测量时,应根据光强分布范围不同,选取不同的测量量程。

【讨论思考】

(1) 什么叫光的衍射现象? 试说明单缝衍射的两大种类。

(2) 夫琅和费衍射应符合什么条件? 本实验为何可认为是夫琅和费衍射?

(3) 单缝衍射的光强是怎么分布的?

(4) 若环境背景光对实验有干扰,你将采取什么方法消除其影响?

二、光学平台

【实验目的】

(1) 掌握在光学平台上组装、调整光的衍射实验光路。

(2) 学习利用光电元件测量相对光强的实验方法,研究单缝衍射中相对光强的分布规律。

(3) 学习微机自动控制测衍射光强分布谱和相关参数。

(4) 加深对光的波动理论和惠更斯-菲涅耳原理的理解。

【实验仪器】

GY-10 型激光器、可调单缝、光学平台、衍射光强自动记录系统、计算机。

【实验原理】

1. 衍射光强分布谱

(参见本实验光学导轨部分)

2. 光强测定原理

上述衍射光强分布谱测定要借助光探测仪器,此设备中关键的光探测元件称为光电传感元件。光电传感器是一种将光强的变化转换为电量变化的传感器。本实验使用的硅光电二极管是基于光生伏特效应的光电器件。当光照射到 PN 结时,如光子能量大于 PN 结禁带宽度 E_g,就可使价带中的电子跃迁到导带,从而产生电子-空穴对,电子与空穴分别向相反方向移动,形成光电动势。光电二极管的理想等效电路如图 5-4-4 所示。从理想等效电路来看,光电二极管可看作是由一个恒流 I_L 并联一个普通二极管所组成的电源,此电源的电流 I_L 与外照光源的光强成正比。无光照时,其电流-电压特性无异于普通二极管,而有光照时,其电流-电压特性符合 PN 结光生伏特效应。对于二极管的正向伏安特性,只有负载电阻接近于零时,光电流才与光照成正比。按图 5-4-5 接线,由运算放大器构成的电流电压转换电路能使输入电阻接近于零,所以是光电二极管的理想负载。

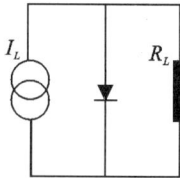

图 5-4-4   光电二极管等效电路图

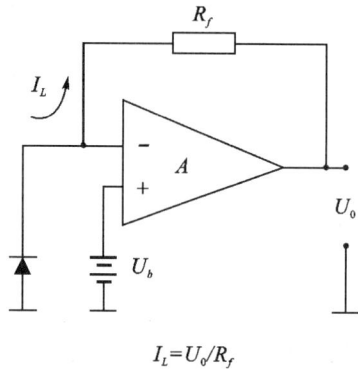

$$I_L = U_0/R_f$$

图 5-4-5   光电二极管与前置放大电路路连接图

3. 光栅线位移传感器原理

上述光强测定原理解决了衍射光强分布纵坐标数据测定,而分布谱的横坐标可采用一种光栅尺(即光栅位移传感器)来测定,其基本原理是利用莫尔条纹的"位移放大"作用,将两块光栅常数都是 d 的透明光栅,以一个微小角度 q 重叠,光照它们可得到一组明暗相间等距的干涉条纹,这就是莫尔条纹。莫尔条纹的间隔 m 很大(图 5-4-6),从几何学角度可得

$$m = \frac{d}{2\sin \theta/2} \tag{5-4-7}$$

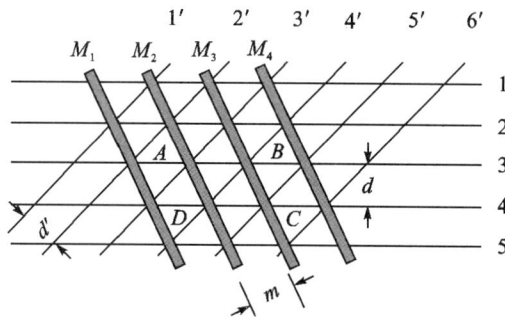

图 5-4-6   光栅常数相等的两光栅产生莫尔条纹示意图

从上式可知,θ 较小时,m 有很大的数值。若一块光栅相对另一块光栅移动 d 的大小,莫尔条纹 M 将移动 m 的距离。即莫尔条纹有位移放大作用,其放大倍数 $k = m/d$。用光探测器测定两块光栅相对位移时产生莫尔条纹的强度变化,经光电变换后,成为衍射光强分布谱横坐标的长度数值,即构成一把测定位移的光栅尺。光栅尺可精确测定位移量,正是利用这个特点在精密仪器和自动控制机床等计量领域,光栅位移传感器有广泛的应用。本实验用的光栅尺中,200 mm 长度的光栅为主光栅,它相当于标准器,固定不动。可动小型光栅为指示光栅,它与光栅探测器联为一体。也就是光栅移动,光探测器同步移动,莫尔条纹也移动,位移量为正值;如果指示光栅改变一动方向,光探测器也反方向移

动,莫尔条纹随着改变运动方向,位移量是负值。因而光栅尺能准确地测定指示光栅运动的位移量,确定衍射光强分布谱横坐标的数值。

　　本实验采用微机自动控制和测量手段,实现数据的光电变换,A/D 转换和数字化处理以及显示、打印和网络传输等众多功能。可观察、定量测量和研究各种衍射元件,诸如单缝、多缝、圆孔和方孔等衍射光强分布谱和相关参数,并与理论值比较。

【实验内容】

　　(1) 单缝衍射光强分布谱的观测。

　　① 图 5-4-7 是实验装置布置简图。应按夫琅和费衍射和观测条件,在光学平台上安排实验仪器及检测元件的相对位置。

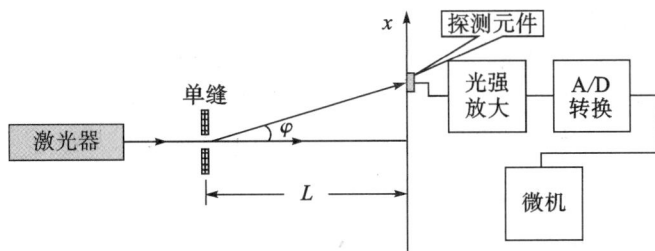

图 5-4-7　实验装置分布图

调整要求:

　　A. 调节激光器和平面镜,使激光垂直入射到接收器上。

　　B. 将可调狭缝放入光路,并使狭缝所在平面与激光束垂直,狭缝刀口方向要与接收器的横向移动方向垂直,且狭缝刀口平面要正对激光光源。调节狭缝宽度使衍射条纹清晰、明亮、条纹间距适中。(中央主机大宽约 0.5 cm)

　　C. 打开接缝,使衍射条纹进入接收器。

　　② 微机使用方法。

　　A. 启动计算机后,打开控制箱电源,再点击鼠标进入衍射光强自动记录系统。

　　B. 进入系统后,将显示初始化窗口,等到光强探头恢复到零位后,会显示工作界面。这时可根据实验要求设定各项扫描参数。(扫描区间为 0 至 200 mm)

　　C. 扫描:点击菜单栏下的"工作方式",在弹出的下拉菜单中点击开始(或点击工具栏上的扫描按钮)则扫描仪开始扫描。

　　③ 根据扫描曲线求波长。

　　A. 曲线扫描完后参见图 5-4-8,利用菜单栏上的"图形/数据处理"中的子菜单中"平滑"对曲线进行平滑处理。

　　B. 点击菜单栏上的"读取数据"中的子菜单中的"读取谱线数据"(或点击辅工具栏上的相应按钮),利用方向键中的左右键找到暗纹极小值坐标,记录 $k = \pm 1, \pm 2, \pm 3, \cdots$ 级的暗纹位置坐标和对应的相对光强值在表 5-4-3 中,并用逐差法求出暗纹间距 Δx。

　　(2) 测量单缝到接收器之间距 L 值。$L = L_1 + 50$ mm。

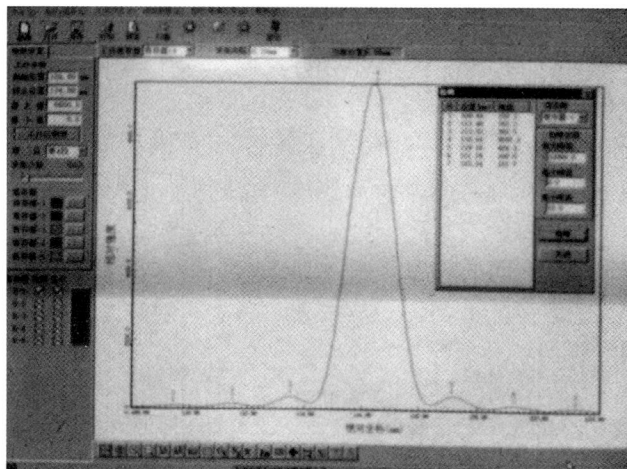

图 5-4-8　单缝衍射相对光强分布测量软件界面

表 5-4-3　暗条纹的位置及强度

K（级数）	-3	-2	-1	1	2	3
位置 x_k/mm						
相对强度						

表 5-4-4　数据表

初刻度/mm	末刻度/mm	狭缝宽度/mm
狭缝宽度取平均值为		

　　（3）用显微镜测量单缝宽度 3 次，取平均值。在使用读数显微镜时注意消除空程误差，因此在测量时，不要反复来回移动鼓轮，应该在靠近狭缝的一边时缓慢移动，同一组始末刻度的读取，鼓轮应该沿一个方向。

　　（4）将 α，L，Δx 代入式（5-4-6）中，即可求出波长 λ。

　　【注意事项】

　　（1）实验操作前，请仔细阅读实验室提供的微机使用方法参考资料，严格按照规范要求，依次逐步进行操作。

　　（2）不能用眼睛直视激光束，以免损伤眼睛。

　　【讨论思考】

　　（1）若在单缝到观察屏之间的空间区域充满某种透明介质（折射率为 n），此时单缝衍射图像与不充介质时有何差别？

（2）光强分布公式 $I = I_0 \dfrac{\sin^2 u}{u^2}$ 中，I_0 及 u 的物理意义是什么？试描述单缝衍射现象中检测到的图像的主要特性。

（3）硅光电池前的接收狭缝的宽度，对实验结果有何影响？实验时，你是如何确定它的宽度的？

（4）激光输出的光强如有变动，对单缝衍射图像和光强分布曲线有无影响？具体地说有什么影响？

【仪器图示】

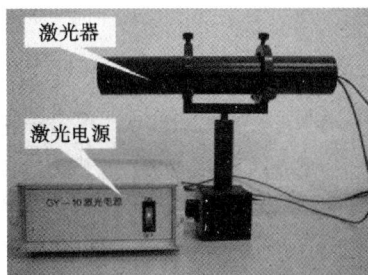

图 5-4-9 GY-10 型激光器　　图 5-4-10 光衍射光强记录仪　　图 5-4-11 读数显微镜

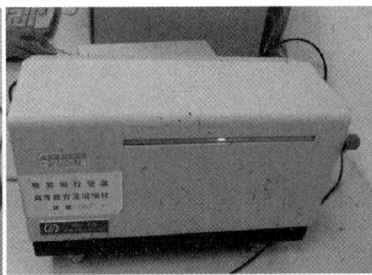

实验五　组合干涉仪

【实验目的】

（1）学习干涉仪的调整技术和使用方法。

（2）观察等倾和等厚干涉现象。

（3）测量空气压强变化与干涉条纹关系。

【实验仪器】

实验平台、二维可调半导体激光器、二维可调分束镜、二维可调反射镜、二维可调扩束镜、白屏、气室（带压强计）、带开关磁性表座。

【实验原理】

测量在工业中是不可缺少的。如长度的测量、位移的测量、速度的测量等。不同的应用，要求的测量精度不同，因而需要用不同的手段去实现。以长度或位移的测量为例，当测量精度要求为毫米量级时，用普通米尺就足够了，卡尺的测量精度则可达到百分之一毫米，最大量程为几十厘米。但是，对较大尺度进行更精密的测量，特别是，对快速运动物体的位置或位移进行实时测量，传统方法就有些力不从心了。而激光则为精密测量提供了最强有力的工具。

干涉测量技术是一种利用光的干涉现象来测量某些物理量的微小变化的技术。一般情况下,它是将一束通过光学元件分为两束,一束作为参考光,另一束作为测量光,测量光落在被测物体上或通过被测样品,与参考光发生干涉,利用干涉图形的变化,可检查出目标某个物理量的微小变化。

这种测量方法由于大多采用高稳定度的、长相干的激光作为光源,因此一般都具有大量程、高分辨率、高精度,对目标影响小的特点,被广泛应用在国民经济的各个领域。干涉测量法在各种各样的领域被运用,包括天文学、光学、计量学、海洋学、量子物理以及等离子物理等。该技术在实际应用中,根据使用环境的要求的不同,往往采用不同的光路结构。

最常见的干涉测量的光路有以下三种:① 迈克尔逊干涉,② 马赫-曾德尔干涉,③ 萨格奈克干涉。本实验的主要内容就是利用不同光学元件搭构此三种光路,以熟悉它们的结构和特点。

1. 干涉光路图

(1) 迈克尔逊干涉仪。

迈克尔逊干涉仪作为一种十分古老的干涉仪,于 1880 年由迈克尔逊发明,并主要由此于 1907 年获得诺贝尔奖。它的基本光路结构如图 5-5-1 所示。它常被用来测量物体的微小位移变化。从光源 1 发出的一束相干光经分束镜 2 一分为二,分为两束。一束透射光落在反射镜 M_1 上,另一束反射光落在反射镜 M_2 上,M_1,M_2 分别将这两束光沿原路反射回来,在分束镜 1 上重合后射入扩束镜 3,投影在白屏 4 上。如果我们对光路调整合适,将在白屏上看到一系列的明暗相间的干涉条纹。这些干涉条纹会随着 M_1 或 M_2 的移动而移动,且非常敏感。只要反射镜移动半个波长,干涉条纹就移动一个周期。而光波长一般都在微米量级,因此它具有很高的灵敏度和分辨率。

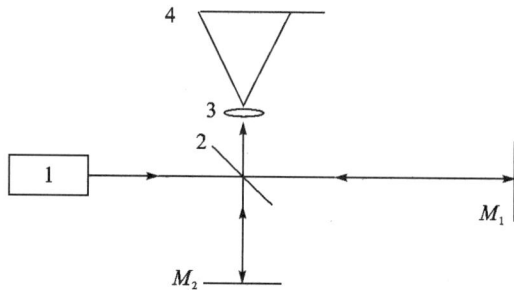

1—激光光源;2—分束镜;3—扩束镜;4—白屏;M_1,M_2—平面镜

图 5-5-1 迈克尔逊干涉光路

(2) 马赫-曾德尔干涉仪。

马赫-曾德尔干涉仪的光路结构如图 5-5-2 所示,从光源 1 发出的一束相干光经分束镜 2 分为两束。一束透射光落在反射镜 M_1 上,另一束反射光落在反射镜 M_2 上,M_1,M_2 分别将这两束光反射至分束镜 3 上,并使这两束光重合,进入扩束镜 4,如果调整合适,我们可在扩束镜后的白屏 5 上看见一系列明暗相间的干涉条纹。这种干涉仪主要用于测量透明物质的折射率的变化,光纤传感器中的干涉仪大多采用这种光路结构。

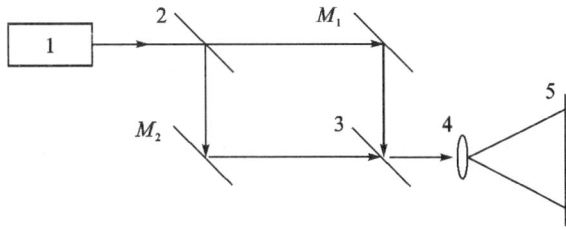

1—激光光源；2，3—分束镜；4—扩束镜；5—白屏；M_1，M_2—平面镜

图 5-5-2　马赫-曾德尔干涉光路

（3）萨格奈克干涉仪。

萨格奈克干涉仪的光路结构如图 5-5-3 所示，光路由一个分束镜 2 和三个反射镜 M 组成。它的光路比较特殊，两束光沿着相同的路径反向传播。由于两束光的传播路径严格重合，因此任何实际样品的影响都是同时作用在两个光束上的，且大多数情况下作用相互抵消，我们观察不到变化，但这种干涉仪对角度的变化却有反映。假设干涉仪绕垂直于光路平面的轴转动，则一束光将顺着转动方向传播，而另一束光将逆着转动方向传播，这将引起光程差的变化，从而引起干涉条纹的移动。目前广泛应用于航空、航天领域的激光陀螺、光纤陀螺就是基于该原理。

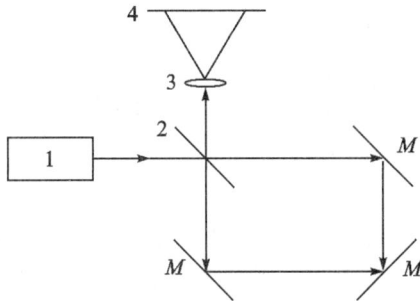

1—激光光源；2—分束镜；3—扩束镜；4—白屏；M—平面镜

图 5-5-3　萨格奈克干涉光路

2. 实验装置

本实验采用的组合干涉仪，如图 5-5-4 所示。

图 5-5-4　实验装置图

3. 迈克尔逊干涉仪测量空气折射率原理

在光学实验平台上,搭建出迈克尔逊干涉仪,并调整出粗细适当的干涉条纹。然后在光路中加入气室,对气室加压,改变气室中的空气压强,由于气体的折射率依赖于气体的压强,当这种变化只作用在某一路光束时,必将引起两束光之间的光程差的改变,从而引起干涉条纹的变化。通过压强计读出空气压强同干涉条纹变化的关系,可绘制出空气压强与干涉条纹变化的关系曲线。在恒定温度下,气体折射率 n 与气压成正比。那么,由空气压强与干涉条纹变化的关系曲线就可以得到空气折射率与压强的关系曲线,从而测出空气折射率。当激光束通过气室时,干涉图样随气室里气体气压的变化而变化:当气压增加时,干涉圆环从中心涌出;反之,干涉圆环向中心陷入。

【实验内容】

(1) 在光学平台上,搭建迈克尔逊干涉仪、马赫-曾德尔干涉仪与萨格奈克干涉仪三种干涉光路,比较 3 种干涉仪的结构和特点。

(2) 使用迈克尔逊干涉仪测量空气折射率(选做)。

① 搭建迈克尔逊干涉仪的光路,将气室放在其中一路光路中。

② 打开血压计上盖和贮汞瓶开关,检查汞平面是否在标尺度线的"0"位上。检查无误便可使用。

③ 检查气室是否与血压计橡胶管口接好,然后使用橡胶压气球向气室内缓慢打气,使血压计压力升高 30~40 kPa(200~300 mmHg)停止打气。

④ 拧松气阀帽,缓慢放气,观察气压与干涉条纹的关系。绘制干涉条纹变化数 N 与气室气压改变量 Δp 的关系曲线(可求得空气折射率 n)。

⑤ 实验完成,拧松气阀帽,将气放净,关闭贮汞瓶开关。

【注意事项】

(1) 为了得到粗细合适的干涉条纹,应使发生相干的两束光尽量重合。两束光之间的夹角越小,干涉条纹越粗,反之越细。在调整光路时,应先使两束光落在同一个平面内。这可以用固定在磁性表座上的白屏来观察两束光各点的高度是否相同来确定。然后在通过使两束光汇集于同一点来保证水平方向的夹角尽可能的小。

(2) 空气压强的变化应平稳而缓慢,可通过气室本身的泄漏来实现。条纹的变化可通过条纹经过白屏上的一个固定点来计数。

(3) 应尽量避免有反射光进入激光器,这将引起激光器工作不稳定。

(4) 条纹计数时不要接触平台,以免引起条纹的抖动。

(5) 光学元件的表面严禁触摸。

(6) 压强计不可超量程使用,以免损坏。

(7) 眼睛不可直视激光!

【讨论思考】

(1) 等倾干涉与等厚干涉原理有何不同?其干涉条纹有何不同?

(2) 这三种干涉仪在测量时各有什么特点?

【背景知识】

大多数精确测量位移的干涉仪都以稳定的激光源为基础,以确保其具有足够的相干长度,而整套系统的价格也相当昂贵。据报道,耶路撒冷的一家以色列公司发明一项专利,以未采取特殊稳定措施的氦-氖激光器的固有稳定性为基础,研制出一种廉价而精密的位移测量系统。据称,其性能与相对昂贵和复杂的稳定激光干涉仪位移计相似,在 1 米的距离上测量精度达到 0.3 μm。

激光干涉仪最令人感兴趣的应用之一也许是对引力波的测定。爱因斯坦曾推测,诸如星体爆炸、黑洞撞击和宇宙"最初"的大碰撞之类的强烈天文事件可能形成引力波。但由于这种波如果存在的话也非常弱,因此,几十年来从未能探测到,也无法确定其是否存在。

随着激光技术的发展,激光干涉精密测量的灵敏度空前提高,人们重新对此发生了浓厚兴趣。据报道,德国和英国正在德国汉诺威附近建立一个称为 GEO600 的系统,试图对引力波进行探测。参与该系统研究工作的有来自德国和美国的许多研究小组,如德国的汉诺威大学、加欣的马普量子光学研究所和波茨坦的爱因斯坦研究所,以及英国的格拉斯哥大学和威尔士大学研究小组等。总计 1 050 万美元的投资由德国马普学会和大众汽车基金会以及英国的粒子物理学和天文学研究委员会提供。

据透露,GEO600 预期在所测长度上能探测到的变化可小至单个原子核直径的几分之一。这个灵敏度相当于地球到银河系中心的距离上 20 cm 的变化;或者说,在绕地球 10 圈的距离上,只要有一个原子直径长度的变化就可以探测到! 这是多么令人不可思议的名副其实的"天文数字"!

据悉,在此之前世界上已有一些类似的装置,如美国汉福德和里维斯顿的两个系统,意大利比萨系统及日本的一个系统。GEO600 是这些系统的补充,如果在至少 4 处探测成功,则引力波源的位置也可确定。

引力波的首次测量将是物理学的重大事件,而它在现实中的意义是使天文学家们可以洞察宇宙中发生的过程。有趣的是,激光产生的基础是 1916 年爱因斯坦的天才预言——受激辐射跃迁。而今天,人们又在借助激光试图验证这位天才学者的另一预言(我们暂且不称这一预言也是天才的,但它一旦被证实,定然无愧于这一称号)。

实验六　测旋光性溶液的旋光率和浓度

【实验目的】
(1) 观察线偏振光通过旋光物质的旋光现象。
(2) 了解旋光仪的结构原理。
(3) 学习用旋光仪测旋光性溶液的旋光率和浓度。

【实验仪器】
WXG-4 型旋光仪、已知浓度的葡萄糖溶液、待测溶液等。

【实验原理】
线偏振光通过某些物质后,偏振光的振动面将旋转一定的角度 φ,这种现象称为旋光现象。旋转的角度 φ 称为旋转角或旋光度,能够使线偏振光振动面发生旋转的物质,称为旋光物质。面向光源,如果旋光物质使偏振光的振动面沿逆时针方向旋转,称为左旋物质。反之,若使偏振光的振动面沿顺时针方向旋转,称为右旋物质。

实验表明:振动面旋转的角度 φ 与其所通过旋光物质的厚度成正比。

(1) 对固体,旋光度 φ 为

$$\varphi = \alpha L \tag{5-6-1}$$

式中,L 为旋光物质通光方向的厚度,单位为 mm;α 为光线通过 1 mm 厚固体时振动面旋转的角度,称为该物质的旋光率。

(2) 对溶液或液体,旋光度 φ 不仅与光线在液体中通过的距离 L 有关,还与其浓度成正比。即

$$\varphi = \alpha \cdot C \cdot L \tag{5-6-2}$$

式中,α 是该溶液的旋光率,它在数值上等于偏振光通过单位长度(1 dm)、单位浓度(每毫升溶液中含有 1 g 溶质)的溶液后引起振动面旋转的角度。

(3) 同一旋光物质对不同波长的光有不同的旋光率,在一定的温度下,它的旋光率与入射光波长 λ 的平方成反比,即随波长的减少而迅速增大,这现象称为旋光色散。考虑到这一情况,通常采用钠黄光的 D 线($\lambda = 589.3$ nm)来测定旋光率。

若已知待测旋光性溶液的浓度 c 和液体层厚度 L,则测出旋光度 φ 就可由式(5-6-2)算出其旋光率。显然,在液体层厚度 L 不变时,如果依次改变浓度 c,测出相应的旋光度 φ,然后画出 φ-C 曲线——旋光曲线,则得到一条直线,其斜率为 $\alpha \cdot L$。从该直线的斜率也可以算出旋光率 α。反之,通过测量旋光性溶液的旋光度,可确定溶液中所含旋光物质的浓度。通常可根据测出的旋光度从该物质的旋光曲线上查出对应的浓度。

在这里,我们忽略了温度和溶液浓度对于旋光率的影响,实际上旋光率 α 与温度和浓度均有关。例如,在 20 ℃时,对于黄光 D 线葡萄糖溶液的旋光率为

$$\alpha_{20} = 66.412 + 0.012\,670c - 0.000\,376c^2$$

式中,百分浓度 $c = 0 \sim 50$(g/100 cm³溶液)。

当温度 t 偏离 20 ℃,在 14 ℃～30 ℃时,其旋光率温度变化的关系为

$$\alpha_t = \alpha_{20}[1 - 0.000\,37(t - 20)] \tag{5-6-3}$$

大体上,在 20 ℃附近,温度每升高 1 ℃,糖水溶液的旋光率约减少或增加 0.24。

【实验内容】

1. 旋光仪调整练习

(1) 取下测试管,调节旋光仪目镜,使能看清视场中三分视场或二分视场的分界线。

(2) 转动检偏镜(调节刻度盘转动手轮),观察并熟悉视场明暗变化的规律。

(3) 定零点位置,转动检偏镜,使三部分亮度相等且较暗,此时刻度上读数即为零点位置读数。

(4) 测量起偏镜的偏振轴和石英片,光轴之间的夹角 θ,根据半荫法原理转动检偏镜从亮暗分明态 θ_1(中间暗,两边亮,反差最大)到均匀较暗态 θ_0,夹角 $\theta = \theta_1 - \theta_0$(仅几度)。

(5) 将装有葡萄糖溶液的石英管装进旋光仪,检验溶液是否有旋光现象。

2. 测定旋光性溶液的旋光率和浓度

（1）定零点位置：将装有蒸馏水的试管放入旋光仪中，转动检偏镜，使三部分亮度相等且较暗，此时刻度盘读数即为零点位置 φ_0。

（2）将 5% 的葡萄糖溶液放入旋光仪中，转动检偏镜使三部分亮度相等且较暗，此时刻度盘上读数为 φ_1'，φ_1' 减去 φ_0 即为偏振光通过该溶液后的旋光度 φ_1。据式（5-6-2）计算葡萄糖溶液在此浓度和波长下的旋光率 α。

（3）将待测葡萄糖溶液放入旋光仪中，转动检偏镜使三部分亮度相等且较暗，此时刻度盘上读数为 φ_2'，φ_2' 减去 φ_0 即为偏振光通过该溶液后的旋光度 φ_2。据式（5-6-2）计算葡萄糖溶液的浓度。（数据记录表格自行拟定）

【注意事项】

（1）溶液应装满试管，不能有气泡。

（2）注入溶液后，试管和试管两端透光窗均应擦净才可装上旋光仪。

（3）试管的两端经精密磨制，以保证其长度为确定值，使用时应十分小心，以防损坏试管。

（4）为降低测量误差，测定旋光度 φ 时应重复测 5 次，取平均值。

（5）每次调换溶液，试管应清洁，并同上法操作。

【讨论思考】

（1）什么是旋光现象？

（2）什么是旋光率？旋光率与哪些因素有关？

（3）如何用旋光原理测量溶液的浓度？

（4）为什么要采用半荫法？

【仪器说明】

WXG-4 型旋光仪的结构如图 5-6-1 所示。

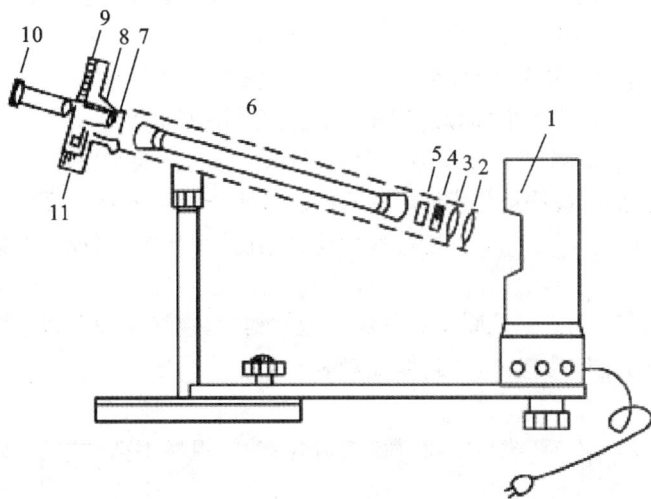

1—光源；2—会聚透镜；3—滤色片；4—起偏镜；5—石英片；6—测试管；
7—检偏镜；8—望远镜物镜；9—刻度盘；10—望远镜目镜；11—刻度盘转动手柄

图 5-6-1　旋光仪示意图

测量方法如下：

先将旋光仪中起偏镜 4 和检偏镜 7 的偏振面调到相互正交,这时在目镜 10 中看到最暗的现象;然后装上测试管 6,转动检偏镜,使因偏振面旋转而变亮的视场重新达到最暗,此时检偏镜的旋转角度即表示被测溶液的旋光度。

因为人的眼睛难以准确地判断视场是否最暗,故多采用半荫法比较相邻两光束的强度是否相等来确定旋光度。若在起偏镜后再加一石英晶片,此石英片和起偏镜的一部分在视场中重迭。随石英片安放的位置不同,可将视场分为两部分图 5-6-2(a)或三部分图 5-6-2(b),同时在石英片旁装上一定厚度的玻璃片,补偿由石英片产生的光强变化。取石英片的光轴平行于自身表面并与偏振轴成一角度 θ(仅几度)。有光源发出的光经起偏镜后变成线偏振光,其中一部分光再经过石英片(其厚度恰使在石英片内分成 e 光和 o 光的相差为 π 的奇数倍,出射的合成光仍为线偏振光),其偏振面相对于入射光的偏振面转过了 2θ,所以进入测试管里的光是振动面间的夹角为 2θ 的两束线偏振光。

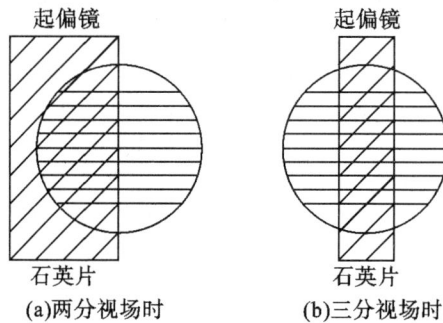

图 5-6-2 石英片的两种安装方式

在图 5-6-3 中,如果以 OP 和 OA 分别表示起偏镜和检偏镜,OP' 表示透过石英片后偏振光的振动方向,β 表示 OP 与 OA 的夹角,β' 表示 OP' 与 OA 的夹角;再以 A_P 和 A'_P 分别表示通过起偏镜和检偏镜加石英片的偏振光在检偏镜轴方向的分量;则由图 5-6-3 可知,当转动检偏镜时,A_P 和 A'_P 的大小将发生变化,反映在从目镜中见到的视场上将出现亮暗交替变化(图 5-6-3 的下半部分),图中列出显著不同的情形:

图 5-6-3(a)。$\beta' > \beta$,$A_P > A'_P$,通过检偏镜观察时,与石英片对应的部分为暗区,与起偏镜对应的部分为亮区,视场被分成清晰的两(或三)部分。当 $\beta' = \pi/2$ 时,亮暗反差最大。

图 5-6-3(b)。$\beta' = \beta$,$A_P = A'_P$,通过检偏镜观察时,视场中两(或三)部分界线消失,亮度相等,较暗。

图 5-6-3(c)。$\beta' < \beta$,$A_P < A'_P$,通过检偏镜观察时,视场又被分成清晰的两(或三)部分,与石英片对应的部分为亮区,与起偏镜对应的部分为暗区。当 $\beta = \pi/2$ 时,亮暗反差最大。

图 5-6-3(d)。$\beta' = \beta$,$A_P = A'_P$,通过检偏镜观察时,视场中两(或三)部分界线消失,亮度相等,较亮。

由于在亮度不太强的情况下,人眼辨别亮度微小差别的能力较大,所以常取图 5-6-3(b)所示的视场作为参考视场,并将此时检偏的偏振轴所指的位置取作刻度盘的零点。

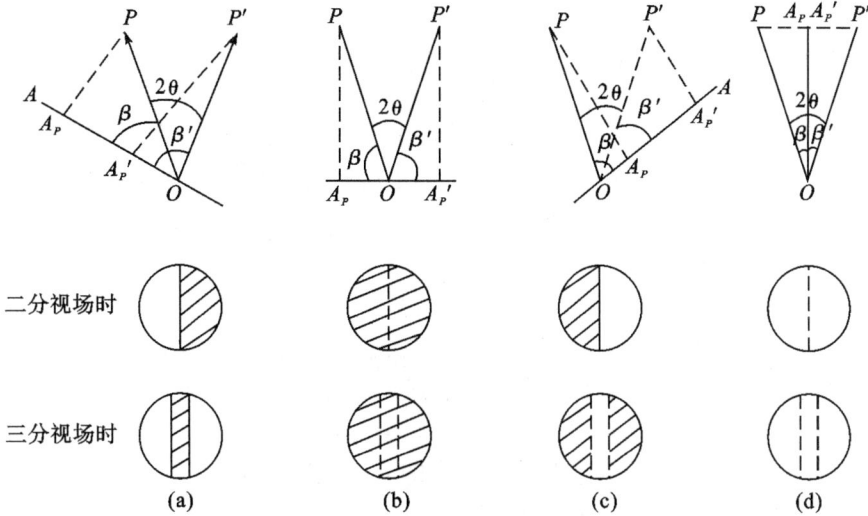

图 5-6-3　视场示意图

二分视场时

三分视场时

(a)　　　　　(b)　　　　　(c)　　　　　(d)

在旋光仪中放上测试管后,透过起偏镜和石英片的两束偏振光均通过测试管,它们的振动面转过相同的角度 φ,并保持两振动面间的夹角 2θ 不变。如果转动检偏镜,使视场仍旧回到图 5-6-3(b)所示的状态。则检偏镜转过的角度即为被测试溶液的旋光度。

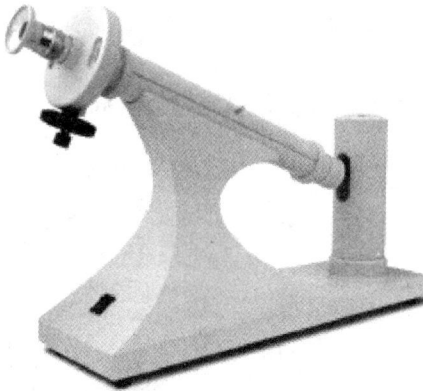

图 5-6-4　WXG-4 型旋光仪

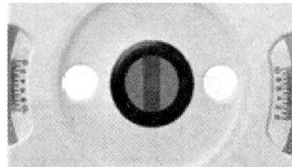

图 5-6-5　旋光仪三分视场

实验七　等厚干涉——牛顿环

【实验目的】

(1) 观察、研究等厚干涉的现象及其特点。

(2) 学习用光干涉法测定平凸透镜的曲率半径。

(3) 熟悉读数显微镜的调整和使用。

【实验仪器】

读数显微镜、单色光源(钠灯)、牛顿环装置等。

【实验原理】

光的等厚干涉在现代精密测量技术中有很多重要应用,例如,它一直是高精度光学表面加工,检验光洁度和平直度的主要手段,还用于精密测量薄膜的厚度和微小角度,测量曲面的曲率半径,研究零件的内应力分布,测定样品的膨胀系数等。

1. 牛顿环的形成

如图 5-7-1 所示,在抛光的平行平面玻璃下放一曲率半径很大的平凸透镜,使凸面与平面玻璃相切于 O,这就形成了以 O 为中心向四周逐渐增厚的空气膜。若以单色光自上面垂直投射下来,则光被平面玻璃的下表面和透镜上表面反射,从而产生出具有一定光程差的两束相干光,其光程差为 $\delta = 2e + \lambda/2$,式中,e 是半径为 r 处的空气膜厚度,λ 为入射光波长,$\lambda/2$ 为入射光从空气(光疏媒质)射向玻璃球面(光密媒质)反射时产生的半波损失。

由干涉理论可知,当透镜与平面玻璃刚好相切时,亮条纹处:

$$\delta = 2e + \lambda/2 = k\lambda, k = 1, 2, 3, \cdots \tag{5-7-1}$$

暗条纹处:

$$\delta = 2e + \lambda/2 = (2k+1)\lambda/2, k = 0, 1, 2, 3, \cdots \tag{5-7-2}$$

或

$$e_k = k \cdot \lambda/2 \tag{5-7-3}$$

由于入射光波长 λ 一定,明暗条纹只与空气膜厚度 e 有关,所以所得干涉为等厚干涉。

又因 e 相同的各点半径 r 相同,因此干涉条纹是一组以 O 为圆心的同心圆环。中心 O 处 $e_k = 0$,为暗斑,如图 5-7-2 所示。

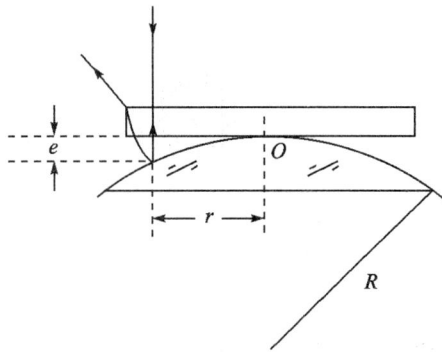

图 5-7-1 牛顿环仪结构图

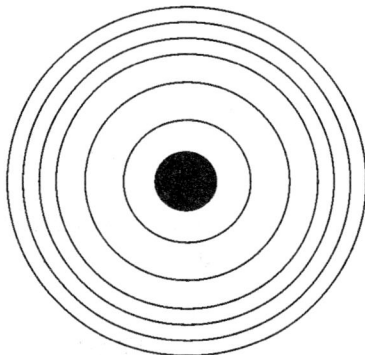

图 5-7-2 牛顿环俯视图

2. 测平凸透镜凸面的曲率半径

由图 5-7-1 知 $r_k^2 = R^2 - (R - e_k)^2 = 2Re_k - e_k^2$,式中,$R$ 为平凸透镜的曲率半径。因 $R \gg e_k$,$2Re_k \gg e_k^2$,略去 e_k^2,得

$$R = r_k^2/2e_k \tag{5-7-4}$$

将式(5-7-3)代入得

$$R = r_k^2/k\lambda \tag{5-7-5}$$

据式(5-7-5),测得对应第 k 级的条纹的暗环半径 r_k,在已知入射光波长 λ 的情况下,可求平凸透镜凸面的曲率半径 R。

但是,由于存在微小灰尘和机械压力,平凸透镜难以与平板玻璃恰巧相切。中心也不一定是暗斑。中心附近的条纹还会出现变形,这必然会给测量 r_k 引入系统误差。

3. 消除系统误差

设上述灰尘或压力的影响相当于在 e_k 上产生一个固定不变的附加厚度 a(a 可正可负),则光程差(对暗环)变为

$$\delta = 2(e_k + a) + \lambda/2 = (2k+1) \cdot \lambda/2$$

即

$$e_k = k \cdot \lambda/2a = (k - 2a/\lambda) \cdot \lambda/2 \tag{5-7-6}$$

联立式(5-7-4)和式(5-7-6)得

$$r_k^2 = R\lambda(k - 2a/\lambda) \tag{5-7-7}$$

比较式(5-7-3)和式(5-7-6)可知,当存在 a 时,k 的误差为 $-2a/\lambda$。对观察到的 m 级暗环和 n 级暗环,修正后应为

$$r_m^2 = R\lambda(m - 2a/\lambda)$$
$$r_n^2 = R\lambda(n - 2a/\lambda)$$

此两式相减得

$$r_m^2 - r_n^2 = R\lambda(m - n)$$

式中不再出现 a,说明已消除了由 a 引入的系统误差,整理得

$$R = \frac{r_m^2 - r_n^2}{(m-n)\lambda} \tag{5-7-8}$$

若以 D 表示干涉环直径,则:

$$R = \frac{D_m^2 - D_n^2}{4(m-n)\lambda} \tag{5-7-9}$$

此外还可以证明,当以 m 环和 n 环的同一割线上的弦对应地代替式(5-7-9)中的直径 D_m 和 D_n 时,所得仍为 R。故用式(5-7-9)测 R 还可以消除移动中测量显微镜"十"字线不过圆心所引入的误差。但实验中应尽可能地测量干涉圆环的直径,这样容易对准,可减小瞄准误差。

【实验内容】

(1)首先调节目镜进行视度调整,使分化板上的"十"字叉丝清晰,然后将目镜锁紧。转动测微鼓轮,将显微镜调到标尺的中央位置。用钠光灯作为单色光源(波长为 589.3 nm)。

(2)将牛顿环装置的螺钉调节适度,过松条纹易跑动,过紧两镜接触处产生形变,条纹不是圆形牛顿环。

(3)将调整好的牛顿环装置放在读数显微镜的载物台上,调整读数显微镜,使透明玻璃对准光源方向,这时显微镜视场中较明亮,如图 5-7-3 所示。读数显微镜的大反光镜不用,应反转向内,以免其反射光影响测量。

(4)轻轻转动显微镜调焦手轮进行聚焦,至观察到清晰的同心圆环条纹为止。再调

节牛顿环装置的位置,使得移动时,需测的牛顿环均能在显微镜视场内出现。调节显微镜中的"十"字叉,使一条与牛顿环相切、另一条与镜筒移动方向平行。

（5）测量 $m,m+1,\cdots,m+l$ 和 $n,n+1,\cdots,n+l$ 各级暗条纹的直径（实测时,取 $n>5$,如取 $n=10,m-n=10$）,从中心圆斑向左侧数至第 32 级暗环,然后倒回来使"十"字叉丝垂直对准第 30 级暗环,开始逐条读取位置读数,直到第 11 级。继续向右移动显微镜筒,经过中心斑后,直至右侧对称的第 11 级暗环又开始读数,测到第 30 级为止,用逐差法处理数据,求 R 及其不确定度。（读数时,使显微镜筒朝一个方向移动的是为了避免螺距差产生的测量误差）

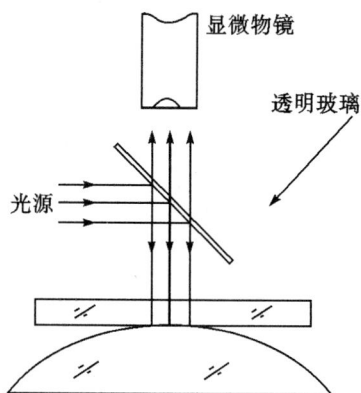

图 5-7-3　牛顿环实验装置示意图

【数据处理】

1. 将测量数据记入表 5-7-1 中

表 5-7-1　实验数据(牛顿环)　　　　　　　长度单位:mm

环数	30	29	28	27	26	25	24	23	22	21
$X_{左}$										
$X_{右}$										
直径 D										
D^2										
环数	20	19	18	17	16	15	14	13	12	11
$X_{左}$										
$X_{右}$										
直径 D										
D^2										

2. 计算 $\overline{R}$ 及不确定度 u_R

表 5-7-2　数据表

$\lambda=589.3\times10^{-6}$ mm(钠光灯)　　　$\Delta_{仪}=0.005$ mm

	1	2	3	4	5	6	7	8	9	10
$a=D_m^2-D_n^2$										
$m=30,\cdots,21$										
$\overline{R}=\dfrac{\overline{a}}{4(m-n)\lambda}$						u_R				

【讨论思考】

(1) 等厚干涉条纹和等倾干涉条纹有什么不同？

(2) 牛顿环实验中,如不用反射光,而是用由下向上入射的透射光,观察到的条纹有何变化? 还可以用式(5-7-9)测 R 吗?

(3) 为了提高测量精度,在进行本实验时应注意哪些问题? 如何消除螺距差?

(4) 应用牛顿环可做哪些检验和测量? 如何进行?

实验八 迈克尔逊干涉仪的调整和使用

【实验目的】

(1) 熟悉迈克尔逊干涉仪的结构及调节方法。

(2) 观察等倾干涉及等厚干涉现象。

(3) 测量光波波长。

【实验仪器】

迈克尔逊干涉仪、单色光源(激光器、钠光灯等)。

【实验原理】

迈克尔逊干涉仪是一种利用分割光波振幅的方法实现干涉的精密光学仪器。迈克尔逊曾用它完成了三个著名的实验:否定"以太"的迈克尔逊—莫雷实验,光谱精细结构和利用光波波长标定长度单位。根据迈克尔逊干涉仪的基本原理发展的各种精密仪器广泛应用于生产和科研领域。

迈克尔逊干涉仪光路如图 5-8-1 所示,结构如图 5-8-2 所示。干涉仪的核心部件是分束板 G_1,它用光学玻璃制成,前后两平面严格平行,后表面上镀有半透膜(也称半反射膜),使射至其上的光分成强度大致相同的(1)(2)两束,(1)束为反射光,(2)束为透射光。其次是补偿板 G_2,其材料、几何尺寸和加工要求,除表面没有镀膜外,均与 G_1 相同,它使透射光束(2)和反射光束(1)在玻璃中的光程相等,从而简化了计算。反射镜 M_2 的位置是固定的。M_1 在测微螺旋的带动下,可沿精密导轨前后移动,以改变(1)(2)两束光到达观察屏的光程差。移动的距离由精密测微螺

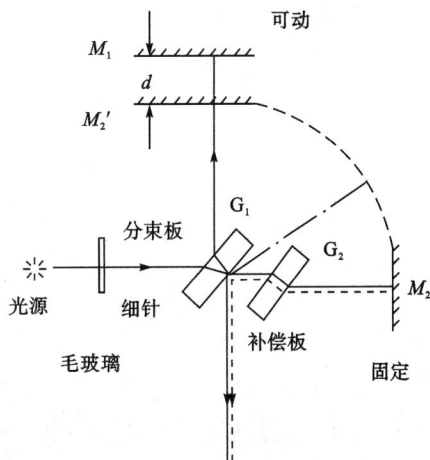

图 5-8-1 迈克尔逊干涉仪光路图

旋示出,读数系统示例见图 5-8-3,精度可达 10^{-4} mm。在 M_1,M_2 的背后,各有两个(或三个)方位螺钉,以调节 M_1,M_2 镜面的方位。在 M_2 的座上还有两只相互垂直安装的精调螺钉 E,F,以供精细调节 M_2 的倾度,以使光束(1)和(2)在观察屏处交迭而产生干涉现象。在仪器调整中,M_1,M_2 的各方位螺钉的调节是关键环节。

仪器支座下有三只底脚螺钉,用来调节仪器水平(通常已调好,无需再调)。

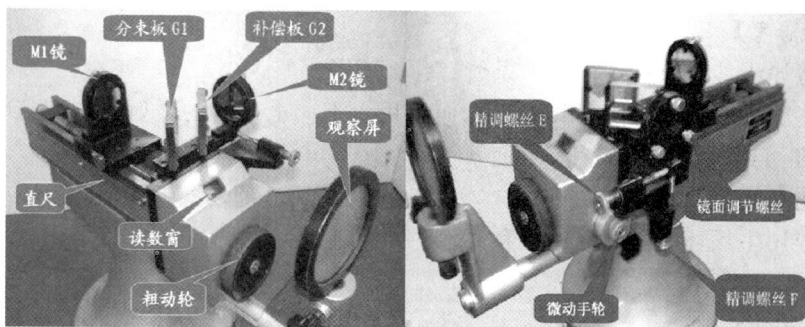

图 5-8-2　仪器结构

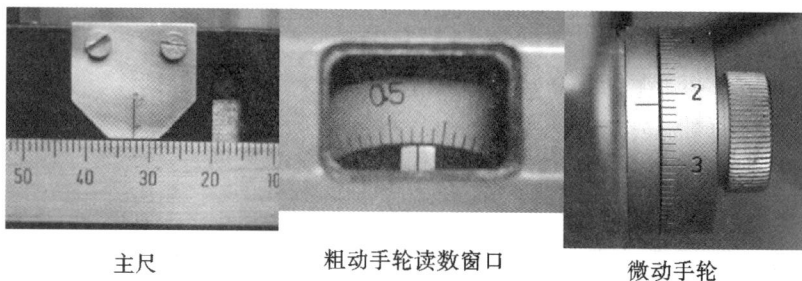

主尺　　　　　　粗动手轮读数窗口　　　　　微动手轮

最后读数为：32.522 15 mm

图 5-8-3　读数系统示例

1. 等倾干涉及光波波长的测定

当两反射镜 $M_1 \perp M_2$ 时，M_1 与 M_2 的虚像 M_2' 相互平行，见图 5-8-4。对于入射角为 θ 的光线，反射光线(1)(2)的光程差 Δ 为

$$\Delta = 2d\cos\theta$$

由上式可知，当空气膜厚度 d 一定时，(1)(2)两束光线的光程差仅决定于入射角 θ。有相同的入射角 θ，就有相同的光程差 Δ。θ 的大小，就决定了干涉条纹的明暗性质和干涉级数。这种仅由入射倾角决定的干涉称为等倾干涉。对于波长为 λ 的光波，干涉场中出现亮纹的条件是

$$\Delta = 2d\cos\theta = k\lambda, k = 0, 1, 2, \cdots \tag{5-8-1}$$

由于 θ 相同的所有光线，经透镜会聚后均交在一个圆上，因此，当 d 一定时，干涉条纹图样是一组明暗相间的同心圆环，如图 5-8-5 所示。它与牛顿环(等厚条纹)的成因不同，并且，由于图样圆心处 $\theta = 0$，所以，干涉级别最高。由式(5-8-1)可以看出，当 d 变小时，既 M_1 向 M_2' 靠近，要保持光程差不变(即 k 不变)，必须使 $\cos\theta$ 变大，也即使 θ 变小。所以，逐渐减小 d 时，可看到干涉圆环变小，向中心收缩，靠近中央的环，会依次向中心"陷入"。每当 d 减小 $\lambda/2$ 时，干涉条纹就向中心消失一个。当 M_1 与 M_2' 完全重合时($d = 0$)，视场亮度均匀。当 M_1 继续向原方向前进时，d 逐渐由零增加，将看到干涉圆环一个一个地从中心冒出来，每当 d 增加 $\lambda/2$，就从中心冒出一个干涉圆环。干涉条纹与 d 的变化关系如图 5-8-6 所示。

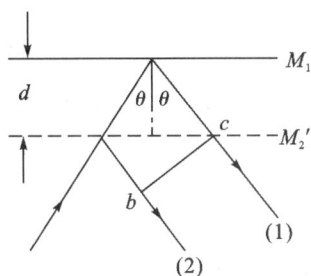

图 5-8-4　光程差

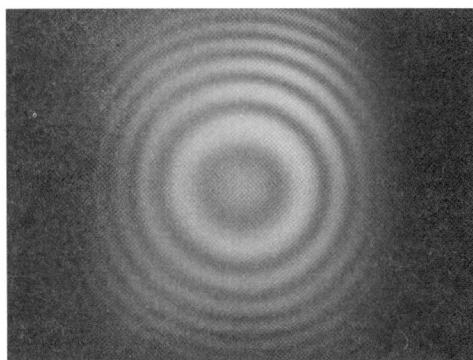

图 5-8-5　干涉图样(d 一定)

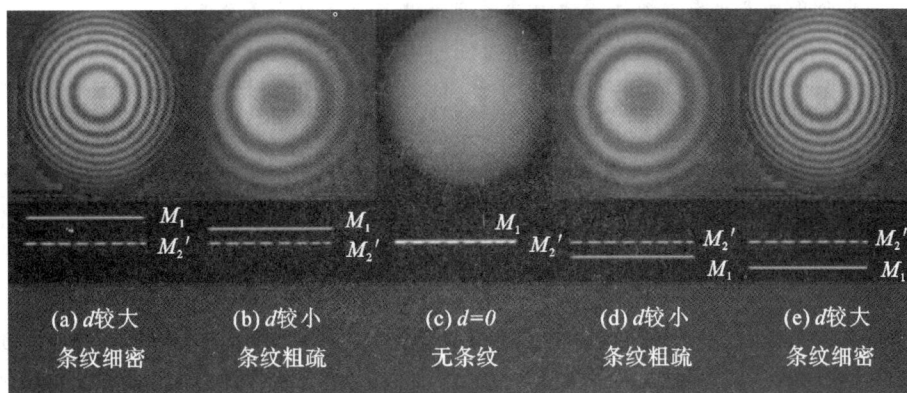

图 5-8-6　等倾干涉条纹(d 变化)

若测知有 N 个环纹由中心"涌出"(或"陷入"),则表明 M_1 改变的距离 Δd 为

$$\Delta d = N \cdot \frac{\lambda}{2}$$

测出 Δd 后,可求出波长

$$\lambda = \frac{2\Delta d}{N} \tag{5-8-2}$$

2. 测定钠光 D 双线的波长差

用钠灯做光源,调整使 $M_1 \perp M_2$,设 D 双线的波长分别为 λ_1, λ_2,则这时可发生这种情况:调整 M_1 在某一位置,λ_1 光满足 $2d = k_1\lambda_1$,而 λ_2 满足 $2d = (k_2 + 1/2)\lambda_2$。则这时在 λ_2 是暗纹的点处恰好是 λ_1 亮纹的点,视场内条纹清晰度最差(一片明亮,甚至看不到条纹)。继续改变 d,则条纹从清晰度最差恢复至清晰,而后又到下一次最差的位置,如图 5-8-7 所示。在这个过程中,光程差变化了半波长的奇数倍,而且两个奇数相邻,对圆心而言,应该有

$$N \frac{\lambda_1}{2} = (N+2) \frac{\lambda_2}{2} = 2\Delta d$$

式中,Δd 是反射镜 M_1 移动的距离,N 为环纹"涌出"(或"陷入")数。由上式得

$$\frac{\lambda_1 - \lambda_2}{\lambda_2} = \frac{2}{N} = \frac{\lambda_1}{2\Delta d}$$

$$\Delta\lambda = \lambda_1 - \lambda_2 = \frac{\lambda_1 \lambda_2}{2\Delta d} = \frac{\overline{\lambda}^2}{2\Delta d} \tag{5-8-3}$$

由上式看出,只要测知 λ_1,λ_2 的平均值 $\overline{\lambda}$,以及 M_1 移动的距离 Δd,即可求出 $\Delta\lambda$,对钠光已知 $\lambda_1 = 589.595$ nm,$\lambda_2 = 588.995$ nm,则 $\overline{\lambda} = 589.295$ nm,并测得 $\Delta d \approx 0.300\ 00$ mm,则可求得 $\Delta\lambda \approx 0.600\ 00$ nm。

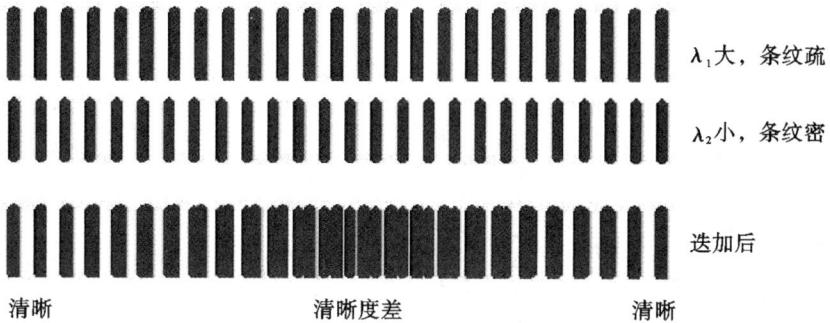

λ_1 大,条纹疏

λ_2 小,条纹密

迭加后

清晰　　　　　清晰度差　　　　　清晰

图 5-8-7　钠双线干涉条纹

3. 观察等厚干涉现象

当 M_1,M_2' 有一个很小的角度时,就会出现等厚干涉条纹。如图 5-8-8(a)所示,光源 s 发出不同方向的光线(1)和(2),经 M_1,M_2' 反射后在镜面附近相遇,其光程差仍以 $\Delta = 2d\cos\beta$ 表示,在 M_1,M_2' 相交处,$d=0$,为一直线。所以看到一条直线亮纹,在交线附近,光程差 Δ 的变化主要取决于 d,故此条纹大致上是平行于中央亮纹的直线。当 d 增加时,入射角的影响不能忽略。视场中央处,光线的倾角较小,余弦函数值较大;越远离视场中央,进入人眼的光线倾角越大,余弦值越小。因此要保持边远视场处的光线和中央视场处的光线具有相同的光程差,必须增大 d。因而,看起来外侧的条纹总是弯向 d 增加的方向,如图 5-8-8(b)所示。

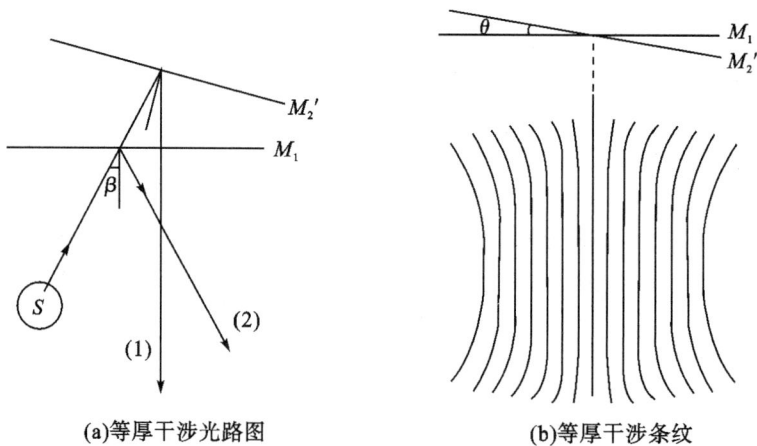

(a)等厚干涉光路图　　　**(b)等厚干涉条纹**

图 5-8-8　等厚干涉现象

【实验内容】

1. 迈克尔逊干涉仪的调节

(1) 仪器的调整。

将干涉仪调水平,并以均匀的扩展光(扩束的激光或由毛玻璃漫射的钠光)垂直地照射固定反射镜 M_2。调节测微螺旋的粗调手柄,使反射镜 M_1 与 M_2 到分束板 G_1 半透膜面中心的距离大致相同。

(2) 调节两平面反射镜使 M_1 与 M_2' 相互平行。

在光源和分束板 G_1 间放一较细的"十"字叉丝,向反射镜 M_1 方向观察,在视场中可看到三个细丝的像。首先调节 M_2 后背的方位螺钉,使可动的像与两个固定的像中较亮的一个上下左右完全重合。此时,一般应看到干涉条纹。而后进行精细调节,使条纹变疏变宽变弯曲,直至把干涉圆环的中心移至视场中央。

最后,微调两只精调螺钉 E,F。当眼睛上下、左右晃动时,只看到圆心随眼睛移动,而条纹半径不变时,即可认为 M_1 和 M_2 已相互垂直。

若用激光,则用毛玻璃屏观察,调 M_2 使屏上两个光斑完全重合。然后,再注意共轴地安置扩束透镜,这时可在屏上看到干涉条纹。进一步做精细调节,即可达到要求。

转动测微螺旋的细调手轮,观察干涉环"涌出"或"陷入"的现象。

2. 测单色光(钠光或激光)的波长

旋动细调手轮,改变 M_1 的位置,每"涌出"(或"陷入")50 个条纹,记一次 M_1 的位置读数,填入表 5-8-1 中,用逐差法处理数据,用式(5-8-2)算出光波波长及标准偏差。

表 5-8-1　测量光波波长

圆环个数($i \times 50$)	0	1	2	3	4
M_1 位置 d_i/mm					
圆环个数($i \times 50$)	5	6	7	8	9
M_1 位置 d_i/mm					
$\Delta d = d_{i+5} - d_i$					

当使用钠光灯时,由于钠双线的存在,迈克尔逊干涉仪会出现周期性的条纹消失(视场一片亮)现象,所以最好的测量方法应是先向一个方向转动细调手轮,当条纹快消失时,再反向转动细调手轮(此时条纹并不马上变化),直至条纹发生变化时再开始读取数据。用此法测量,条纹将越测越清晰,以防实验过程中因出现"条纹消失"影响测量。另外,为了保证测量的精度,实验时不要数错条纹,同时还要注意消除螺距差。

3. 测钠光 D 双线的波长差(选做)

以钠灯做照明光源,旋动细调手轮,找到干涉条纹最不清晰的位置,记录 M_1 的位置读数,然后继续转动手轮,找到第二、第三、第四、第五次条纹不清晰的位置。由式(5-8-3)求出 $\Delta\lambda$。

4. 观察等厚干涉条纹

改变 M_1 的位置使等倾干涉条纹向中心收缩,直到中心圆斑扩展到整个视场,调节水

平精调螺钉 E，使 M_1，M_2 间有一微小夹角。用眼睛观察 M_1 即可看到等厚干涉条纹，改变 M_1 的位置观察条纹变化。

【注意事项】

（1）转动微动鼓轮时，手轮随着转动，但转动手轮时，鼓轮并不随着转动。因此在读数前应先调整零点，方法如下：将微调鼓轮沿某一方向（如顺时针方向）旋转至零，然后以同方向转动粗动手轮使之对齐某一刻度。这以后，在测量时只能仍以同方向转动鼓轮使 M_1 镜移动，这样才能使手轮与鼓轮二者读数相互配合。

（2）为了使测量结果正确，必须避免引入空程，也就是说，在调整好零点以后，应将鼓轮按原方向转几圈，直到干涉条纹开始移动以后，才可开始读数测量。为了消除螺距差（空程差），调节中，粗调手轮和微调鼓轮要向同一方向转动；测量读数时，微调鼓轮也要向一个方向转动，中途不得倒退。这里所谓"同一方向"，是指始终顺时针，或始终逆时针旋转。

（3）迈克耳逊干涉仪是精密的光学仪器，必须小心爱护。G_1，G_2，M_1，M_2 的表面不能用手触摸，不能任意擦揩，表面不清洁时应请指导老师处理。实验操作前，对各个螺丝的作用及调节方法，一定要弄清楚，然后才能动手操作。调节时动作一定要轻缓。

【讨论思考】

（1）在迈克尔逊干涉仪中，是利用什么方法获得两束相干光的？

（2）什么是等倾条纹，在迈克尔逊干涉仪中如何调出等倾条纹？

（3）如何判断由 C，D 的间隔构成的空气薄膜厚度 d 增大还是缩小？

（4）什么是空程？在测量过程中如何操作才能避免引入空程？

（5）怎样调节迈克尔逊干涉仪，在调节使用中应注意哪些问题？

（6）分析并说明迈克尔逊干涉仪中所看到的明暗相间的同心圆环与牛顿环有何异同？

实验九　偏振光的研究

【实验目的】

（1）观察光的偏振现象，加深对偏振光的理解，验证马吕斯定律。

（2）认识、了解产生和检验偏振光的器件及其作用。

（3）掌握产生和检验线偏振光、椭圆偏振光和圆偏振光的原理和方法。

【实验仪器】

光学导轨、半导体激光器、激光功率指示计、偏振片、1/4 波片、白屏。

【实验原理】

1. 光的偏振

光的偏振最早是牛顿在 1704～1706 年间引入光学的；光的偏振这一术语是马吕斯在 1809 年首先提出的，并在实验室发现了光的偏振现象；麦克斯韦在 1865～1873 年间建立了光的电磁理论，从本质上说明了光的偏振现象。按电磁波理论，光是横波，它的振动方向和光的传播方向垂直。自然光是由构成自然光源(如日光、各种照明灯等)的大量分子或原子发出的光波的合成,这些分子或原子的热运动和辐射是随机的,它们所发射的光振动,出现在各个方向的几率相等。因此对自然光而言,它的振动方向在垂直于光的传播方向的平面内可取所有可能的方向,没有一个方向占有优势。若把所有方向的光振动都分解到相互垂直的两个方向上,则在这两个方向上的振动能量和振幅都相等,且两振动分量之间无固定相位关系。

光的偏振是指光的振动方向不变,或电矢量末端在垂直于传播方向的平面上的轨迹呈椭圆或圆的现象。光是一种电磁波,由于电磁波对物质的作用主要是电场,故在光学中把电场强度 E 称为光矢量。在垂直于光波传播方向的平面内,光矢量可能有不同的振动方向,通常把光矢量保持一定振动方向上的状态称为偏振态。光在传播过程中,若光矢量保持在固定平面上振动,则称为平面振动光,此平面就称为振动面(图 5-9-1)。此时光矢量在垂直与传播方向平面上的投影为一条直线,故又称为线偏振光或完全偏振光。若光矢量绕着传播方向旋转,其端点描绘的轨道为一个圆,则称为圆偏振光。如光矢量端点旋转的轨迹为一椭圆,就成为椭圆偏振光(图 5-9-2)。

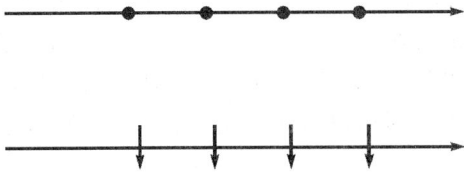

图 5-9-1 线偏振光

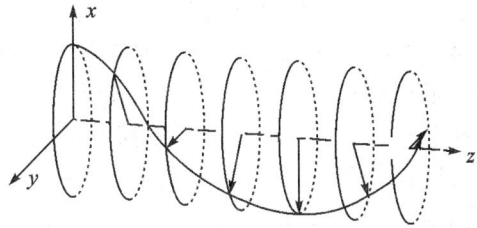

图 5-9-2 椭圆偏振光

2.平面偏振光的产生

能使自然光变成偏振光的装置或器件称为起偏器。用来检验偏振光的装置或器件称为检偏器。实际上,能产生偏振光的器件,又能检验偏振光的性质,确定偏振光的振动方向,可用作检偏器。

(1)由反射和折射产生偏振。

自然光入射到透明介质(如玻璃)表面,其反射光和折射光一般为部分偏振光,当入射角为特定入射角时(即入射角 i_0 满足 $\text{tg } i_0 = n_2/n_1$,n_1,n_2 分别为入射介质和折射介质折射率)时反射光接近于完全偏振光,其偏振面垂直于入射面,该入射角称为布儒斯特角(图 5-9-3)。

(2)由二向色性晶体的选择吸收产生偏振。

有些各向异性的晶体(如电气石、人造偏振片)对不同振动方向的线偏振光具有选择吸收的性质,称为晶体的二向色性。当光线通过二向色性晶体时,与晶体光轴垂直的方向的光振动几乎被完全吸收,而与光轴平行的方向的光振动几乎没有损失(图 5-9-4),因此透射光就成为平面偏振光。

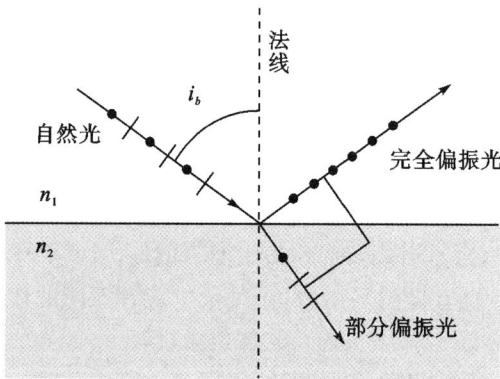

图 5-9-3 反射光的偏振

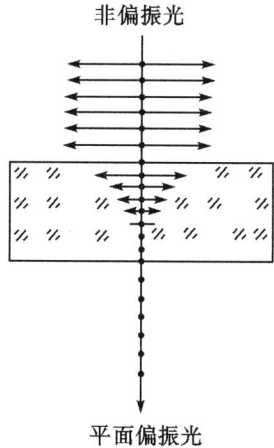

图 5-9-4 用二向色性晶体产生偏振光

（3）由晶体双折射产生偏振。

某些各向异性透明晶体（如方解石、石英等）沿不同方向其光学特性有所不同。一束单色光入射于这种晶体时会产生两束平面偏振光（o 光、e 光），并以不同的速度在晶体内传播，称为双折射现象。可采取某些方法使两束折射光分开，只允许一束平面偏振光射出。尼科耳棱镜是这类元件之一（图 5-9-5）。它由两块经特殊切割的方解石晶体用加拿大树胶黏合而成。垂直于主截面的偏振光 o 光以约 76° 入射到 AD 面的加拿大树胶层上，被 AD 面全反射．只有偏振面平行于晶体的主截面的偏振光 e 光可以透过尼科耳棱镜出射，产生偏振光。

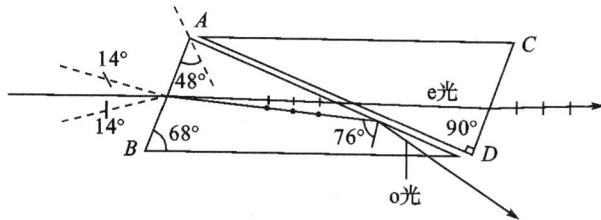

图 5-9-5 用尼科耳棱镜产生偏振光

3. 马吕斯定律

自然光通过起偏器 P_1 时，成为光强为 I_0 的线偏振光，在通过检偏器 P_2 时，则从 P_2 透出光强 I 与两偏振片偏振化方向之间的夹角 α 有关，其关系为马吕斯定律：

$$I = I_0 \cos^2 \alpha \tag{5-9-1}$$

它表示改变角 α 可以改变透过检偏器的光强（图 5-9-6）。

4. 移相器件-波片和圆偏振光、椭圆偏振光的产生

波片是采用具有双折射现象的材料（如方解石晶体、石英晶体等）按一定技术要求加工而成的光学元件。当一束光进入这种材料时可能会分成两束同频率且振动方向互相垂直但传播速度不同的光，一束始终遵守折射定律，折射率不随入射方向而改变，垂直入射时光束方向不变；但另一束却不遵守折射规律，折射率随入射方向而改变。这两束光分别

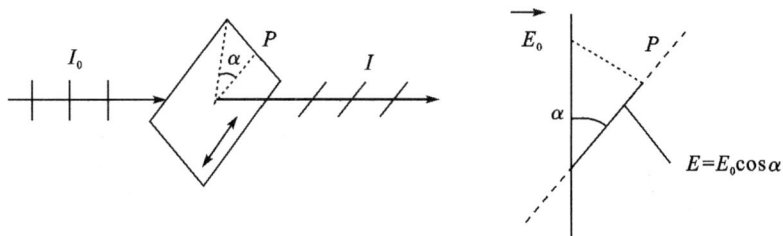

图 5-9-6　马吕斯定律

称为 o 光和 e 光,对应的折射率分别为 n_o 和 n_e。在这种晶体中还存在一个特定的方向,当光从这个方向上进入材料时不会分成两束,符合一般的折射定律,这个特殊的方向就是材料的光轴方向。波片在加工时,将使通光表面平行于光轴,即入射光将垂直于光轴进入波片。

如图 5-9-7 所示,当振幅为 A 的平面偏振光垂直入射到表面平行于光轴的双折射晶片时,若振动方向与晶片光轴的夹角为 α,则在晶片表面上 o 光和 e 光的振幅分别为 $A\sin\alpha$ 和 $A\cos\alpha$,它们的位相相同。在晶片中,o 光与 e 光传播方向相同,由于传播速度不同,经过厚度为 d 的晶片后,o 光与 e 光之间将产生位相差

$$\delta = \frac{2\pi}{\lambda_o}(n_o - n_e)d \tag{5-9-2}$$

式中,λ_o 表示光在真空中的波长。

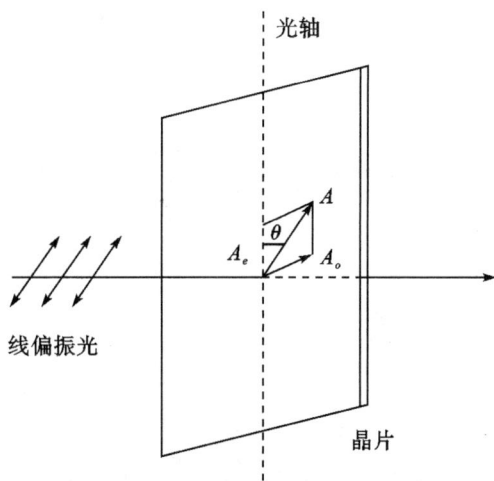

图 5-9-7　线偏振光在晶片上的分解

(1)如果晶片的厚度使位相差 δ 满足

$$\delta = (2k+1)\frac{\pi}{2}, k = 0,1,2\cdots$$

这样的晶片称为 1/4 波片。平面偏振光通过 1/4 波片后,透射的 o 光和 e 光一般合成为椭圆偏振光,当 $\alpha = \frac{\pi}{4}$ 时,则为圆偏振光;当 $\alpha = 0$ 和 $\frac{\pi}{2}$ 时,椭圆偏振光退化为平面偏振光。

换言之,1/4 波片可将平面偏振光变成椭圆或圆偏振光,也可将椭圆与圆偏振光变成平面偏振光。

(2) 如果晶片的厚度使产生的位相差 $\delta = (2k + 1)\pi,k = 0,1,2,\cdots$,这样的晶片称为半波片或1/2波片。若入射平面偏振光的振动面与半波片光轴的夹角为 α,则通过半波片后的合成光仍为平面偏振光,但其振动面相对于入射光的振动面转过 2α。

【实验内容】

1. 起偏与检偏

(1) 在光源至光屏的光路中放入起偏器 P_1,旋转 P_1,观察光屏上光斑强度的变化情况并做出判断。

(2) 在起偏器 P_1 后面再放入检偏器 P_2,并固定 P_1 的方向。将 P_2 旋转 $360°$,观察光屏上光斑强度的变化情况。观察出现几次消光,并做出解释。

2. 验证马吕斯定律

(1) 调整两偏振片偏振化方向垂直。继续转动偏振片 P_2,直至功率计指示值最小,此时系统处于消光状态,起偏器和检偏器偏振化方向相互垂直,记录下检偏器的相对位置即角度值 θ_1。

(2) 调整两偏振片偏振化方向平行。方法是将偏振片 P_1 固定不动,仔细转动偏振片 P_2,直至功率计指示值最大,此时两偏振片偏振化方向平行,记下偏振片 P_2 刻度盘上的角度示值 θ_2。

(3) 将偏振片 P_2 每转动 $10°$,记转过的角度 α 和功率计的示值于表 5-9-1 中。

表 5-9-1　数据表

$\alpha/(°)$	0	10	20	30	40	50	60	70	80
I									
$\alpha/(°)$	90	100	110	120	130	140	150	160	170
I									
$\alpha/(°)$	180	190	200	210	220	230	240	250	260
I									
$\alpha/(°)$	270	280	290	300	310	320	330	340	350
I									

(4) 以 α 为横坐标,I 为纵坐标作角度与功率关系曲线,由此验证马吕斯定律。

2. 用 1/4 波片产生圆偏振光与椭圆偏振光

(1) 使系统进入消光状态,在起偏器 P_1 和检偏器 P_2 之间插入 1/4 波片,此时系统将有光通过。转动 1/4 波片,使系统重新进入消光状态。此时 1/4 波片的光轴与起偏器的偏振方向平行。使检偏器 P_2 转动 $360°$,通过功率计观察光强变化情况,判断透过 1/4 波片的光的偏振态。

(2) 再将 1/4 波片从消光状态依次转过 $15°、30°、45°、60°、75°$ 和 $90°$,每次都将检偏器

P_2 转动 360°,观察光强变化情况,判断透过 1/4 波片的光的偏振态,并填入表 5-9-2 中。

表 5-9-2　数据表

1/4 波片转过的角度 /(°)	使检偏器 P_2 转过 360°时 观察到的光强变化	透过 1/4 波片的光的偏振态
0		
15		
30		
45		
60		
75		
90		

【讨论思考】

(1) 如何区别圆偏振光和自然光?

(2) 椭圆偏振光和部分偏振光分别通过 1/4 波片后,其偏振态各是怎样的?

(3) 在两正交偏振片之间再插入一偏振片,并转动一周,会有什么现象? 如何解释?

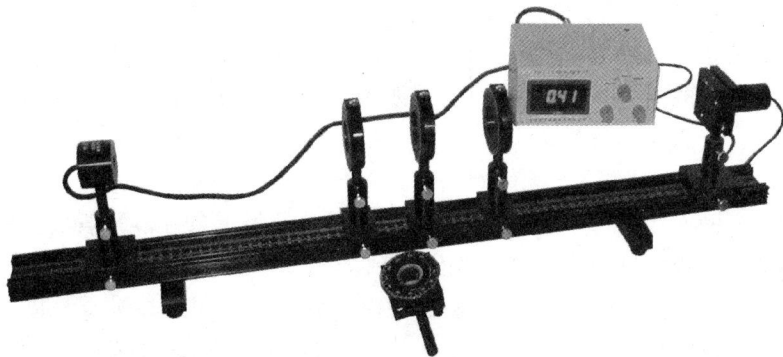

图 5-9-8　实验装置图

实验十　全息照相

【实验目的】

(1) 了解全息照相技术的基本原理。

(2) 制作全息光栅。

（3）拍摄物体的三维全息图。

【实验仪器】

防震全息台、氦-氖激光器、扩束透镜、分束棱镜（或分束板）、反射镜、白板、调节支架、磁力座、米尺、曝光定时器、照相冲洗设备等。

【实验原理】

1. 光波的信息

任何物体表面上所发出的光波都可以看成是其表面上各物点所发出元光波的总和，其表达式为

$$Y = \sum_{i=1}^{n} A_i \cos\left(\omega_i t + \varphi_i - \frac{2\pi x_i}{\lambda}\right) \tag{5-10-1}$$

式中，ω_i 是反映光波颜色特征的物理量，与振幅 A_i 和位相 $\omega_i t + \varphi_i - \dfrac{2\pi x_i}{\lambda}$ 构成光波的主要特征，又称为信息。如果光波为单色光，则式(5-10-1)可写为

$$Y = A \cos\left(\omega t + \varphi - \frac{2\pi x}{\lambda}\right)$$

2. 全息照片的拍摄

照相技术是利用了光能引起感光乳胶发生化学变化这一原理。这化学变化的浓度随入射光强度的增大而增大，因而冲洗过的底片上各处会有明暗之分。普通照相使用透镜成像原理，底片上各处乳剂化学反应的深度直接由物体各处的明暗决定，因而底片就记录了明暗，或者说，记录了入射光波的强度或振幅。全息照相不但记录了入射光波的强度，而且还能记录下入射光波的相位。之所以能如此，是因为全息照相利用了光的干涉现象。

（1）全息照相的记录原理——物光和参考光在感光板上的干涉。

光干涉的理论分析指出，干涉图像中亮条纹和暗条纹之间亮暗程度的差异（反差），主要取决于参与干涉的两束光波的强度，而干涉条纹的疏密程度则取决于这两束光位相的差别（光程差）。全息照相就是采用干涉方法，以干涉条纹的形式记录物光光波的全部信息。

由于利用光的干涉进行全息记录，就要求光源满足相干条件。一般使用相干性极好的激光作光源。拍摄全息照片的基本光路大致如图 5-10-1 所示。激光束经过分光板 P 后分成两束光：一束光经 M 反射再被透镜 L 扩束后均匀地照射在被摄物体的整个表面上，并使拍摄物表面漫射的光波（物光）能射到感光板 H 上；另一束光（称为参考光）经反射镜 M 和扩束镜 L 后，直接投射到感光板 H 上。当参考光（R 光）和物光（O 光）在感光板上相遇时，迭加形成的干涉条纹被 H 记录。

由光路可见，到达全息感光板 H 上的参考光波的振幅和位相是由光路确定的，与被摄物无关，而射至 H 上的物光的振幅和位相却与物体表面各点的分布和漫射性质有关。从不同物点来的物光光程（位相）不同，因而参考光和物光干涉的结果与被摄物有对应关系。实际上，复杂的物光波可看成由无数物点发出的光的总和。感光板上记录的干涉图像就是由无数物点所发出的复杂物光和参考光相互干涉的结果。一个物点的物光形成一组干涉条纹；不同物点对应的干涉条纹的疏密、走向和反差等分布均不相同。由这些干涉

图像迭加在一起就形成了常见的全息图。其外貌是在均匀的颗粒状的背景上迭加不规则的、断续的细条纹光栅似的结构。

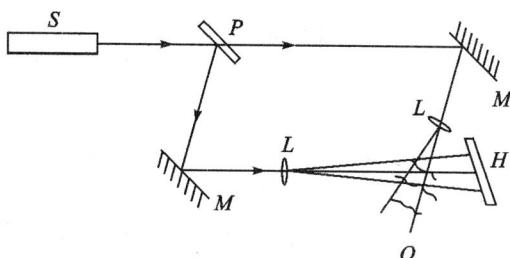

S—激光器；P—分束镜；M—全反射镜；L—扩束镜；O—物体；H—全息干板

图 5-10-1　菲涅耳全息图拍摄光路

(2) 全息照相的再现原理——再现光束被全息图衍射。

由于全息照相在感光板上记录的不是物体的直观形象，而是无数组干涉条纹复杂的组合，所以观察全息照片记录的物像时，必须用与原来参考光完全相同的光束去照射，这束光称为再现光。再现光观察时所用光路如图 5-10-2 所示。图中假设再现光是平行光。用一束被扩束的相干光从特定方向照射到全息照片上，对于这束再现光，全息照片相当于一块反差不同、间距不等、弯弯曲曲透过率不均匀的复杂"光栅"，再现光被照片上的干涉图像衍射，在照片后面出现一系列衍射光波有 0 级、1 级、2 级等，0 级波可看成是入射相干光经衰减后形成的光束，图 5-10-2 画出了±1 级的衍射波，它们构成了物体的两个再现像。其中，+1 级衍射光是发散光，它与物体在原来位置发出的光波完全一样，将形成一个虚像，如果这个光波被人眼所接受，就等于看到了原物体，所以也称它为真像。—1 级衍射光是会聚光，它将在原物再现像的异侧形成一个共轭实像，被称为赝像。

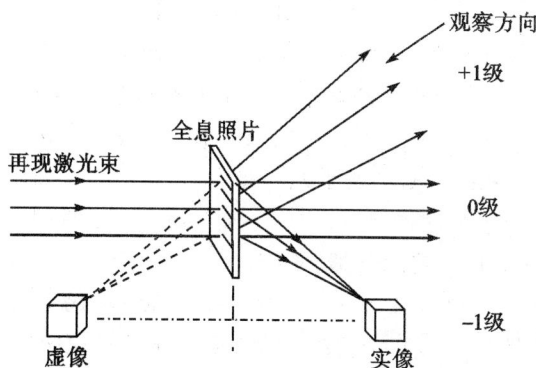

图 5-10-2　再现光路图

(3) 全息图的形成过程。

为了说明全息图的形成过程，我们只取物体上的一个发光点 O，并取全息干板平面 Oxy 为坐标平面，如图 5-10-3 所示，设物点 O 的坐标和参考光点 R 的坐标分别为 (x_O, Y_O, z_O) 和 (x_R, Y_R, z_R)，则在 Oxy 平面上物光的复振幅分布为

$$O(x,y)=O_0(x,y)\exp[i\Phi_O(x,y)]$$

在 Oxy 平面上参考光的复振幅分布为

$$R(x,y)=R_0(x,y)\exp[i\Phi_R(x,y)]$$

参考光波和物光波在 Oxy 平面上干涉叠加后的光强为

$$
\begin{aligned}
I &=(O+R)(O+R)^*\\
&=OO^*+RR^*+OR^*+RO^*\\
&=O_0^2+R_0^2+2O_0R_0\cos(\Phi_O-\Phi_R)
\end{aligned}
$$

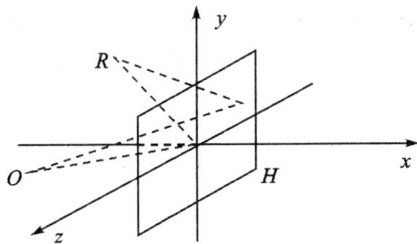

图 5-10-3 全息图形成原理图

可用作全息记录的感光材料很多，一般最常用的是卤化银乳胶涂布的超微粒干板，称为全息干板，按图 5-10-1 拍摄的全息图也叫作平面全息图，我们用振幅透射率来表示其特性，一般它是一个复函数，具有形式为

$$\tau_H(x,y)=\tau_0(x,y)\exp[i\psi(x,y)] \tag{5-10-2}$$

在式(5-10-2)中，如果 ψ 与 (x,y) 无关，是一个常数，就称为振幅型全息图。如果 τ_0 与 (x,y) 无关，是一个常数，就称为相位型全息图。如果两者都与 (x,y) 有关，就称为混合型全息图。

全息照相相干板的特性可以用图 5-10-4 所示的曲线来表示。其中，τ 为振幅透射系数，H 为曝光量。因为在 τ-H 曲线上，只有中间一段近似为直线，所以对于不同的曝光量(光强与曝光时间的乘积)，就可以完成不同的记录(线性记录和非线性记录)。一般记录时取曝光量在 H_0 的位置。并控制参考光与物光光强比为 $2:1$ 至 $10:1$ 的范围。这样就可以实现线性记录。在线性记录的条件下有

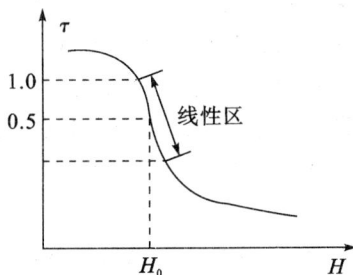

图 5-10-4 全息干版特性曲线

$$\tau_H=\beta_0+\beta H=\beta_0+\beta tI \tag{5-10-3}$$

式中，t 为曝光时间，I 为总光强，β_0 和 β 为常数。β 等于图 5-10-4 中线性区的斜率。将光强公式代入式(5-10-3)中，便可得到拍好的全息图的复振幅透射率。

$$\tau_H=\beta_0+\beta t[O_0^2+R_0^2+2O_0R_0\cos(\Phi_O-\Phi_R)] \tag{5-10-4}$$

设再现用的照相光波在 Oxy 平面上的分布为

$$C(x,y)=C_0(x,y)\exp[i\Phi_C(x,y)] \tag{5-10-5}$$

此再现光波经过全息图后衍射波的复振幅分布为

$$\tau=C\tau_H=C\beta_0+C\beta t[O_0^2+R_0^2+2O_0R_0\cos(\Phi_O-\Phi_R)] \tag{5-10-6}$$

考察式(5-10-6)的第二项(由于第一项较小，大多数情况下可以忽略)，可以认为

$$\tau\propto CI=C(O_0^2+R_0^2)+COR^*+CRO^* \tag{5-10-7}$$

式(5-10-7)为全息照相的基本公式，其中第一项代表直射光，第二项代表原始像，第三项代表共轭像。对有许多物点组成的物体，该式中 $O=O_1+O_2+O_3+\cdots$，于是有

$$O_0^2=O_1O_1^*+O_2O_2^*+\cdots+O_1O_2^*+O_2O_1^*+O_1O_3^*+O_2O_3^*+\cdots \tag{5-10-8}$$

式(5-10-8)叫作晕轮光，当物体较小时它的空间频率不高，在拍摄全息图时，取稍大一些的参考光与物光的夹角就可以避开它的影响，观察到清晰的原始图。

3. 全息照相的几个参考条件

(1) 全息图的条纹间距与感光板的分辨率。

布拉格(Bragg)公式指出,全息干涉条纹的间距取决于光源的波长 λ 以及物光和参考光束的夹角 θ。其关系为:

$$\overline{\Delta} = \frac{\lambda}{2\sin\dfrac{\theta}{2}} \tag{5-10-9}$$

式中,$\overline{\Delta}$ 为干涉条纹的平均间距。一般用它的倒数表示:

$$\eta = \frac{1}{\overline{\Delta}} = \frac{2\sin\dfrac{\theta}{2}}{\lambda} \tag{5-10-10}$$

式中,η 称为条纹的空间频率或感光材料的分辨率,表示每毫米中的干涉条纹数。

由公式可知,当物光与参考光的夹角 θ 愈大,全息图上的干涉条纹愈密集,因而要求感光板的分辨率愈高。也就是说,使用什么分辨率的感光板,就要求物光和参考光的夹角限制在某个适当的角度范围内,才能拍摄全息片。一般 θ 取 $30°\sim50°$ 都能得到比较满意的结果

(2) 条纹间距与全息台的防震。

由布拉格公式可以计算出全息图的条纹间距的大小在 10^{-4} mm 数量级。这样小的条纹间距要求全息台具有良好的防震性能。若由于某种原因使拍摄装置振动,致使干涉条纹移动 $\overline{\Delta}/4$ 以上距离,全息图就不清楚了。

(3) 曝光量、物光与参考光光比的选取。

拍摄一张质量较好的全息片,应选取正确的曝光量,使曝光量选取在感光板的乳剂感光特性曲线的直线部分,并且使感光板上各个部位曝光量的变化基本上限制在正常曝光范围。这样全息图将具有较大的反差,它的衍射效率才高。因而再现像亮,失真最小。一般取参考光光强和物光光强之比为 $4:1$ 至 $10:1$,全息片上各部位曝光量的变化范围为几倍,基本上在感光特性曲线的正常曝光范围内,故对大多数全息片,参考光光强与物光光强之比取 $4:1$ 至 $10:1$ 之间,全息图将有较大反差,再现像可获得比较满意的效果。

(4) 光源的相干性。

要求光源的相干性要好,才能得到反差很大的全息干涉斑纹,因此用激光做光源。一般用氦氖激光器,其波长 $\lambda = 6\ 328$ Å。其单色性虽然很好,但谱线仍然有一定的宽度 $\Delta\lambda$,相应的相干长度为 $l = \lambda^2/\Delta\lambda$,考虑到最坏情况,例如多普勒展宽,$\Delta\lambda = 0.02$ Å,则 $l = 20$ cm 因此,为了保证物光束与参考光束发生干涉,布置光路时,应使参考光光路与物光光路的光程比较接近,一般光程差不要超过 10 cm。

【实验内容】

实验之前,先熟悉实验室布局、冲洗设备及药液的放置位置,了解感光板的装夹方法和各光学元件支架的调整方法。

1. 拍摄静物的全息照片

按图 5-10-1 所示,在防震平台上布置光路。选择漫反射性能较好的物体作为拍摄三

维全息照相的物体。光路系统应满足下列条件：

（1）用透镜将物光束扩展到一定程度以保证被摄物能全部受到光照，参考光束也应加以扩展使放感光板的地方也能得到均匀光照。

（2）物光束与参考光束的光程大致相同（10 cm 以内）；选定参考光和物光的夹角 θ 为 $30°\sim50°$；调好光路，参考光束应强于物光束，在放感光板的地方，强度比在 4：1 至 10：1 之间。

（3）所有光学元件调整好位置并固定好。选定曝光时间（由实验室给定）。

（4）安置感光板时要关掉激光，并注意感光乳胶面应向着激光束，并且不得用手触摸乳胶面。装好后静置 $1\sim2$ min 后曝光，在曝光过程中不得触及台面，并保持室内安静。

（5）曝光后的感光板经显影、定影、漂白等处理后漂洗晾干即成全息照片。

2. 物像再现

（1）待全息干板完全干燥后，放入原光路中进行再现。再现的方法是将干板放在原光路中，把在拍摄三维全息时的分束镜换成全反射镜，拿走物体，向着干板后原物体所在的方向看去就可以看到与原物体相似的明亮的像。

（2）移去扩束镜，使激光束只照射在照片的很小一部分上，观察物像。（为什么仍能看到整个物像，而不是只看到像的一个局部？ 如果打碎全息片，用激光照射其中任意一块碎片，能否看到整个物像？ 这和普通照片有什么不同？）

（3）把全息片转过 $180°$，使乳胶面向着观察者，用不扩束的激光束照射，再用毛玻璃在全息片后面（观察者一侧）移动，接收与观察实像。

3. 制作全息光栅

（1）按图 5-10-5 所示布置光路。调节光学元件的高低和位置，使激光束的高低与面台平行，并使参考光、物光的光程基本相等。

（2）在做全息光栅实验时按式（5-10-11）计算物点和参考点（即两个扩束镜的焦点）与全息干板有相对位置。

$$\xi = \frac{1}{\lambda_0}\left[x\left(\frac{l}{l_O} - \frac{l}{l_R}\right) - \left(\frac{x_O}{l_O} - \frac{x_R}{l_R}\right)\right]$$

（5-10-11）

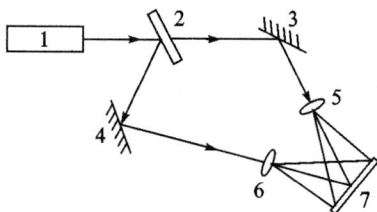

1—激光器；2—50％；3,4—全反光镜；
5,6—扩束镜；7—全息干板

图 5-10-5　全息光栅拍摄光路图

式中，l_O 为物点到坐标原点的距离，l_R 为参考点到坐标原点的距离，坐标原点取在干板的中心。

（3）注意扩束镜 5,6 相对于全息干板的对称性，并应与全息干板距离较远。

（4）在干板架上先放一块白板，用轮流遮光的办法比较两束光的强弱，并用改变扩束镜距离白板远近的方法来调节光强比，使之满足前面所说的要求。

（5）打开快门定时将白板取下，换上全息干板，然后开始曝光，曝光时间一般取 0.5～2 s，曝光时注意不要碰台面。使两个扩束镜的位置相对于全息干板对称。

（6）按上述步骤完成后便可拍摄理想的全息光栅。加上空间滤波器，保证所制作的光栅有很好的均匀性。用下面的方法检查所拍摄的光栅的质量：将拍好并干燥的全息干板放在白炽灯前观察,应能观察到白炽灯明亮的彩色衍射;用经扩束、准直的激光照射全息干板,在一傅立叶透镜的焦平面上观察,应可以看到 ±1 级较亮的光斑。

【注意事项】

(1) 所有光学元件,要注意防尘、防水汽,严禁用手触摸镜面。

(2) 千万不要直视经过聚焦的激光光束或者它的镜面反射光束,以免造成视网膜的永久性损伤。

(3) 激光工作于直流高压状态,暗室中人体不要触及高压部位。

(4) 曝光前,一定要稳定 1~2 min,不要操之过急。

【讨论思考】

(1) 全息照相与普通照相有何区别?

(2) 全息照片上干涉条纹间距由什么决定? 条纹的明暗由什么决定? 条纹的反差由什么决定?

(3) 为什么要求光路中物光和参考光的光程尽量相等?

(4) 为什么个别光学元件安置不牢靠将导致拍摄失败?

【全息照相特点】

(1) 全息照片所再现出的被摄物形象的完全逼真的三维立体形象,它具有显著的视差特性。

(2) 全息照片具有可分割的特性,即它的任一部分都能再现出完整的被摄物形象。

(3) 全息照片所再现出的被摄物的亮度可调。因为再现光波是入射光的一部分,故入射光越强,再现物像就越亮。

图 5-10-6　光学全息实验平台

(4) 同一块全息感光板可进行多次重复曝光记录。一般在每次拍摄曝光前稍微改变全息感光板的方位(如转动一个小角度),或改变参考光束的入射方向,或改变物体在空间的位置,就可在同一感光板上重叠记录,并能互不干扰地再现各个不同的图像。若物体在外力作用下产生微小的位移或形变,并在变化前后重复曝光,则再现时物光波将形成反映物体形态变化特征的干涉条纹。这就是全息干涉计量的基础。

(5)全息照片的再现可放大和缩小。用不同波长的激光照射全息照片,由于与拍摄时所用激光的波长不同,再现的物像就会发生放大或缩小。

实验十一 光栅衍射及光波波长的测定

一、分光计

【实验目的】

(1)观察光通过光栅的衍射现象,了解光栅的主要特性。

(2)进一步熟悉分光计的调节和使用。

(3)学会测定光栅的常数、角色散率和角分辨率及光波的波长。

(4)加深对光的干涉及衍射和光栅分光作用基本原理的理解。

【实验仪器】

分光仪、光栅、平面镜、钠灯。

【实验原理】

本实验用的是透射光栅,是用光学玻璃片刻制而成的(图 5-11-1)。当光照射到光栅表面时,刻痕处不透光。只有在两刻痕之间的光滑部分,光才能通过,相当于一条狭缝,因此,光栅实际上是一密排、均匀而又平行的狭缝。设 a 为缝宽,b 为刻痕宽度,$d = a + b$ 称为光栅常数。

由夫琅和费衍射理论,当波长为 λ 的平行光束垂直照射到光栅平面时,在每一狭缝处都产生衍射,但由于各缝发出的衍射波都是相干光,彼此又产生干涉。这样就会在光栅后面的屏上形成一系列被相当宽的暗区隔开的亮度大、宽度窄的明条纹,成为谱线(图 5-11-2)。

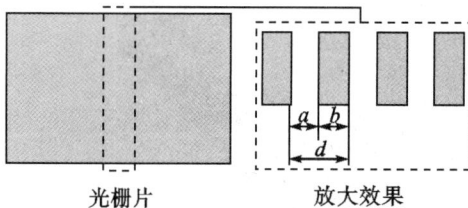

图 5-11-1 光栅片示意图

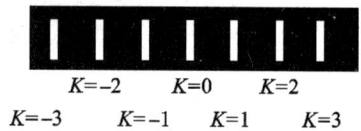

图 5-11-2 光栅的谱线(单色光)

如图 5-11-3 所示,设 S 为位于透镜 L_1 第一焦平面上的细长狭缝,G 为光栅,光栅的常数为 d,L_1 射出的平行光垂直地照射在光栅 G 上。透镜 L_2 将与光栅法线成 θ 角的衍射光会聚于其第二焦平面上的 P_θ 点。由夫琅和费衍射理论知,相邻两缝对应点出射的光束之光程差为 $\Delta = (a + b)\sin\theta = d\sin\theta$

当衍射角符合下列条件:

$$d\sin\theta = k\lambda, k = \pm1, \pm2, \pm3, \cdots, \pm n \tag{5-11-1}$$

该衍射角方向的光将会得到加强,叫作主极大,形成明纹;其他方向的衍射光线或者完全抵消,或者强度很弱,几乎成暗背景。式(5-11-1)称为光栅方程,式中,λ 为单色光波长,k 称为光谱线的级数。在 $k=0$ 的方向上可观察到中央极强,称为零级谱线,其他谱线,则对称地分布在零级谱线的两侧,如图 5-11-2 所示。(实际测量时不用透镜而用望远镜)

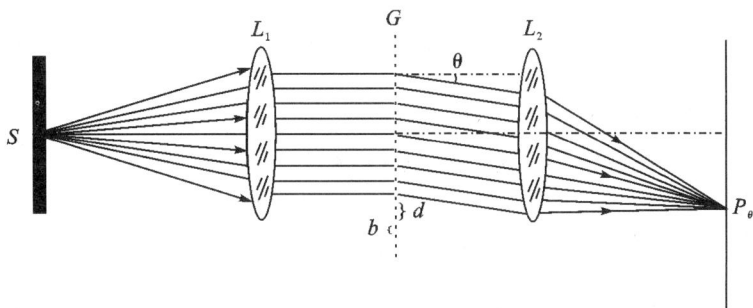

图 5-11-3 平行光通过光栅

当 $k=0$ 时,任何波长的光均满足式(5-11-1),亦即在 $\theta=0$ 的方向上,各种波长的光谱线重叠在一起,形成明亮的零级光谱;对于 k 的其他数值,不同波长的光谱线出现在不同的方向上(θ 的值不同),从而在不同的位置上形成谱线,称为光栅谱线。而与 k 的正负两组相对应的两组光谱,则对称地分布在零的光谱两侧(图 5-11-4)。

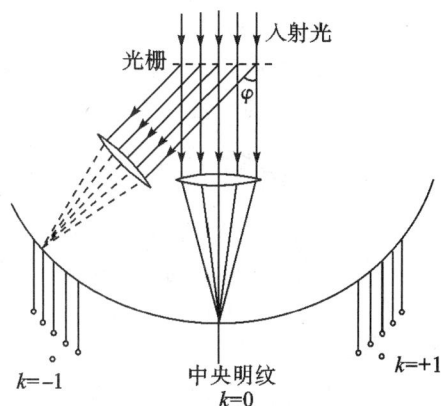

图 5-11-4 光栅衍射光谱示意图

若光栅常数 d 已知,在实验中测定了某谱线的衍射角 θ 和对应的光谱级 k,则可由式(5-11-1)求出该谱线的波长 λ;反之,如果波长 λ 是已知的,则可求出光栅常数 d。

衍射光栅的基本特性可用分辨本领和色散率来表征。

角色散率 D(简称色散率)是两条谱线偏向角之差 $\Delta\theta$ 两者波长之差 $\Delta\lambda$ 之比:

$$D = \frac{\Delta\theta}{\Delta\lambda} \tag{5-11-2}$$

对光栅方程(5-11-1)微分可有

$$D = \frac{\Delta\theta}{\Delta\lambda} = \frac{k}{d\cos\theta} \tag{5-11-3}$$

由式(5-11-3)可知,光栅光谱具有如下特点:光栅常数 d 越小,色散率越大;高级数的光谱比低级数的光谱有较大的色散率;衍射角很小时,色散率 D 可看成常数,此时,$\Delta\theta$ 与 $\Delta\lambda$ 成正比,故光栅光谱称为匀排光谱。

角色散率是光栅、棱镜等分光元件的重要参数,它表示单位波长间隔内两单色谱线之间的角间距。当光栅常数 d 愈小时,角色散愈大;光谱的级次愈高,角色散也愈大。且当光栅衍射时,如果衍射角不大,则 $\cos \theta$ 接近不变,光谱的角色散几乎与波长无关,即光谱随波长的分布比较均匀,这和棱镜的不均匀色散有明显的不同。当常数 d 已知时,若测得某谱线的衍射角 θ 和光谱级 k,可依式(5-11-3)计算这个波长的角色散率。

【实验内容】

1. 按基础实验二,调节好分光计

(1) 用光栅的正、反两面分别代替实验三中的三棱镜 AB、AC 面来调整分光计,使望远镜聚焦于无穷远和望远镜的光轴与分光仪的主轴垂直。把光栅按图 5-11-5 所示置于载物台上,旋转载物台,并调节平台倾斜螺丝,使望远镜筒中从光栅面反射回来的绿色亮"十"字像与分划板上方的"十"字叉丝重合且无视差。再将载物台连同光栅转过 180°,重复以上步骤,如此反复数次,使绿色亮"十"字像始终和分划板上方"十"字叉丝重合(或者用双面平面镜来实现上述操作)。

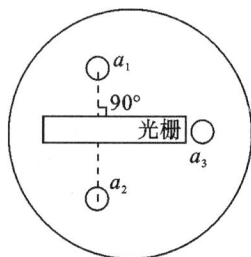

图 5-11-5 光栅的放置

(2) 点燃钠灯,将平行光管的竖直狭缝均匀照亮,调节平行光管的狭缝到合适的宽度,使望远镜中分化板上的中央竖直准线对准狭缝像。

2. 光栅位置的调节及光谱观察

调节光栅的摆放位置,使得当望远镜与平行光管在同一直线上时,光栅的法线(零级主极大亮条纹)与望远镜中叉丝竖线重合;左右转动望远镜仔细观察谱线的分布规律(主要是通过±2,3 级主极大亮条纹观察钠光 D 双线现象)。

3. 测定衍射角

(1) 从光栅的法线起沿一方向转动望远镜筒,使望远镜中叉丝的竖线与第一级($K=1$)衍射谱线重合,记录分光计左、右游标的读数。再反向转动望远镜,越过法线,记录第一级($K=-1$)谱线的两游标读数。±1 级谱线对应的同侧两角坐标之差,即为该谱线衍射角 θ 的 2 倍。

(2) 重复上述操作三次,将数据记录于表 5-11-1 中。

【数据处理】

(1) 将步骤 3 中所测谱线的衍射角 θ 的平均值代入式(5-11-1),并取 $k=1$,且已知光栅常数 $d = 300^{-1}$ mm(或由教师告知),可算出相应的波长 λ。

表 5-11-1　测量衍射角　　　　　　　　钠光波长:$\lambda = 589.3$ nm

测量次数	1		2		3	
黄光位置	$\theta_左$	$\theta_右$	$\theta_左$	$\theta_右$	$\theta_左$	$\theta_右$
$K=1$						
$K=-1$						
θ_i						

(2) 将求得到的波长值与公认值比较,并计算其不确定度。

【注意事项】

(1) 光栅片是精密光学元件,严禁用手触摸刻痕,以免弄脏或损坏。

(2) 钠灯点燃后需预热几分钟,等待其光线稳定。

(3) 钠灯使用时间不宜过长,实验完成后应及时关闭。

【讨论思考】

(1) 本实验对分光仪的调整有何特殊要求? 如何调节才能满足测量要求?

(2) 分析光栅和棱镜分光的主要区别。

(3) 如何利用光栅测量光波波长?

二、光学平台

【实验目的】

(1) 掌握在光学平台上组装、调整光栅的衍射实验光路,观察光通过光栅的衍射现象,了解光栅的主要特性。

(2) 学习微机自动控制测衍射光强分布谱和相关参数。

(3) 加深对光的干涉及衍射和光栅分光作用基本原理的理解。

(4) 学会测定光栅的常数及光波的波长。

【实验仪器】

He-Ne 激光管、光强记录系统、平面光栅片、载物台、磁力光具座等。

【实验原理】

参见本实验分光计部分。

【实验内容】

(1) 打开激光电源,在光学平台上布置光路,如图 5-11-6 所示,使经光栅衍射的光点垂直而准确地入射到光接受孔上。

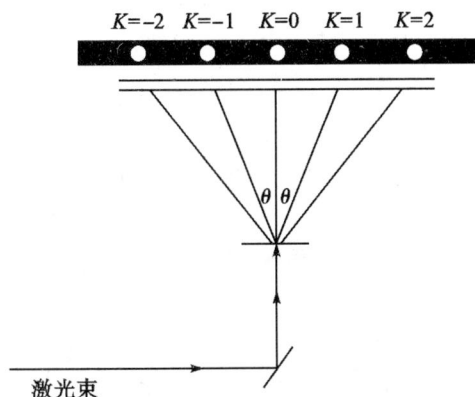

图 5-11-6　光栅衍射示意图

(2) 打开计算机,进入 win98 界面;然后打开光强记录系统的控制器的开关;再从开始菜单中进入衍射光强记录系统。

（3）点击扫描按钮，待计算机控制的扫描过程结束后，找出衍射光点的坐标，并求出各级衍射光点之间的距离 $\Delta\chi$。

（4）用尺子测量出光栅面到接受光的狭缝间距离 L，则光栅面与接受孔的距离为 $L = L_1 + 50$ mm。

（5）光栅常数 $d = 20^{-1}$ mm。根据 $\Delta\chi$，L 算出衍射角 θ，计算波长 $\lambda = \dfrac{d\sin\theta}{k}$，并求其不确定度。

【注意事项】

（1）光栅片是精密光学元件，绝对不能用手触摸刻痕，以免弄脏或损坏。

（2）绝对不能用眼直视激光光束，以免伤害眼睛。

（3）激光电源开启后两输出端有数千伏高压，切勿用手触及，以免发生危险。

（4）电源输出端应正确接到激光管的正负极上，不得乱动乱接，否则会损坏激光管。

第6章 实验预习导读

6.1 课前预习的必要性

大学物理是理工科学生的基础必修课,包括理论教学和实验教学两部分内容。大学物理实验在学生能力培养上有着不可替代的作用,因此实验单独授课已被各高校普遍采用。理想的教学模式是理论课后立即进行实验,但这种模式受现实条件(如学生人数众多而实验室空间和仪器数量有限等矛盾)的制约,不可能大规模实现,这样理论与实验脱节就不可避免。

一些学生,甚至是教师,在重理论轻实践的传统思想影响下,把实验课看成是"使用使用"仪器、"测量测量"数据而已。对实验课前的预习采取看一看、走过场,懂不懂无所谓的态度。进入实验室脑子一片空白,似乎一切都要从"0"开始,甚至不看实验目的、原理及注意事项等,直接看一看实验步骤就动手,自然是一番手忙脚乱,课后除了一片混沌,大概也不会留下什么了,更谈不上加深理解和开拓创新了。

作为一门实践性很强的课程,大学物理实验包含了诸多环节和细节。诸如实验原理的理解,实验仪器的熟悉和调试,实验步骤的安排等等。这都需要学生投入一定的时间和精力去消化、掌握。因此,为了保证实验能在有限的规定时间内顺利有效地完成,课前预习就非常有必要了。

课前预习实际上是一个自学过程,一个自己规划实验的过程。自学和规划能力是人生很重要的能力,也是要在大学阶段着重培养的。

6.2 课前预习的要求

要做好物理实验,除了要在思想上认识到实验的重要性外,还要切实做好课前的预习。通常是学生课前看看书,实验操作前指导教师讲一讲基本原理、方法和步骤等。这种模式比较死板,束缚了学生的主动性,还会增长依赖性:懂不懂老师讲,会不会老师帮。为了发挥学生的主动性,提高预习质量,需要对实验的课前预习有量化要求:带着问题(具体实验项目后面所附的讨论、思考题)进行预习,完成预习报告(预习报告可视为尚未完成的实验报告,包括实验目的、仪器、原理和原始数据记录表等)。

预习包括以下几项主要内容:

（1）阅览教材中（或相关参考书）给出的实验原理，理解并掌握相关的定理、定律（或电路、光路的搭建）；由于大学物理实验多是验证性的，所以可以在实验前弄清各所测量的理论值（或可能值）和单位，尤其是单位。

（2）通过学习实验内容及步骤，参考教材中给出的或自行设计的原始数据记录表格，明确要测量的物理量。

（3）预习实验仪器，通过教材或相关参考资料，对实验中将要用到的仪器有较为直观、全面的了解（诸如仪器设备的主要构造、面板分布、读数单位以及使用注意事项等）。

事实上由于受实验室日常运行和管理方面的限制，学生们不太可能在做实验前，能够面对仪器实物进行预习。鉴于此，我们补充了部分实验的主要仪器设备的实物图，以期有助于提高预习质量。

部分实验主要仪器的实物图

拉伸法测定金属丝的杨氏模量

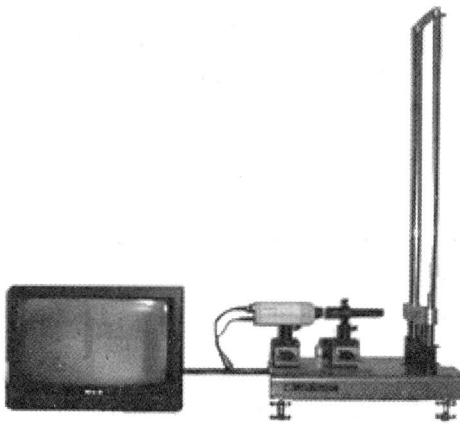

（a）LY-1 型 CCD 杨氏模量测量仪

（c）光杠杆法杨氏模量仪

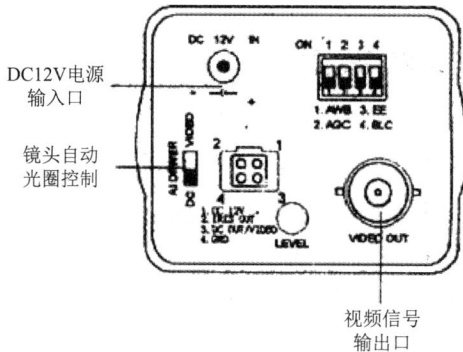

（b）CCD 摄像机面板示意图

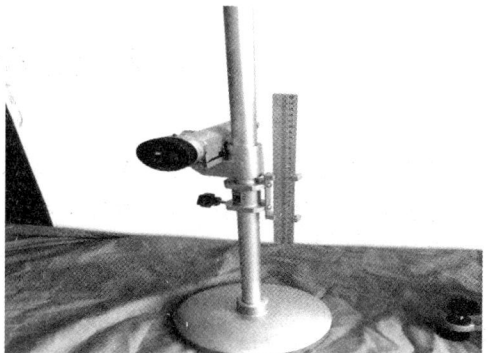

（d）望远镜和标尺

图 6-2-1　杨氏模量仪

牛顿第二定律的验证、简谐振动

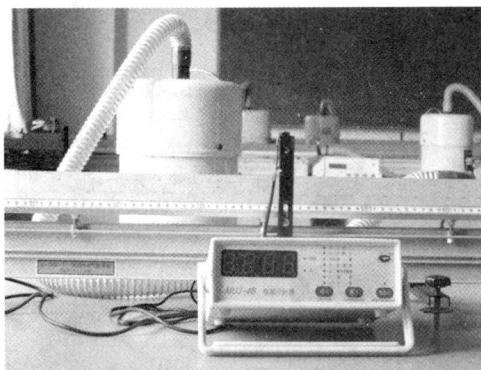

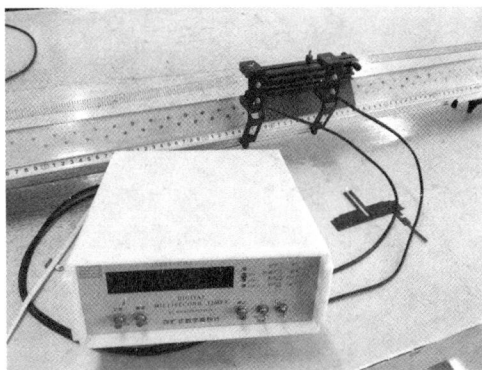

图 6-2-2　气垫导轨及其附属配件

扭摆法测定物体的转动惯量

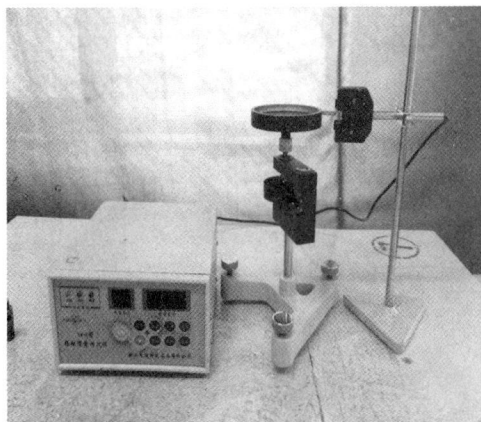

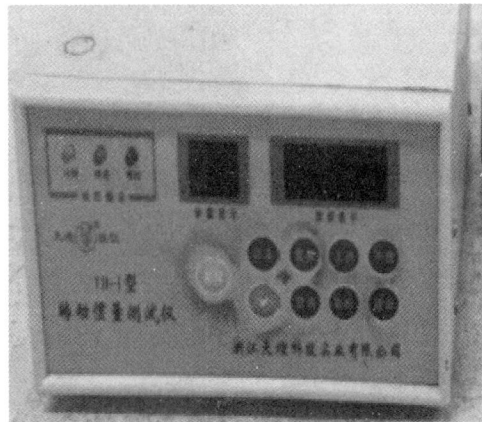

图 6-2-3　TH-I 型智能转动惯量实验仪

声速的测定

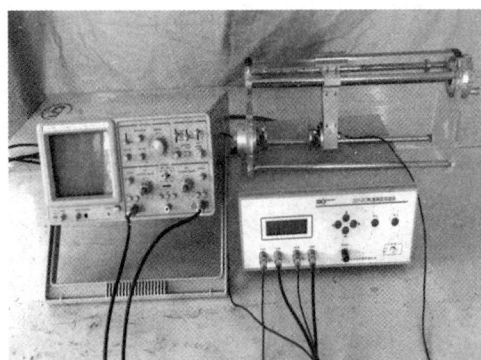

图 6-2-4　ZKY—SS 型声速测定实验仪、双踪示波器(左)

空气比热容比的测定

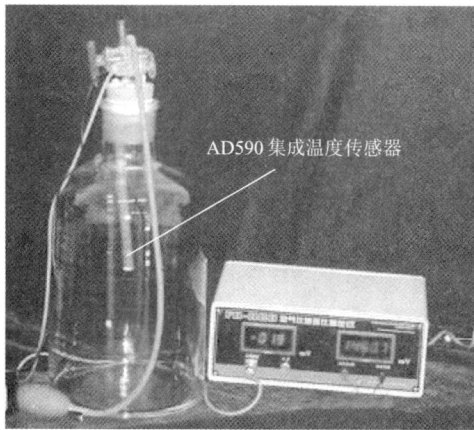

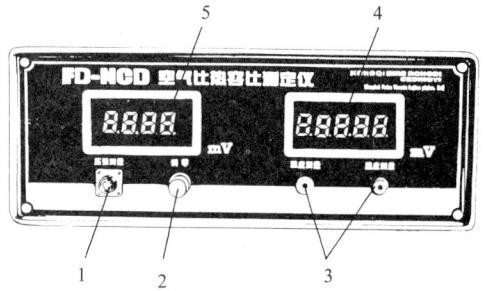

测定仪电源面板示意图
1—压力传感器接线端口；
2—调零电位器旋钮；3—温度传感器接线插孔；
4—四位半数字电压表面板（对应温度）；
5—三位半数字电压表面板（对应压强）；

图 6-2-5　FD—NCD 空气比热容比测定仪

准稳态法测比热和导热系数

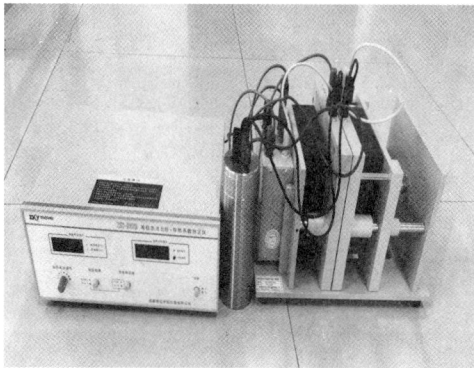

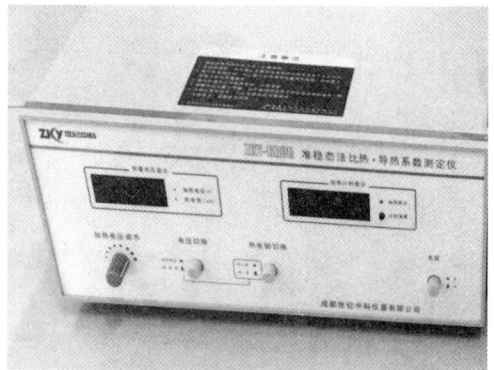

图 6-2-6　ZKY-BRDR 型准稳态法比热导热系数测定

拉脱法测定水的表面张力系数

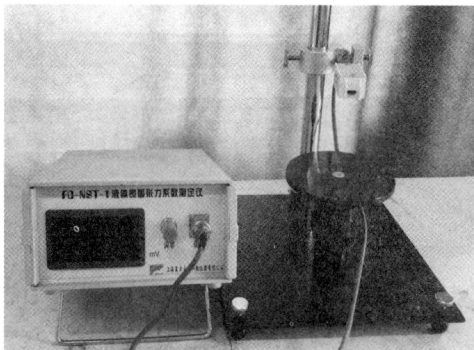

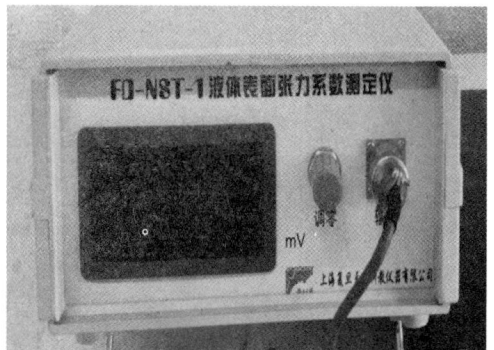

（a）FD-NST-Ⅰ型液体表面张力系数测定仪

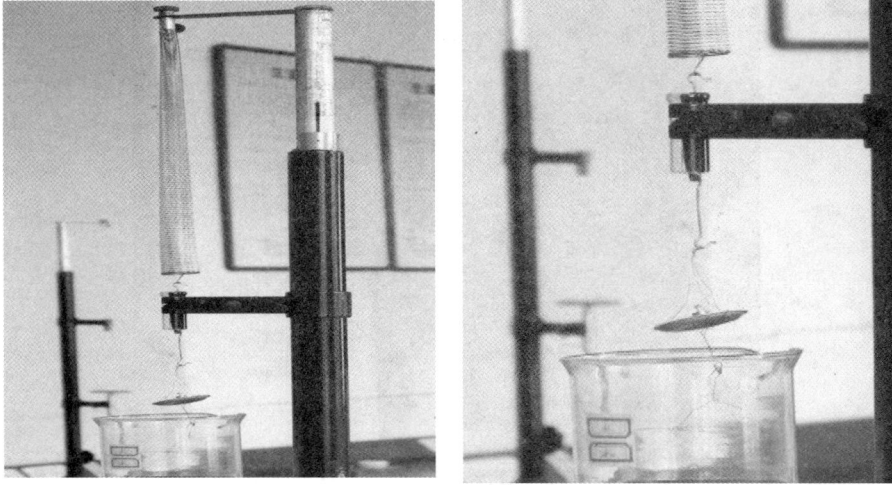

（b）焦利秤

图 6-2-7　表面张力系数测定仪

落球法测定液体在不同温度的黏度

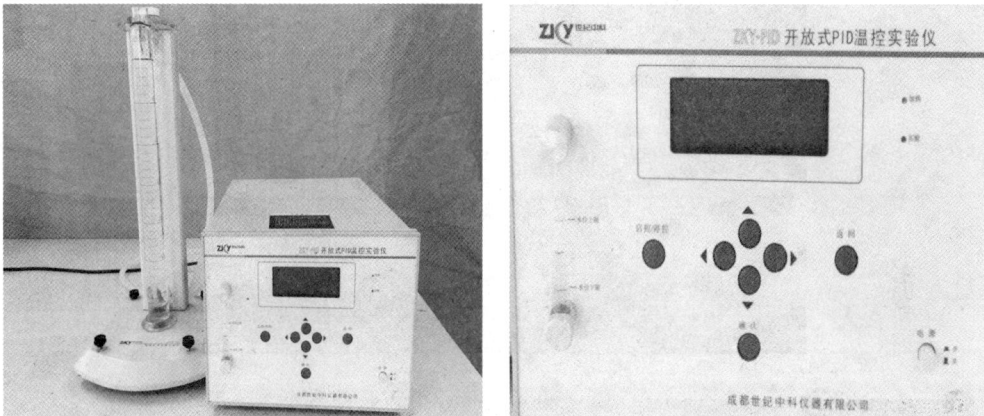

图 6-2-8　变温黏度测量仪、ZKY-PID 温控实验仪

用电视显微密立根油滴仪测量电子电荷

（a）

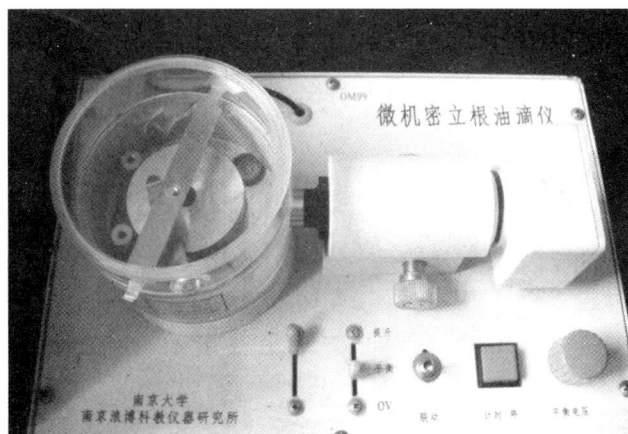

（b）

图 6-2-9　OM99 微机密立根油滴仪

电位差计的应用

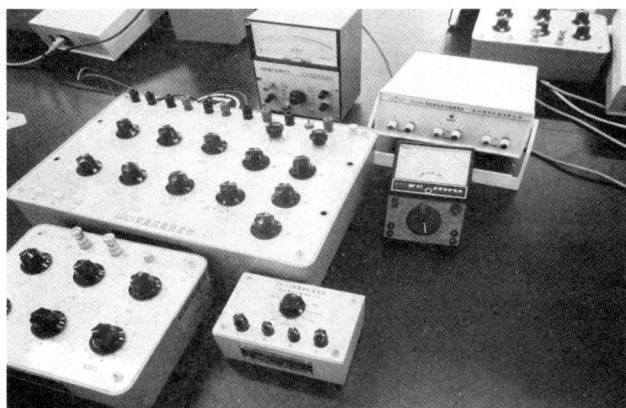

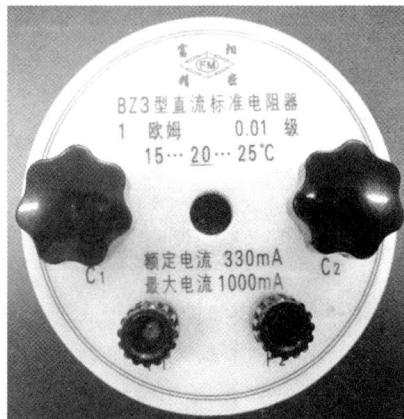

（a）

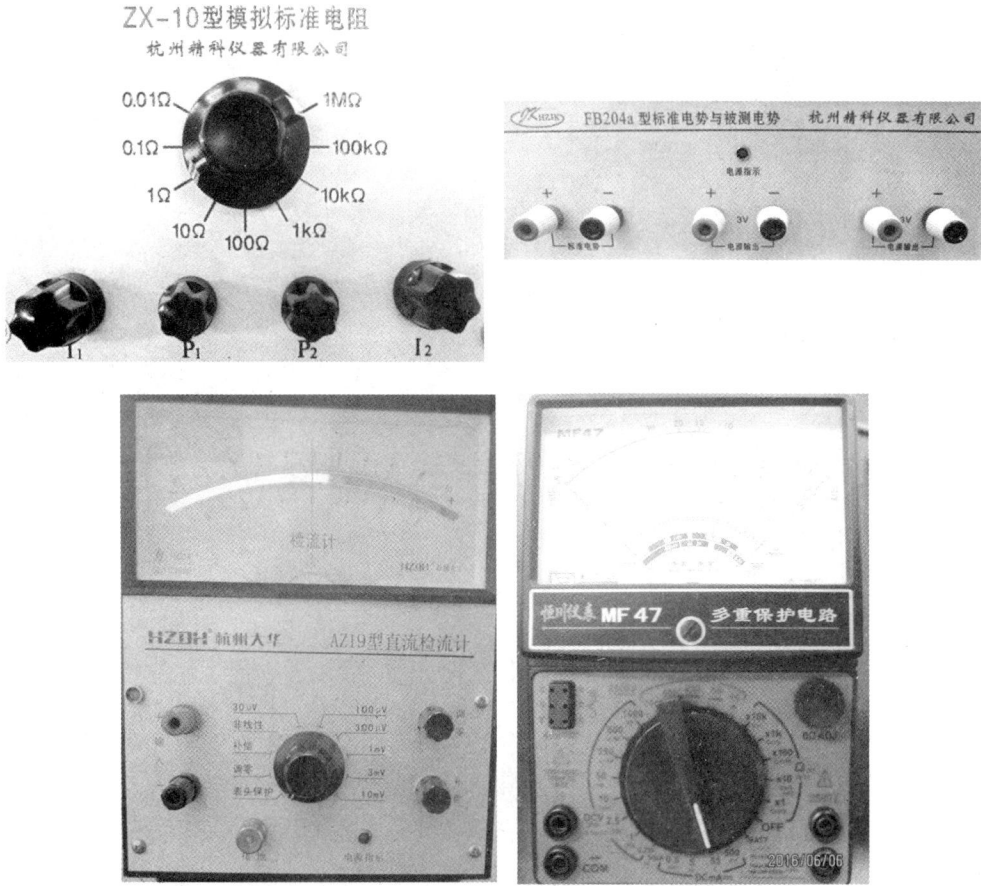

(b)

图 6-2-10　电位差计及配套组件

霍尔效应及其应用

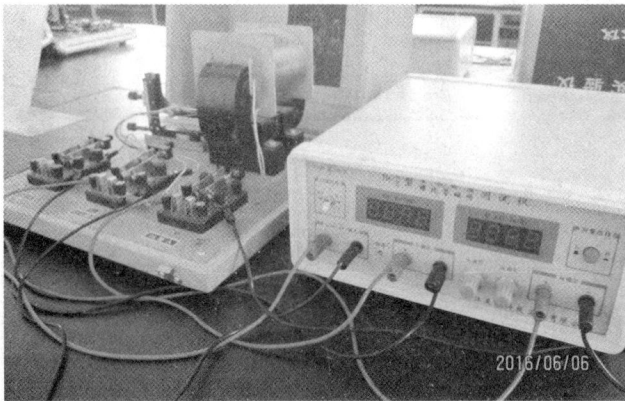

(a)

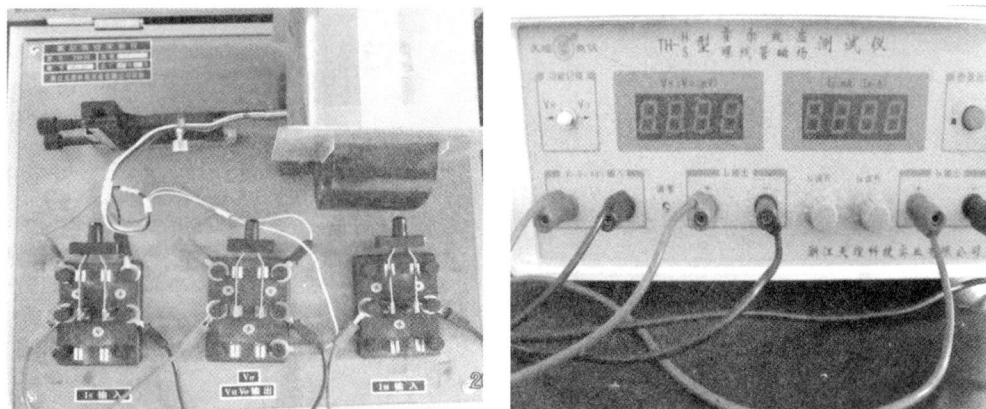

（b）

图 6-2-11 TH-H 型霍尔效应组合实验仪（实验仪和测试仪）

示波器应用

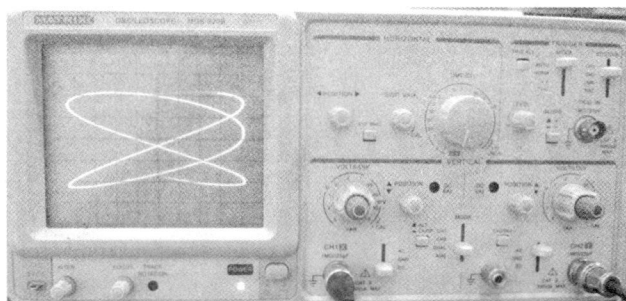

（a）

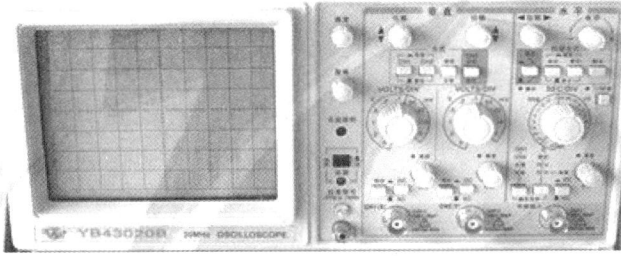

(b)

图 6-2-12 EE1641D 型函数信号发生器、MOS-620B 电子示波器、YB43020 电子示波器

铁磁材料动态磁滞回线和磁化曲线的测量

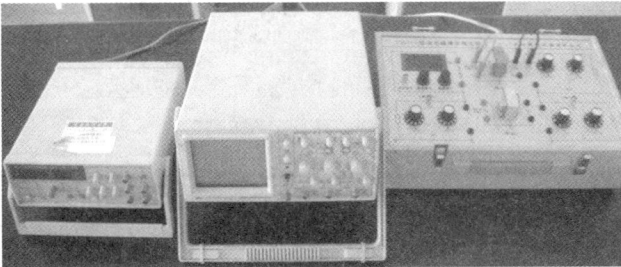

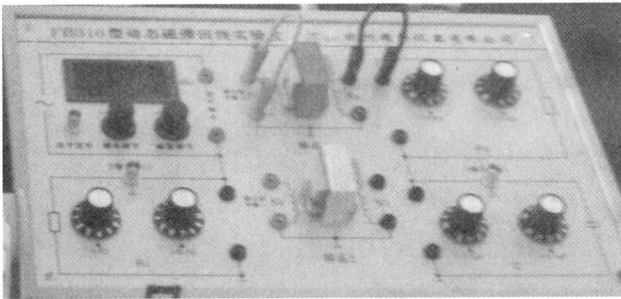

图 6-2-13 信号发生器、示波器、动态磁滞回线实验仪

元件伏安特性

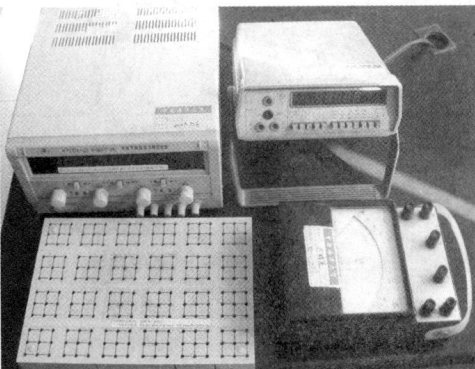

图 6-2-14 直流稳压电源、万用表(电流表)、面包板、电压表

薄透镜焦距的测定

图 6-2-15　光学导轨、透镜、光源、物屏、像屏等

分光计的调整和使用

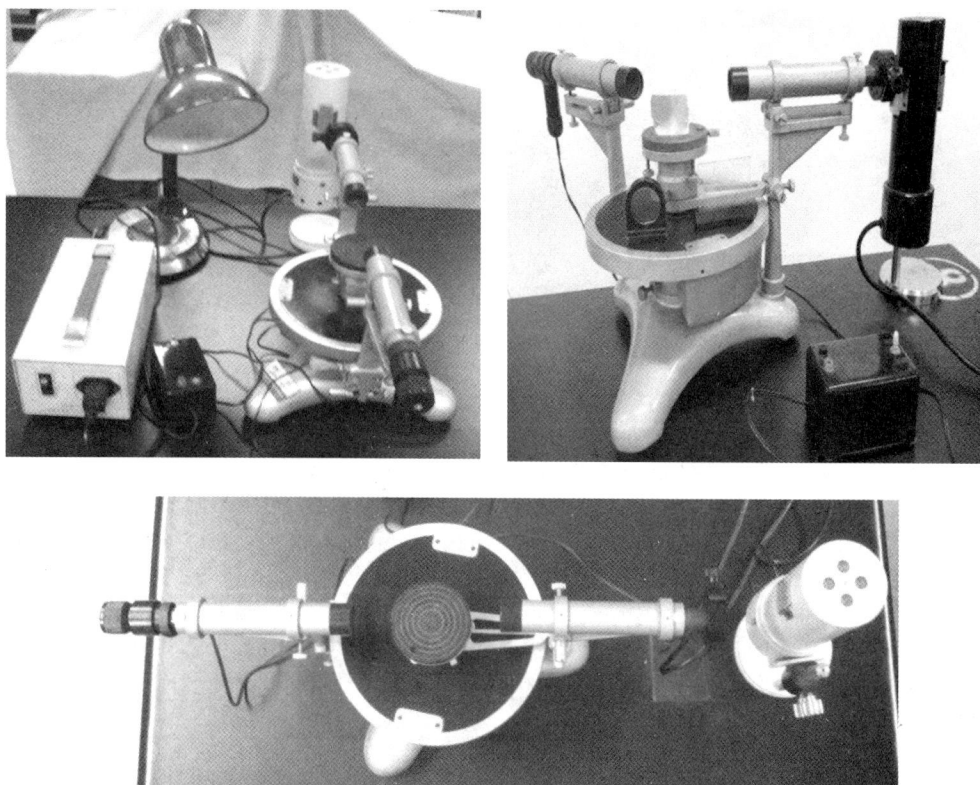

图 6-2-16　钠灯、分光计及其配件(三棱镜、双面镜等)

单缝衍射光强的分布测量

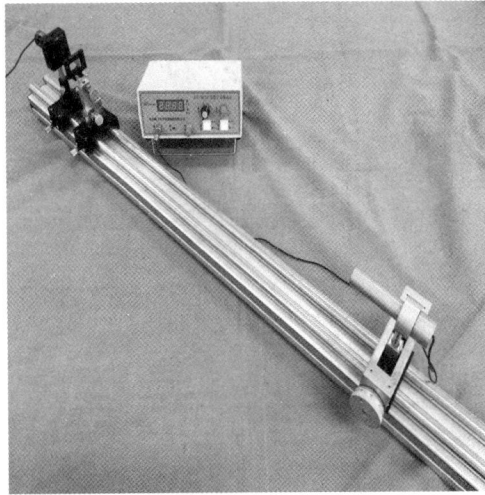

（a）光学导轨、激光器、狭缝装置、功率计

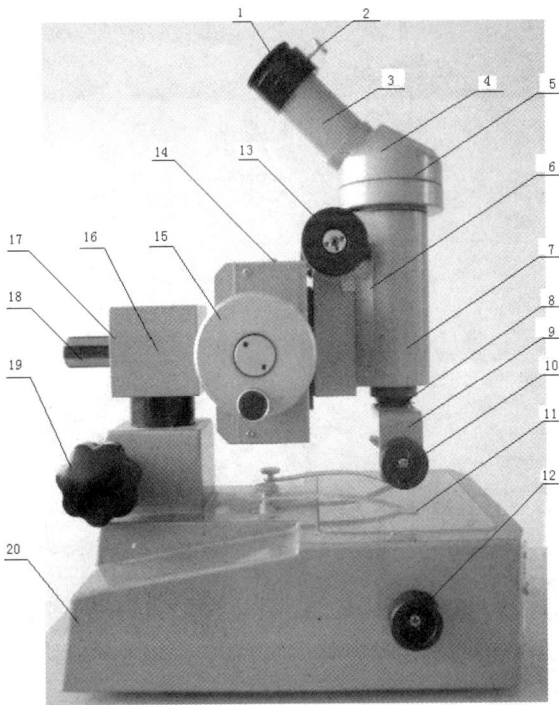

（b）KF-JCD3 型读数显微镜

1—目镜；2—锁紧螺钉；3—目镜镜筒；4—棱镜室；5—锁紧螺钉；
6—刻尺；7—镜筒；8—物镜组；9—45°反射镜组；10—反射镜旋轮；
11—压片；12—反光镜旋轮；13—调焦手轮；14—标尺；15—测微鼓轮；
16—锁紧手轮Ⅰ；17—接头轴；18—方轴；19—锁紧手轮Ⅱ；20—底座

图 6-2-17　衍射光强分布测量仪

测旋光性溶液的旋光率和浓度

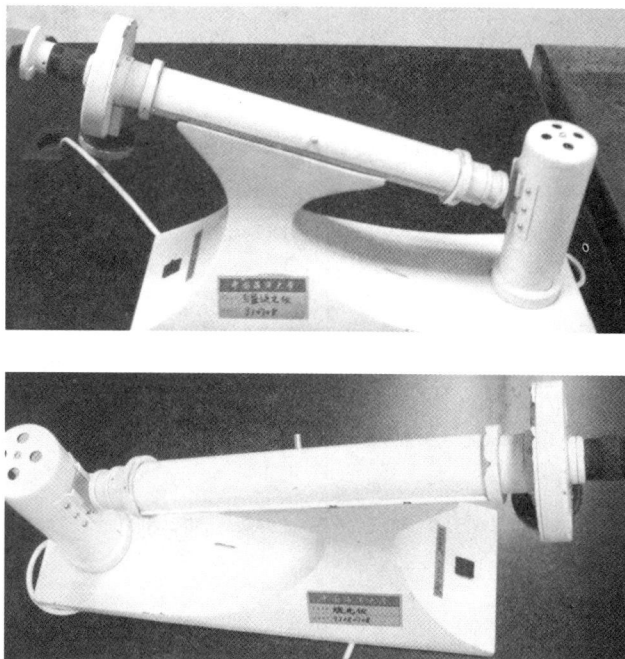

图 6-2-18　WXG-4 型旋光仪

等厚干涉——牛顿环

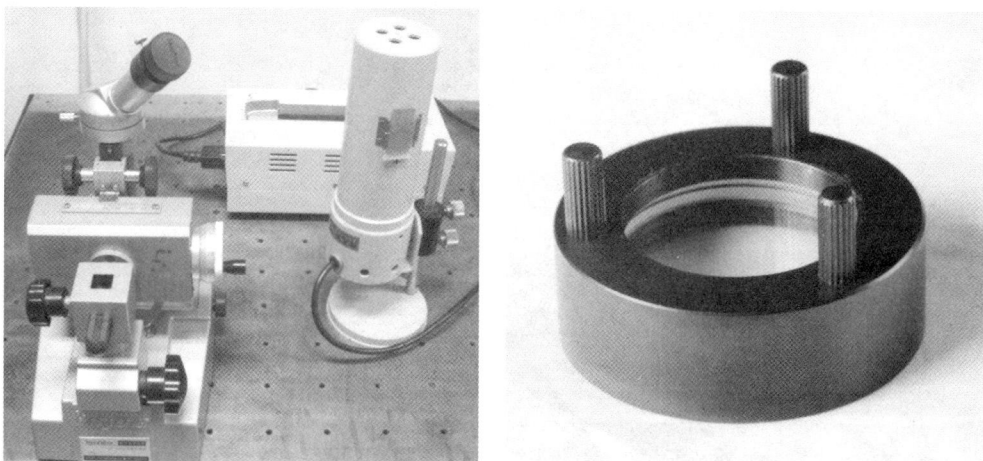

图 6-2-19　钠灯、读数显微镜、牛顿环装置

迈克尔逊干涉仪的调整和使用

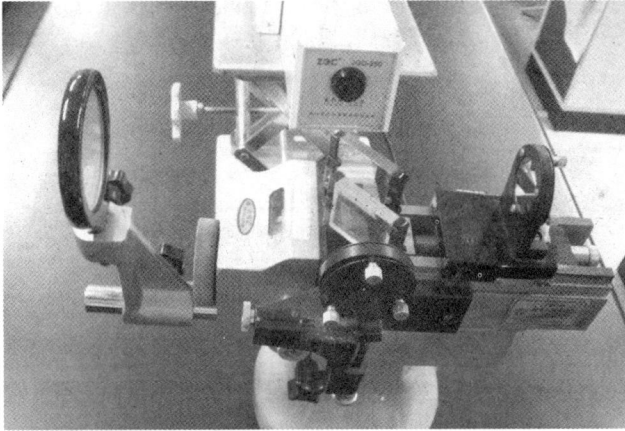

1—粗调手轮；2—投影屏；3—微调手轮；4—刻度盘；5—微调螺钉；6—固定镜；
7—移动镜；8—可调螺母；9—滚花螺钉；10—刻尺（侧面）；11—丝杆（内侧）；
12—导轨；13—滚花螺帽；14—锁紧圈；15—调平螺丝

图 6-2-20 KF-WSM200 迈克尔逊干涉仪

偏振光的研究

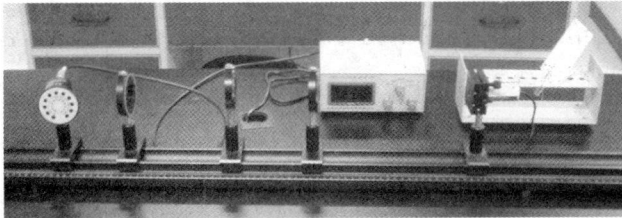

（a）光学导轨、半导体激光器、激光功率指示计、偏振片等

（b）光学平台、半导体激光器、激光功率指示计、偏振片等

图 6-2-21 偏振光的研究主要仪器

6.3 实验报告的书写

实验报告必须在科学实验的基础上进行，它主要的用途在于帮助实验者不断地积累研究资料，总结研究成果。实验报告的书写是一项重要的基本技能训练。它不仅是对每次实验的总结，更重要的是它可以初步地培养和训练学生的逻辑归纳能力、综合分析能力和文字表达能力，是科学论文写作的基础。因此，参加实验的每位学生，均应及时认真地书写实验报告。要求内容实事求是，分析全面具体，文字简练通顺，誊写清楚整洁。完整的实验报告主要包括以下内容（参考）：

一、实验题目

实验项目的名称。

二、实验目的

明确所做实验的目的。

三、实验器材

写出实验中所需要的仪器、设备。

四、实验原理

不要照抄教材上给出的原理，简明扼要地给出自己的理解和认识，包括必要的文字描述和重要的公式或电路图或光路图等。

五、实验内容、步骤

写出实际操作的主要内容、步骤，不要照抄教材。必要的还应该画出实验流程图或实验装置的结构示意图，并配以相应的文字说明。

六、实验数据与处理

利用已知的公式或数据处理方法,对记录的原始数据进行定量处理,并求各相关的间接测量量以及相应的不确定度或误差等。

七、实验结果

实验结果的表述,一般有三种方法:① 用准确的专业术语客观地描述实验现象和结果;② 用表格或坐标图的方式使实验结果突出、清晰,便于相互比较;③ 应用记录仪器描记出的或学生手动绘出的曲线图。在实验报告中,可任选其中一种或几种方法并用,以获得最佳效果。

八、分析讨论

根据相关的理论知识对所得到的实验结果进行解释和分析。如果所得到的实验结果和预期的结果一致,那么它可以验证什么理论?实验结果有什么意义?说明了什么问题?这些是实验报告应该讨论的。但是,不能用已知的理论或生活经验硬套在实验结果上;更不能由于所得到的实验结果与预期的结果或理论不符而随意取舍甚至修改实验结果,这时应该分析其异常的可能原因。如果本次实验失败了,应找出失败的原因及以后实验应注意的事项。不要简单地复述课本上的理论而缺乏自己主动思考的内容。另外,也可以写一些本次实验的心得以及提出一些问题或建议等。

九、原始数据记录

实验中直接测量量的记录,是实验报告的重要组成部分,不可缺失。需指导教师签字认可。

下面给出了一份完整的实验报告的范文,供参考。

中国海洋大学实验报告

学生姓名　__张　三__　专业　__通信工程__　授课教师　__李　四__　成绩

日期　__2016 年 6 月 17 日__　星期　__五__　　__5～7__ 节　　__2__ 组 __7__ 号

实验题目　__单摆法测重力加速度__

【实验目的】　1. 掌握用单摆法测本地重力加速度的方法。

　　　　　　　2. 研究单摆的系统误差对测量结果的影响。

　　　　　　　3. 掌握不确定度传递公式在数据处理中的应用。

【实验仪器】　FB327 型单摆实验仪、FB321 型数显计时记数毫秒仪、钢卷尺、游标卡尺。

【实验原理】

　　如果在一固定点上悬挂一根不能伸长、无质量的细线,并在线的末端悬挂一质量为 m 的质点,这就构成了一个单摆。在单摆的幅角 θ 很小($<5°$)时,单摆的振动周期 T 和摆长 L 有如下关系:

$$T = 2\pi\sqrt{\frac{l}{g}}$$

　　单摆是一种理想模型。为减小系统误差,悬线的长度要远大于小球直径,同时摆角要小于 $5°$,并保证在同一竖直平面内摆动。固定摆长,测量 T 和摆长即可求出 g。

$$g = \frac{4\pi^2}{T^2}l$$

式中,$l = l' + \dfrac{1}{2}d$(线长加半径)或 $l = l' - \dfrac{1}{2}d$(悬点到小球底端距离减半径)为减

小周期测量误差,通过测量 n 次全振动时间测周期,即 $T = \dfrac{t}{n}$

　　重力加速度测量计算公式:$g = 4\pi^2\dfrac{n^2 l}{t^2}$

　　(批注:有必要的文字和公式,原理清晰明了;有图示,更显得直观、可读)

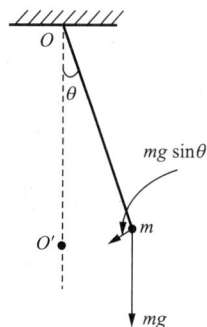

中国海洋大学实验报告

【实验内容与步骤】

1. 调整摆长并固定,用钢卷尺测摆线长度 l',重复测量 6 次。

2. 用游标卡尺测摆球直径 d,重复测量 6 次。

3. 调单摆仪底座水平及光电门高低,使摆球静止时处于光电门中央。

4. 测量单摆在摆角 $\theta < 5°$(振幅小于摆长的 $1/12$ 时)的情况下,单摆连续摆动 n 次($n = 20$)的时间 t。要保证单摆在竖起平面内摆动,防止形成圆锥摆,等摆动稳定后开始计时。重复测量 6 次。

5. 计算 g 的平均值,并做不确定度评定。

中国海洋大学实验报告

【实验数据与处理】

由原始数据记录表,各直接测量量结果如下:

被测量	平均值	$U_A \approx S$	$U_B \approx \Delta_{仪}$	$U = \sqrt{U_A^2 + U_B^2}$
l'/cm	60.99	0.102	0.05	0.113
d/cm	1.397	0.002	0.002	0.003
t/s	31.568	0.010 6	0.001	0.011

(批注:大学物理实验追求的重点不是结果的精度,而是掌握科学方法、思维,因此不确定度分量可如上表做简化处理)

其中:$S = \sqrt{\dfrac{1}{n-1} \sum\limits_{i=1}^{n}(x_i - \overline{x})^2}$

故:$\overline{l} = \overline{l'} + \dfrac{1}{2}\overline{d} = 60.99 + 0.699 = 61.69 \,(\text{cm})$

$$\overline{g} = 4\pi^2 n^2 \dfrac{\overline{l}}{\overline{t}^2} = 4 \times 3.142^2 \times 20^2 \times \dfrac{61.69}{31.568^2} = 977.81 \,(\text{cm} \cdot \text{s}^{-2})$$

摆长不确定度:$U_l = \sqrt{U^2(l') + \dfrac{1}{4}U^2(d)} = \sqrt{0.113^2 + \dfrac{1}{4} \times 0.003^2} = 0.113 \,(\text{cm})$

摆长相对不确定度:$U_r(l) = \dfrac{U_l}{\overline{l}} \times 100\% = \dfrac{0.113}{61.69} \times 100\% = 0.18\%$

时间相对不确定度:$U_r(t) = \dfrac{U_t}{\overline{t}} \times 100\% = \dfrac{0.011}{31.568} \times 100\% = 0.035\%$

重力加速度不确定度:

$$U_g = \overline{g} \sqrt{\left(\dfrac{U_l}{\overline{l}}\right)^2 + \left(2\dfrac{U_t}{\overline{t}}\right)^2} = 977.81 \times \sqrt{0.001\,8^2 + 4 \times 0.000\,35^2} = 1.89 \,(\text{cm} \cdot \text{s}^{-2})$$

故:$g = 977.8 \pm 1.9 \,(\text{cm} \cdot \text{s}^{-2})$,$U_r(g) = \dfrac{1.9}{977.8} \times 100\% = 1.9\%$

(批注:数据处理过程条理清晰;不确定度采用只进不舍的截尾原则,一般只保留一到两位有效数字;由不确定度决定测量结果最佳值的有效数字位数)

中国海洋大学实验报告

【实验结果与分析】

测量结果：用单摆法测得实验所在地点重力加速度为

$$\begin{cases} g = 977.8 \pm 1.9\ (\mathrm{cm \cdot s^{-2}}) \\ U_r(g) = 1.9\% \end{cases}$$

（批注：实验结果的表示方式正确）

实验分析：

单摆法测重力加速度是一种较为精确又简便的测量重力加速度方法。从不确定度的公式可以看出，时间的相对不确定度占得比重大，故时间测量的精度是决定整个实验精度的关键环节。本实验采用较精密的数字毫秒仪计时减小了周期测量误差。实验误差主要来源：① 摆长的测量误差，但由于摆长较长，用钢卷尺测量产生的相对误差也较小，所以用钢卷尺也能达到较高的准确度；② 系统误差，未能严格满足单摆模型造成的误差，如未严格在竖直平面摆动。

要提高本实验的准确度可以考虑从以下方面着手：从单摆方面，可以增大摆长、减小摆球直径；从测量方面，可以适当增加测量次数。

（批注：实验分析基本合理、到位；实验报告完整）

中国海洋大学实验报告

【原始数据记录】 授课教师 **李 四**

表1 用钢卷尺测摆线长度 l' 数据记录表

$(\Delta_{仪})_{钢卷尺}=0.05$ cm

测量次数	1	2	3	4	5	6
l'/cm	61.00	61.10	60.90	60.88	60.92	61.11

表2 用游标卡尺测摆球直径 d 数据记录表

$(\Delta_{仪})_{游标卡尺}=0.02$ mm

测量次数	1	2	3	4	5	6
d/cm	1.398	1.396	1.398	1.396	1.400	1.394

表3 测摆动 $n=20$ 次的时间 t 数据记录表

$(\Delta_{仪})_{数字毫秒仪}=0.001$ s

测量次数	1	2	3	4	5	6
t/s	31.564	31.57	31.576	31.578	31.572	31.549

（批注：原始数据记录与实验内容的要求相符；有指导教师签字确认，数据有效）

附录

Ⅰ 国际单位制

表Ⅰ-1 国际单位制的辅助单位

量的名称	单位名称	单位符号
[平面]角	弧度	rad
立体角	球面度	sr

表Ⅰ-2 国际单位制的基本单位

量的名称	单位名称	单位符号
长度	米	m
质量	千克	kg
时间	秒	s
电流	安[培]	A
热力学温度	开[尔文]	K
物质的量	摩[尔]	mol
发光强度	坎[德拉]	cd

表Ⅰ-3 国家选定的非国际单位制单位

量的名称	单位名称	单位符号	换算关系及说明
时间	分 [小]时 天[日]	min h d	$1\text{ min}=60\text{ s}$ $1\text{ h}=60\text{ min}=3\ 600\text{ s}$ $1\text{ d}=24\text{ h}=86\ 400\text{ s}$
平面角	[角]秒 [角]分 度	($''$) ($'$) ($°$)	$1''=(\pi/648\ 000)\text{rad}$ $1'=60''=(\pi/108\ 00)\text{rad}$ $1°=60'=(\pi/180)\text{rad}$
旋转速度	转每分	$r\cdot min^{-1}$	$1\ r\cdot min^{-1}=(1/60)s^{-1}$
长度	海里	n mile	$1\text{ n mile}=1\ 852\text{ m}$ （只用于航程）
速度	节	kn	$1\text{ kn}=1\text{ n mile}\cdot h^{-1}$ $=(1\ 852/3\ 600)m\cdot s^{-1}$ （只用于航程）

量的名称	单位名称	单位符号	换算关系及说明
质量	吨 原子质量单位	t u	$1\ t=10^3\ kg$ $1\ u\approx1.66\times11^{-27}\ kg$
体积	升	L,(l)	$1\ L=1\ dm^3=10^{-3}\ m^3$
能	电子伏	eV	$1\ eV\approx1.6\times11^{-19}\ J$
级差	分贝	dB	
线密度	特[克斯]	tex	$1\ tex=10^{-6}\ kg\cdot m^{-1}$

表 I-4　国际单位制中具有专门名称的导出单位

量的名称	单位名称	单位符号	其他表示式
频率	赫[兹]	Hz	s^{-1}
力、重力	牛[顿]	N	$kg\cdot m\cdot s^{-2}$
压力、压强、应力	帕[斯卡]	Pa	$N\cdot m^{-2}$
能[量]、功、热	焦[尔]	J	$N\cdot m$
功率、辐[射]能量	瓦[特]	W	$J\cdot s^{-1}$
电荷[量]	库[仑]	C	$A\cdot s$
电位、电压、电动势[电势]	伏[特]	V	$W\cdot A^{-1}$
电容	法[拉]	F	$C\cdot V^{-1}$
电阻	欧[姆]	Ω	$V\cdot A^{-1}$
电导	西[门子]	S	Ω^{-1}
磁通[量]	韦[伯]	Wb	$V\cdot s$
磁通[量]密度、磁感应强度	特[斯拉]	T	$Wb\cdot m^{-2}$
电感	享[利]	H	$Wb\cdot A^{-1}$
摄氏温度	摄氏度	℃	K
光通量	流[明]	lm	$cd\cdot sr$
[光]照度	勒[克斯]	lx	$lm\cdot m^{-2}$
[放射性]活度(强度)	贝可[勒尔]	Bq Gy Sv	s^{-1}
吸收剂量	戈[瑞]		$J\cdot kg^{-1}$
剂量当量	希[沃特]		

表 I -5　用于构成十进倍数和分数单位词头

所表示的因素	词头名称	词头符号	所表示的因素	词头名称	词头符号
10^{18}	艾[可萨]	E	10^{-1}	分	d
10^{15}	拍[它]	P	10^{-2}	厘	c
10^{12}	太[拉]	T	10^{-3}	毫	m
10^{9}	吉[咖]	G	10^{-6}	微	μ
10^{6}	兆	M	10^{-9}	纳[诺]	n
10^{3}	千	k	10^{-12}	皮[可]	p
10^{2}	百	h	10^{-15}	飞[母托]	f
10^{1}	十	da	10^{-18}	阿[托]	a

Ⅱ　常用物理参数

表 Ⅱ-1　常用物理常数表

物理量	符号	数值	相对不确定度(10^{-6})
真空光速	c	$299\ 792\ 458\ \mathrm{m \cdot s^{-1}}$	（精确）
真空磁导率	m_0	$4\pi \times 10^{-7}\ \mathrm{H \cdot m^{-1}}$	（精确）
介电常数	e_0	$8.854\ 187\ 817\cdots \times 10^{-12}\ \mathrm{F \cdot m^{-1}}$	（精确）
引力常量	G	$6.672\ 59(85) \times 10^{-11}\ \mathrm{m^3 \cdot s^{-2}}$	128
普朗克常量	h	$6.626\ 075\ 5(40) \times 10^{-34}\ \mathrm{J \cdot s}$	0.60
		$4.135\ 669\ 2(12) \times 10^{-15}\ \mathrm{eV \cdot s}$	0.30
		$1.054\ 572\ 66(63) \times 10^{-34}\ \mathrm{J \cdot s}$	0.60
		$6.582\ 122\ 0(20) \times 10^{-16}\ \mathrm{eV \cdot s}$	0.30
阿伏伽德罗常量	N_A	$6.022\ 136\ 7(36) \times 10^{-23}\ \mathrm{mol^{-1}}$	0.59
原子质量单位	u	$1.660\ 540\ 2(10) \times 10^{-27}\ \mathrm{kg}$	0.59
		$931.494\ 32(28)\ \mathrm{MeV}$	0.30
摩尔气体常量	R	$8.314\ 510(70)\ \mathrm{mol^{-1} \cdot K^{-1}}$	8.4
玻耳曼常量	k_B	$1.380\ 658(12) \times 10^{-23}\ \mathrm{J \cdot K^{-1}}$	8.5
		$8.617\ 385(73) \times 10^{-5}\ \mathrm{eV \cdot K^{-1}}$	8.4
摩尔体积(STP)	V_m	$22\ 414.10(19)\ \mathrm{cm^3 \cdot mol^{-1}}$	8.4
斯特藩-玻尔兹曼常量		$5.670\ 54(19) \times 10^{-8}\ \mathrm{W \cdot m^{-2} \cdot K^{-4}}$	34
电子伏	eV	$1.602\ 177\ 33(49) \times 10^{-19}\ \mathrm{J}$	0.30
标准大气压	atm	$101\ 325\ \mathrm{Pa}$	（精确）

续表

物理量	符号	数值	相对不确定度(10^{-6})
标准重力加速度	g_n	9.806 65 m·s^{-2}	（精确）
基本电荷	e	1.602 177 33(49)×10^{-19} C	0.30
磁通量子		2.067 834 61(61)×10^{-15} Wb	0.30
量子霍尔电导	e^2/h	3.874 046 14(17)×10^{-5} S	0.30
玻尔磁子	m_B	9.274 015 4(31)×10^{-24} J·T^{-1}	0.34
		5.788 382 63(52)×10^{-5} eV·T^{-1}	0.089
核磁子	μ_N	5.057 866(17)×10^{-27} J·T^{-1}	0.34
		3.152 451 66(28)×10^{-8} eV·T^{-1}	0.089
精细结构常数	a^{-1}	137.035 989 5(61)	0.045
里德伯常量	R_∞	10 973 731.534(13) m^{-1}	0.001 2
玻尔半径	a_0	0.529 177 249(24)×10^{-10} m	0.045
电子质量	m_e	9.109 389 7(54)×10^{-31} kg	0.59
		5.485 799 03(13)×10^{-4} u	0.023
		0.510 999 06(15) MeV	0.30
经典电子半径	R_e	2.817 940 92(38)×10^{-15} m	0.13
电子磁矩	μ_e	9.284 770 1(31)×10^{-24} J·T^{-1}	0.34
m 子质量	m_m	1.883 532 7(11)×10^{-28} kg	0.61
		0.113 428 913(17) u	0.15
		105.658 389(34) MeV	0.32
质子质量	m_P	1.672 623 1(10)×10^{-27} kg	0.59
		1.007 276 470(12) u	0.012
		938.272 31(28) MeV	0.30
质子磁矩	μ_P	2.792 847 386(63) μ_N	0.023
中子质量	m_n	1.674 928 6(10)×10^{-27} kg	0.59
		1.008 664 904(14) u	0.014
		939.565 63(28) MeV	0.30
中子磁矩	μ_n	−1.913 042 75(45) μ_N	0.024
氘核质量	m_d	3.343 586 0(20)×10^{-27} kg	0.59
		2.013 553 214(24) u	0.012
		1 875.613 39(57) MeV	0.30

表 Ⅱ-2　水在不同温度下的密度、黏度、介电常数和离子积常数 K_w 值

温度 t/℃	密度 ρ/g·mL^{-1}	黏度 η/10^{-3}Pa·s	介电常数/F·m^{-1}	离子积常数 K_w
0	0.999 84	—	87.90	0.11×10^{-14}
2	0.999 94	—	—	—
4	0.999 97	—	—	—
5	0.999 965	1.518 8	85.90	0.17×10^{-14}
6	0.999 94	—	—	—
8	0.999 85	—	—	—
10	0.999 700	1.309 7	83.95	0.30×10^{-14}
12	0.999 50	—	—	—
14	0.999 24	—	—	—
15	0.999 099	1.144 7	82.04	0.46×10^{-14}
16	0.998 94	—	—	0.50×10^{-14}
17	—	—	—	0.55×10^{-14}
18	0.998 60	—	—	0.60×10^{-14}
19	—	—	—	0.65×10^{-14}
20	0.998 203	1.008 7	80.18	0.69×10^{-14}
21	—	—	—	0.76×10^{-14}
22	0.997 77	—	—	0.81×10^{-14}
23	—	—	—	0.87×10^{-14}
24	0.997 30	—	—	0.93×10^{-14}
25	0.997 044	0.894 9	78.36	1.00×10^{-14}
26	0.996 78	—	—	1.10×10^{-14}
27	—	—	—	1.17×10^{-14}
28	0.996 23	—	—	1.29×10^{-14}
29	—	—	—	1.38×10^{-14}
30	0.995 646	0.800 4	76.58	1.48×10^{-14}
31	—	—	—	1.58×10^{-14}
32	0.995 03	—	—	1.70×10^{-14}
33	—	—	—	1.82×10^{-14}
34	0.994 37	—	—	1.95×10^{-14}
35	0.994 03	0.720 8	74.85	2.09×10^{-14}
36	0.993 69	—	—	2.24×10^{-14}

温度 t/℃	密度 ρ/g·mL^{-1}	黏度 η/10^{-3}Pa·s	介电常数/F·m^{-1}	离子积常数 K_w
37	—	—	—	2.40×10^{-14}
38	0.992 97	—	—	2.57×10^{-14}
39	—	—	—	2.75×10^{-14}
40	0.992 22	—	73.15	2.95×10^{-14}
42	0.991 44	—	—	—
44	0.990 63	—	—	—
45	—	—	71.50	—
46	0.989 79	—	—	—
48	0.988 93	—	—	—
50	0.988 04	—	69.88	5.5×10^{-14}
52	0.987 12	—	—	—
54	0.986 18	—	—	—
55	—	—	68.30	—
56	0.985 21	—	—	—
58	0.984 22	—	—	—
60	0.983 20	—	66.76	9.55×10^{-14}
62	0.982 16	—	—	—
64	0.981 09	—	—	—
65	—	—	65.25	—
66	0.980 01	—	—	—
68	0.978 90	—	—	—
70	0.977 77	—	63.78	15.8×10^{-14}
72	0.976 61	—	—	—
74	0.975 44	—	—	—
75	—	—	62.34	—
76	0.974 24	—	—	—
78	0.973 03	—	—	—
80	0.971 79	—	60.93	25.1×10^{-14}
82	0.970 53	—	—	—
84	0.969 26	—	—	—
85	—	—	59.55	—
86	0.967 96	—	—	—
88	0.966 65	—	—	—

温度 t/℃	密度 ρ/g·mL^{-1}	黏度 η/10^{-3} Pa·s	介电常数/F·m^{-1}	离子积常数 K_w
90	0.965 31	—	58.20	38.0×10^{-14}
92	0.963 96	—	—	—
94	0.962 59	—	—	—
95	—	—	56.88	—
96	0.961 20	—	—	—
98	0.959 79	—	—	—
100	0.958 36	—	55.58	55.0×10^{-14}

表 Ⅱ-3　水在不同温度下的表面张力变化

t/℃	σ/10^{-3} N·m^{-1}	t/℃	σ/10^{-3} N·m^{-1}
0	75.64	21	72.59
5	74.92	22	72.44
10	74.22	23	72.28
11	74.07	24	72.13
12	73.93	25	71.97
13	73.78	26	71.82
14	73.64	27	71.66
15	73.49	28	71.50
16	73.34	29	71.35
17	73.19	30	71.18
18	73.05	35	70.38
19	72.90	40	69.56
20	72.75	45	68.74

表 Ⅱ-4　不同温度时干燥空气中的声速　　　　　（单位:m·s^{-1}）

温度/℃	0	1	2	3	4	5	6	7	8	9
60	366.05	366.60	367.14	367.69	368.24	368.78	369.33	369.87	370.42	370.96
50	360.51	361.07	361.62	362.18	362.74	363.29	363.84	364.39	364.95	365.50
40	354.89	355.46	356.02	356.58	357.15	357.71	358.27	358.83	359.39	359.95
30	349.18	349.75	350.33	350.90	351.47	352.04	352.62	353.19	353.75	354.32
20	343.37	343.95	344.54	345.12	345.70	346.29	346.87	347.44	348.02	348.60
10	337.46	338.06	338.65	339.25	339.84	340.43	341.02	341.61	342.20	342.58
0	331.45	332.06	332.66	333.27	333.87	334.47	335.07	335.67	336.27	336.87

温度/℃	0	1	2	3	4	5	6	7	8	9
−10	325.33	324.71	324.09	323.47	322.84	322.22	321.60	320.97	320.34	319.52
−20	319.09	318.45	317.82	317.19	316.55	315.92	315.28	314.64	314.00	313.36
−30	312.72	312.08	311.43	310.78	310.14	309.49	308.84	308.19	307.53	306.88
−40	306.22	305.56	304.91	304.25	303.58	302.92	302.26	301.59	300.92	300.25
−50	299.58	298.91	298.24	397.56	296.89	296.21	295.53	294.85	294.16	293.48
−60	292.79	292.11	291.42	290.73	290.03	289.34	288.64	287.95	287.25	286.55
−70	285.84	285.14	284.43	283.73	283.02	282.30	281.59	280.88	280.16	279.44
−80	278.72	278.00	277.27	276.55	275.82	275.09	274.36	273.62	272.89	272.15
−90	271.41	270.67	269.92	269.18	268.43	267.68	266.93	266.17	265.42	264.66

表 Ⅱ-5　固体导热系数 λ

物质	温度/K	$\lambda/\times10^2$ W·m^{-1}·K^{-1}	物质	温度/K	$\lambda/\times10^2$ W·m^{-1}·K^{-1}
银	273	4.18	康铜	273	0.22
铝	273	2.38	不锈钢	273	0.14
金	273	3.11	镍铬合金	273	0.11
铜	273	4.0	软木	273	0.3×10^{-3}
铁	273	0.82	橡胶	298	1.6×10^{-3}
黄铜	273	1.2	玻璃纤维	323	0.4×10^{-3}

表 Ⅱ-6　某些金属和合金的电阻率及其温度系数

金属或合金	电阻率 /10^{-6} Ω·m	温度系数 /℃$^{-1}$	金属或合金	电阻率 /10^{-6} Ω·m	温度系数 /℃$^{-1}$
铝	0.028	42×10^{-4}	锌	0.059	42×10^{-4}
铜	0.017 2	43×10^{-4}	锡	0.12	44×10^{-4}
银	0.016	40×10^{-4}	水银	0.958	10×10^{-4}
金	0.024	40×10^{-4}	武德合金	0.52	37×10^{-4}
铁	0.098	60×10^{-4}	钢(0.10%~0.15%碳)	0.10~0.14	6×10^{-3}
铅	0.205	37×10^{-4}	康铜	0.47~0.51	$(-0.04\sim+0.01)\times10^{-3}$
铂	0.105	39×10^{-4}	铜锰镍合金	0.34~1.00	$(-0.03\sim+0.02)\times10^{-3}$
钨	0.055	48×10^{-4}	镍铬合金	0.98~1.10	$(0.03\sim0.4)\times10^{-3}$

注:电阻率与金属中的杂质有关,因此表中列出的只是 20℃时电阻率的平均值。

表 Ⅱ-7 在常温下某些物质相对于空气的光的折射率

物质	H$_\alpha$线(656.3 nm)	D 线(589.3 nm)	H$_\beta$线(486.1 nm)
水(18℃)	1.331 4	1.333 2	1.337 3
乙醇(18℃)	1.360 9	1.362 5	1.366 5
二硫化碳(18℃)	1.619 9	1.629 1	1.654 1
冕玻璃(轻)	1.512 7	1.515 3	1.521 4
冕玻璃(重)	1.612 6	1.615 2	1.621 3
燧石玻璃(轻)	1.603 8	1.608 5	1.620 0
燧石玻璃(重)	1.743 4	1.751 5	1.772 3
方解石(寻常光)	1.654 5	1.658 5	1.667 9
方解石(非常光)	1.484 6	1.486 4	1.490 8
水晶(寻常光)	1.541 8	1.544 2	1.549 6
水晶(非常光)	1.550 9	1.553 3	1.558 9

表 Ⅱ-8 常用光源的谱线波长表(单位:nm)

一、H(氢)	447.15 蓝	589.592(D$_1$)黄
656.28 红	402.62 蓝紫	588.995(D$_2$)黄
486.13 绿蓝	388.87 蓝紫	五、Hg(汞)
434.05 蓝	三、Ne(氖)	623.44 橙
410.17 蓝紫	650.65 红	579.07 黄
397.01 蓝紫	640.23 橙	576.96 黄
二、He(氦)	638.30 橙	546.07 绿
706.52 红	626.25 橙	491.60 绿蓝
667.82 红	621.73 橙	435.83 蓝
587.56(D$_3$)黄	614.31 橙	407.78 蓝紫
501.57 绿	588.19 黄	404.66 蓝紫
492.19 绿蓝	585.25 黄	六、He-Ne 激光
471.31 蓝	四、Na(钠)	632.8 橙

Ⅲ 物理实验和诺贝尔物理学奖

诺贝尔与诺贝尔奖

在世界科学史上,有这样一位伟大的科学家:他不仅把自己的毕生精力全部贡献给了科学事业,而且还在身后留下遗嘱,把自己的遗产全部捐献,用以奖掖后人向科学的高峰努力攀登。今天,以他的名字命名的科学奖,已经成为举世瞩目的最高科学大奖。他的名字和人类在科学探索中取得的成就一道永远留在了人类社会发展的文明史册上。这位伟大的科学家,就是世人皆知的瑞典化学家阿尔弗雷德·伯恩哈德·诺贝尔(Alfred Bernhard Nobel)。

阿尔弗雷德·伯恩哈德·诺贝尔
Alfred Bernhard Nobel,1833—1896

诺贝尔生于瑞典的斯德哥尔摩。诺贝尔一生致力于炸药的研究,因发明硝化甘油引爆剂、硝化甘油固体炸药和胶状炸药等,被誉为"炸药大王"。他不仅从事理论研究,而且进行工业实践。他一生共获得技术发明专利 355 项,并在欧美等五大洲 20 个国家开设了约 100 家公司和工厂,积累了巨额财富。

诺贝尔一生未婚,没有子女。一生的大部分时间忍受着疾病的折磨。他生前有两句名言:"我更关心生者的肚皮,而不是以纪念碑的形式对死者的缅怀。""我看不出我应得到任何荣誉,我对此也没有兴趣。"诺贝尔对自己个人的评价是——"最大的优点:保持他的指甲干净,对任何人都从不构成负担。最大的特点:没有家庭,缺乏欢乐精神和良好胃口。最大的也是唯一的请求:不要被活埋。最大的罪恶:不拜财神。生平重要事件:无。"

1896 年 12 月 10 日,诺贝尔在意大利的圣雷莫逝世。逝世的前一年,他立嘱将其遗产的大部分(约 920 万美元)作为基金,将每年所得利息分为 5 份,设立物理、化学、医学和生理、文学以及和平 5 种奖金,授予世界各国在这些领域对人类做出重大贡献的人。据此,1900 年 6 月瑞典政府批准设置了诺贝尔基金会,瑞典议会通过了《颁发诺贝尔奖金章程》,并于次年诺贝尔逝世 5 周年纪念日,即 1901 年 12 月 10 日首次颁发诺贝尔奖。自此以后,除因战时中断外,每年的这一天分别在瑞典首都斯德哥尔摩和挪威首都奥斯陆举行隆重颁奖仪式。

1968 年瑞典中央银行于建行 300 周年之际,为纪念诺贝尔,出资增设了诺贝尔经济奖(全称为"瑞典中央银行纪念阿尔弗雷德·伯恩哈德·诺贝尔经济科学奖金",亦称"纪念诺贝尔经济学奖"),授予在经济科学研究领域做出重大贡献的人。该奖于 1969 年开始与其他 5 个奖项同时颁发。

物理实验与诺贝尔物理学奖

诺贝尔奖作为世界上重要的奖项一直受到世人的瞩目,她代表了一种权威性的主流方向。因而从诺贝尔物理奖的获奖情况就能充分体现出物理学发展的动向及其发展的程度,也可由此窥探出物理实验在物理学发展中的重要价值。

从 100 多年诺贝尔物理学奖的获奖情况中可以看出,实验物理和技术物理所占比例大约是理论物理的两倍,这不但说明现代物理的本质是实验的,而且还说明了现代科学革命是以实验的事实冲破经典科学理论体系为开端的。

如果说物理学是一座大厦,那么物理实验就是其脊梁。正是物理实验这坚实的支柱使得物理学这门自然科学突飞猛进地发展。许多诺贝尔物理学获奖者在其科学研究中无不是做大量的实验来证明其理论的可行性。实验是检验物理理论的唯一标准。

物理学的发展正是后人在前人的实验基础上进行了更加精密的、艰苦的实验,得出更加完善的理论,而这理论只有被拿到物质世界中经过大量的实践证明才能肯定其理论价值,然后在此基础上人们又开始新的实验、新的证明,从而使物理学不断地向前发展。

自 1901 年到 2009 年的 109 年中,诺贝尔物理学奖有 6 届由于世界大战和经济萧条而没有颁发(1916 年、1931 年、1934 年和 1940—1942 年)。所以物理学奖实际上只颁发了 101 届,共有 187 人次,186 位科学家获得过诺贝尔物理学奖。其中美国著名物理学家巴丁是唯一的在物理学领域中两次获得诺贝尔物理学奖的物理学家。

值得我们特别关注的是在诺贝尔物理学奖得主中有我们 6 位华人同胞,他们是杨振宁、李政道、丁肇中、朱棣文、崔琦和高锟。

历年诺贝尔物理学奖获奖情况一览

年份	获奖者	国籍	获奖原因
1901	W. K. 伦琴	德国	发现 X 射线
1902	H. A. 洛伦兹 P. 塞曼	荷兰 荷兰	对辐射的磁效应的研究
1903	A. H. 贝克勒尔 P. 居里 M. 居里	法国 法国 法籍波兰人	自发放射性的发现 对 A. H. 贝克勒尔发现的辐射现象的研究
1904	瑞利	法国	对一些很重要的气体的研究,并在此项研究中发现了氩气
1905	P. 勒纳	德籍匈牙利人	阴极射线的工作人
1906	J. J. 汤姆逊	英国	对气体导电的理论和实验研究
1907	A. A. 迈克尔逊	美籍普鲁士人	光学精密仪器,并利用它们所做的光谱学和和计量学的研究
1908	G. 李普曼	法国	创造了在干涉现象基础上的彩色照相方法

续表

年份	获奖者	国籍	获奖原因
1909	G. 马可尼 C. F. 布劳恩	意大利 德国	对无线电报的研制
1910	J. D. 范德瓦耳斯	荷兰	气体和液体状态方程的工作
1911	W. 维恩	德国	发现有关热辐射的定律
1912	N. G. 达伦	瑞典	发明与气体贮存器一起使用的点燃灯塔和浮标的自动调节器
1913	H. 开默林-昂内斯	荷兰	对低温下物质性质的研究以及由此制成的液态氦
1914	M. Von 劳厄	德国	发现晶体中伦琴射线衍射
1915	W. H. 布嘞格 W. L. 布嘞格	英国	用 X 射线对晶体结构的研究
1916	没有发奖		
1917	G. G. 巴克拉	英国	对元素标识伦琴射线的发现
1918	M. 普朗克	德国	发现能量子(量子理论),并据此对物理学进展所做的贡献
1919	J. 斯塔克	德国	发现极隧射线的多普勒效应以及光谱线在电场中的劈裂
1920	C. E. 纪尧姆	瑞士	发现镍合金钢的反常现象及其在精密物理学中的重要性
1921	A. 爱因斯坦	瑞士美籍德国人	数学物理方面的成就,特别是发现光电效应定律
1922	N. 玻尔	丹麦	研究原子结构和原子辐射
1923	R. A. 密立根	美国	在电的基本电荷和光电效应方面的工作
1924	K. M. G. 西格班	瑞典	在 X 射线谱方面的发现和研究
1925	J. 夫兰克 G. L. 赫兹	德国	发现电子同原子碰撞规律
1926	J. B. 佩兰	法国	物质结构不连续性,特别是发现沉积平衡的工作
1927	A. H. 康普顿 G. T. R. 威尔孙	美国 英国	发现康普顿效应,发明通过蒸汽的凝结使带电粒子的径迹变为可见的方法
1928	O. W. 里查孙	英国	在热离子方面的工作,特别是发现里查孙定律
1929	L. V. 德布罗意	法国	发现电子的波动性
1930	C. V. 拉曼	印度	研究光的散射并发现拉曼效应
1931	没有发奖		
1932	W. 海森堡	德国	创立量子力学,并导致氢的同素异形的发现
1933	E. 薛定谔 P. A. M. 狄拉克	奥地利 英国	发现原子理论的新形式:波动力学和狄拉克方程

续表

年份	获奖者	国籍	获奖原因
1934	没有颁奖		
1935	J. 查德威克	英国	发现中子
1936	V. F 赫斯 C. D. 安德孙	奥地利 美国	发现宇宙射线 发现正电子
1937	J. P. 汤姆孙 C. J. 戴维孙	英国 美国	通过实验发现受电子照射的晶体中的干涉现象 通过实验发现晶体对电子的衍射作用
1938	E. 费米	美籍意大利人	用中子辐照的方法产生新放射性元素和在这研究中发现慢中子引起的核反应
1939	F. O. 劳伦斯	美国	发明和发展了回旋加速器以及利用它所取得的成果，特别是有关人工放射性元素的研究
1940	没有颁奖		
1941	没有颁奖		
1942	没有颁奖		
1943	O. 斯特恩	美籍德国人	发展分子射线(分子束)方法的贡献和测定质子磁矩
1944	I. I. 拉比	美籍奥地利人	用共振方法记录原子核的磁性
1945	W. 泡利	美籍奥地利人	发现泡利不相容原理
1946	P. W. 布里奇曼	美国	发明获得高压的设备及在高压物理领域内的许多发现，并创立了高压物理
1947	E. V. 阿普顿	英国	对高层大气物理学的研究,特别是发现电离层中反射无线电波的阿普顿层
1948	P. M. S. 布莱克特	英国	改进威尔孙云雾室及在核物理和宇宙线方面的发现
1949	汤川秀树	日本	在核力理论的基础上用数学方法预见介子的存在
1950	C. F. 鲍威尔	英国	研制出核乳胶照相法并用它发现介子
1951	J. D. 科克罗夫特 E. T. S. 瓦尔顿	英国 爱尔兰	首先利用人工所加速的粒子开展原子核 嬗变的先驱性研究
1952	E. M. 珀塞尔 F. 布洛赫	美国 美国	核磁精密测量新方法的发展及有关的发现
1953	F. 塞尔尼克	荷兰	论证相衬法,特别是研制相衬显微镜
1954	M. 玻恩 W. W. G. 玻特	英籍德国人 德国	对量子力学的基础研究,特别是量子力学中波函数的统计解释(前者);符合法的提出及由此导出的发现;分析宇宙辐射(后者)
1955	P. 库什 W. E. 拉姆	美国 美国德国人	精密测定电子磁矩 发现氢光谱的精细结构

年份	获奖者	国籍	获奖原因
1956	W. 肖克莱 W. H. 布拉顿 J. 巴丁	美国 美国 美国	研究半导体并发现晶体管效应
1957	李政道 杨振宁	美籍华人 美籍华人	否定弱相互作用下宇称守恒定律,使基本粒子研究获重大发现
1958	P. A. 切连柯夫 I. M. 弗兰克 I. Y. 塔姆	苏联 苏联 苏联	发现并解释切连柯夫效应(高速带电粒子在透明物质中传递时放出蓝光的现象)
1959	E. 萨克雷 O. 张伯伦	美籍意大利人 美国	发现反质子
1960	D. A. 格拉塞尔	美国	发明气泡室
1961	R. 霍夫斯塔特 R. L. 穆斯堡	美国 联邦德国	由高能电子散射研究原子核的结构 研究 γ 射线的无反冲共振吸收和发现穆斯堡效应
1962	L. D. 朗道	苏联	研究凝聚态物质的理论,特别是液氦的研究
1963	E. P. 维格纳 M. G. 迈耶 J. H. D. 詹森	美籍匈牙利人 美籍德国人 联邦德国	原子核和基本粒子理论的研究,特别是发现和应用对称性基本原理方面的贡献 发现原子核结构壳层模型理论,成功地解释原子核的长周期和其他幻数性质的问题
1964	C. H. 汤斯 N. G. 巴索夫 A. M. 普洛霍罗夫	美国 苏联 苏联	在量子电子学领域中的基础研究导致了根据微波激射器和激光器的原理构成振荡器和放大器 用于产生激光光束的振荡器和放大器的研究工作 在量子电子学中的研究工作导致微波激射器和激光器的制作
1965	R. P. 费曼 J. S. 施温格 朝永振一郎	美国 美国 日本	对基本粒子物理学有深远意义的量子电动力学的研究
1966	A. 卡斯特莱	法国	发现并发展了研究原子中核磁共振的光学方法
1967	H. A. 贝特	美籍德国人	恒星能量的产生方面的理论
1968	L. W. 阿尔瓦雷斯	美国	对基本粒子物理学的决定性的贡献,特别是通过发展氢气泡室和数据分析技术而发现许多共振态
1969	M. 盖尔曼	美国	关于基本粒子的分类和相互作用的发现,提出"夸克"粒子理论

续表

年份	获奖者	国籍	获奖原因
1970	H. O. G. 阿尔文 L. E. F. 尼尔	瑞典 法国	磁流体力学的基础研究和发现并在等离子体物理中找到广泛应用;反铁磁性和铁氧体磁性的基本研究和发现,这在固体物理中具有重要的应用
1971	D. 加波	英籍匈牙利人	全息摄影术的发明及发展
1972	J. 巴丁 L. N. 库珀 J. R. 斯莱弗	美国 美国 美国	提出通称 BCS 理论的超导微观理论
1973	B. D. 约瑟夫森 江崎岭于奈 I. 迦埃弗	英国 日本 美籍挪威人	关于固体中隧道现象的发现,从理论上预言了超导电流能够通过隧道阻挡层(即约瑟夫森效应) 从实验上发现半导体中的隧道效应 从实验上发现超导体中的隧道效应
1974	M. 赖尔 A. 赫威期	英国 英国	研究射电天文学,尤其是孔径综合技术方面的创造与发展;射电天文学方面的先驱性研究,在发现脉冲星方面起决定性角色
1975	A. N. 玻尔 B. R. 莫特尔孙 L. J. 雷恩瓦特	丹麦 丹麦籍美国人 美国	发现原子核中集体运动与粒子运动之间的联系,并在此基础上发展了原子核结构理论 原子核内部结构的研究工作
1976	丁肇中 B. 里克特	美籍华人 美国	各自独立地发现了新粒子 J/Ψ,其质量约为质子质量的三倍,寿命比共振态的寿命长上万倍
1977	P. W. 安德孙 J. H. 范弗莱克 N. F. 莫特	美国 美国 英国	对晶态与非晶态固体的电子结构做了基本的理论研究,提出"固态"物理理论 对磁性与不规则系统的电子结构做了基本研究
1978	A. A. 彭齐亚斯 R. W. 威尔孙 P. L. 卡皮查	美籍德国人 美国 苏联	3K 宇宙微波背景的发现 建成液化氮的新装置,证实氮亚超流低温物理学
1979	S. L. 格拉肖 S. 温伯格 A. L. 萨拉姆	美国 美国 巴基斯坦	建立弱电统一理论,特别是预言弱电流的存在
1980	J. W. 克罗宁 V. L. 菲奇	美国 美国	CP 不对称性的发现
1981	N. 布洛姆伯根 A. L. 肖洛 K. M. 瑟巴	美籍荷兰人 美国 瑞典	激光光谱学与非线性光学的研究 高分辨电子能谱的研究

续表

年份	获奖者	国籍	获奖原因
1982	K. 威尔孙	美国	关于相变的临界现象理论的贡献
1983	S. 钱德拉塞卡尔 W. 福勒	美籍印度人 美国	恒星结构和演化方面的理论研究;宇宙间化学元素形成方面的核反应的理论研究和实验
1984	C. 鲁比亚 S. 范德梅尔	意大利 荷兰	对导致发现弱相互作用的传递者场粒子 W 和 Z 的大型工程的决定性贡献
1985	K. V. 克利青	德国	发现固体物理中的量子霍尔效应
1986	E. 鲁斯卡 G. 宾尼 H. 罗雷尔	德国 德国 瑞士	电子物理领域的基础研究工作,设计出世界上第 1 架电子显微镜 设计出扫描式隧道效应显微镜
1987	J. G. 柏诺兹 K. A. 穆勒	美国 美国	发现新的超导材料
1988	L. M. 莱德曼 M. 施瓦茨 J. 斯坦伯格	美国 美国 英国	从事中微子波束工作及通过发现 μ 介子中微子从而对轻粒子对称结构进行论证
1989	N. F. 拉姆齐 W. 保罗 H. G. 德梅尔特	美国 德国 美国	发明原子铯钟及提出氢微波激射技术 创造捕集原子的方法以达到能极其精确地研究一个电子或离子
1990	J. 杰罗姆 H. 肯德尔 R. 泰勒	美国 美国 加拿大	发现夸克存在的第一个实验证明
1991	P. G. 德然纳	法国	液晶基础研究
1992	J. 夏帕克	法国	对粒子探测器特别是多丝正比室的发明和发展
1993	J. 泰勒 L. 赫尔斯	美国 美国	发现一对脉冲星,质量为两个太阳的质量,而直径仅 10～30 km,故引力场极强,为引力波的存在提供了间接证据
1994	C. 沙尔 B. 布罗克豪斯	美国 加拿大	发展中子散射技术
1995	M. L. 珀尔 F. 雷恩斯	美国 美国	珀尔及其合作者发现了 τ 轻子;雷恩斯与 C. 考温首次成功地观察到电子反中微子他们在轻子研究方面的先驱性工作,为建立轻子-夸克层次上的物质结构图像作出了重大贡献
1996	戴维·李 奥谢罗夫 R. C. 里查森	美国 美国 美国	发现氦-3 中的超流动性

续表

年份	获奖者	国籍	获奖原因
1997	朱棣文 K. 塔诺季 菲利浦斯	美籍华人 法国 美国	激光冷却和陷俘原子
1998	劳克林 斯特默 崔琦	美国 美国 美籍华人	分数量子霍尔效应的发现
1999	H. 霍夫特 M. 韦尔特曼	荷兰 荷兰	亚原子粒子之间电弱相互作用的量子结构
2000	泽罗斯·阿尔费罗夫 赫伯特·克勒默 杰克·基尔比	俄罗斯 美籍德国人 美国	通过发明快速晶体管、激光二极管和集成电路,为现代信息技术奠定了坚实基础
2001	康奈尔 克特勒 维曼	美国 美国 美国	玻色爱因斯坦冷凝态的研究
2002	戴维斯 小柴昌俊 贾科尼	美国 日本 美国	在天体物理学领域做出卓越贡献:尤其是发现了宇宙中的微中子(前两者),引导发现了宇宙 X 射线源(后者)。
2003	A. 阿比瑞克索夫 W. 金兹伯格 A. 莱格特	美国 俄国 英国	在超导和超流理论方面的先驱性贡献
2004	戴维·格罗斯 戴维·波利泽 弗兰克·维尔泽克	美国 美国 美国	发现了粒子物理强相互作用理论中的渐近自由现象
2005	奥伊·格拉布尔 约翰·哈尔 特奥多尔·汉什	美国 美国 德国	在光学相干的量子理论领域的贡献(前者) 在激光精密光谱学,包括光频梳技术领域取得的成就(后两者)
2006	约翰·马瑟 乔治·斯穆特	美国	发现了宇宙微波背景辐射的黑体形式和各向异性
2007	艾尔伯·费尔 皮特·克鲁伯格	法国 德国	发现巨磁电阻效应
2008	南部阳一郎 小林诚 益川敏英	美籍日本人 日本 日本	发现了亚原子物理学中自发对称性破缺机制(前者) 发现有关对称性破缺起源(后两者)

年份	获奖者	国籍	获奖原因
2009	高锟 韦拉德-博伊尔 乔治-史密斯	英籍华人 美国 美国	在"有关光在纤维中的传输以用于光学通信方面"取得了突破性成就(前者) 发明了半导体成像器件——电荷耦合器件(CCD)图像传感器(后两者)
2010	海姆 诺沃肖洛夫	英国	在石墨烯材料方面的卓越研究
2011	萨尔·波尔马特 布莱恩·施密特 亚当·里斯	美国 美/澳 美国	通过观测遥远超新星发现宇宙的加速膨胀
2012	塞尔日·阿罗什 大卫·维因兰德	法国 美国	发现测量和操控单个量子系统的突破性实验方法
2013	弗朗索瓦·恩格勒 彼得·希格斯	比利时 英国	希格斯玻色子(上帝粒子)的理论预言
2014	赤崎勇 天野浩 中村修二	日本 日本 美籍日本人	发明蓝色发光二极管(LED)
2015	梶田隆章 阿瑟·麦克唐纳	日本 加拿大	在发现中微子振荡方面所作的贡献
2016	戴维·索利斯 邓肯·霍尔丹 迈克尔·科斯特利茨	美国 美国 美国	在理论上发现了物质的拓扑相变以及在拓扑相变方面作出的理论贡献

Ⅳ　世界十大经典物理实验

　　科学实验是物理学发展的基础,又是检验物理学理论的唯一手段,特别是现代物理学的发展,更和实验有着密切的联系。现代实验技术的发展,不断地揭示和发现各种新的物理现象,日益加深人们对客观世界规律的正确认识,从而推动物理学的向前发展。

　　了解在物理学发展过程中起关键性作用的一些实验,对我们学习本课程及相关课程和知识有着积极的意义。美国物理学家特里格曾编著了《20世纪物理学的重要实验》和《现代物理学中的关键性实验》这两本重要的教材。

　　2002年,美国两位学者在全美物理学家中做了一次调查,请他们提名有史以来最出色的十大物理实验,结果刊登在2002年9月的美国《物理世界》杂志上,其中多数都是我们耳熟能详的经典之作。令人惊奇的是十大经典物理实验的核心是他们都抓住了物理学家眼中最美丽的科学之魂:由简单的仪器和设备,发现了最根本、最单纯的科学概念。十大经典物理实验犹如十座历史丰碑,扫开人们长久的困惑和含糊,开辟了对自然界的崭新认识。从十大经典物理实验评选本身,我们也能清楚地看出2000年来科学家们最重大的发现轨迹,就像我们"鸟瞰"历史一样。

排名第一:托马斯·杨的双缝演示应用于电子干涉实验

在20世纪初的一段时间中,人们逐渐发现了微观客体(光子、电子、质子、中子等)既有波动性,又有粒子性,即所谓的"波粒二象性"。"波动"和"粒子"都是经典物理学中从宏观世界里获得的概念,与我们的直观经验较为相符。然而,微观客体的行为与人们的日常经验毕竟相差很远。如何按照现代量子物理学的观点去准确认识、理解微观世界本身的规律,电子双缝干涉实验为一典型实例。

杨氏的双缝干涉实验是经典的波动光学实验,玻尔和爱因斯坦试图以电子束代替光束来做双缝干涉实验,以此来讨论量子物理学中的基本原理。可是,由于技术的原因,当时它只是一个理想实验。直到1961年,约恩孙制作出长为50 mm、宽为0.3 mm、缝间距为1 mm的双缝,并把一束电子加速到50 keV,然后让它们通过双缝。当电子撞击荧光屏时显示了可见的图样,并可用照相机记录图样结果。电子双缝干涉实验的图样与光的双缝干涉实验结果的类似性给人们留下了深刻的印象,这是电子具有波动性的一个实证。更有甚者,实验中即使电子是一个个地发射,仍有相同的干涉图样。但是,当我们试图决定电子究竟是通过哪个缝的,不论用何手段,图样都立即消失,这实际告诉我们,在观察粒子波动性的过程中,任何试图研究粒子的努力都将破坏波动的特性,我们无法同时观察两个方面。要设计出一种仪器,它既能判断电子通过哪个缝,又不干扰图样的出现是绝对做不到的。这是微观世界的规律,并非实验手段的不足。

排名第二:伽利略的自由落体实验

伽利略(1564—1642)是近代自然科学的奠基者,是科学史上第一位现代意义上的科学家。他首先为自然科学创立了两个研究法则:观察实验和量化方法,创立了实验和数学相结合、真实实验和理想实验相结合的方法,从而创造了和以往不同的近代科学研究方法,使近代物理学从此走上了以实验精确观测为基础的道路。爱因斯坦高度评价道:"伽利略的发现以及他所应用的科学推理方法是人类思想史上最伟大的成就之一。"

16世纪以前,希腊最著名的思想家和哲学家亚里士多德是第一个研究物理现象的科学巨人,他的《物理学》一书是世界上最早的物理学专著。但是亚里士多德在研究物理学时并不依靠实验,而是从原始的直接经验出发,用哲学思辨代替科学实验。亚里士多德认为每一个物体都有回到自然位置的特性,物体回到自然位置的运动就是自然运动。这种运动取决于物体的本性,不需要外部的作用。自由落体是典型的自然运动,物体越重,回到自然位置的倾向越大,因而在自由落体运动中,物体越重,下落越快;物体越轻,下落越慢。

伽利略当时在比萨大学任职,他大胆地向亚里士多德的观点挑战。伽利略设想了一个理想实验:让一重物体和一轻物体束缚在一起同时下落。按照亚里士多德的观点,这一理想实验将会得到两个结论。首先,由于这一联结,重物受到轻物的牵连与阻碍,下落速度将会减慢,下落时间将会延长;其次,也由于这一联结,联结体的重量之和大于原重物体;因而下落时间会更短。显然这是两个截然相反的结论。

伽利略利用理想实验和科学推理,巧妙地揭示了亚里士多德运动理论的内在矛盾,打开了亚里士多德运动理论的缺口,导致了物理学的真正诞生。

人们传说伽利略从比萨斜塔上同时扔下一轻一重的物体,让大家看到两个物体同时落地,从而向世人展示了他尊重科学,不畏权威的可贵精神。

排名第三:罗伯特·密立根的油滴实验

很早以前,科学家就在研究电。人们知道这种无形的物质可以从天上的闪电中得到,也可以通过摩擦头发得到。1897 年,英国物理学家托马斯已经得知如何获取负电荷电流。1909 年美国科学家罗伯特·密立根(1868—1953)开始测量电流的电荷。

他用一个香水瓶的喷头向一个透明的小盒子里喷油滴。小盒子的顶部和底部分别放有一个通正电的电极和一个通负电的电极。当小油滴通过空气时,就带了一些静电,它们下落的速度可以通过改变电极的电压来控制。当去掉电场时,测量油滴在重力作用下的速度可以得出油滴半径;加上电场后,可测出油滴在重力和电场力共同作用下的速度,并由此测出油滴得到或失去电荷后的速度变化。这样,他可以一次连续几个小时测量油滴的速度变化,即使工作因故被打断,被电场平衡住的油滴经过一个多小时也不会跑多远。

经过反复实验,密立根得出结论:电荷的值是某个固定的常量,最小单位就是单个电子的带电量。他认为电子本身既不是一个假想的也不是不确定的,而是一个"我们这一代人第一次看到的事实"。他在诺贝尔奖获奖演讲中强调了他的工作的两条基本结论,即"电子电荷总是元电荷的确定的整数倍而不是分数倍"和"这一实验的观察者几乎可以认为是看到了电子"。

"科学是用理论和实验这两只脚前进的,"密立根在他的获奖演说中讲道,"有时这只脚先迈出一步,有时是另一只脚先迈出一步,但是前进要靠两只脚:先建立理论然后做实验,或者是先在实验中得出了新的关系,然后再迈出理论这只脚并推动实验前进,如此不断交替进行。"他用非常形象的比喻说明了理论和实验在科学发展中的作用。作为一名实验物理学家,他不但重视实验,也极为重视理论的指导作用。

排名第四:牛顿的棱镜分解太阳光

对光学问题的研究是牛顿(1642—1727)工作的重要部分之一,亦是他最后未完成的课题。牛顿 1665 年毕业于剑桥大学的三一学院,当时大家都认为白光是一种纯的没有其他颜色的光;而有色光是一种不知何故发生变化的光(亚里斯多德的理论)。1665—1667年间,年轻的牛顿独自做了一系列实验来研究各种光现象。他把一块三棱镜放在阳光下,透过三棱镜,光在墙上被分解为不同颜色,后来我们将其称作光谱。在他的手里首次使三棱镜变成了光谱仪,真正揭示了颜色起源的本质。1672 年 2 月,牛顿怀着揭露大自然奥秘的兴奋和喜悦,在第一篇正式的科学论文《白光的结构》中,阐述了他的颜色起源学说,

"颜色不像一般所认为的那样是从自然物体的折射或反射中所导出的光的性能,而是一种原始的、天生的性质。""通常的白光确实是每一种不同颜色的光线的混合,光谱的伸长是由于玻璃对这些不同的光线折射本领不同。"

牛顿《光学》著作于 1704 年问世,其中第一节专门描述了关于颜色起源的棱镜分光实验和讨论,肯定了白光由七种颜色组成。他还给这七种颜色进行了命名,直到现在,全世界的人都在使用牛顿命名的颜色。牛顿指出:"光带被染成这样的彩条:紫色、蓝色、青色、绿色、黄色、橙色、红色,还有所有的中间颜色,连续变化,顺序连接。"正是这些红、橙、黄、绿、青、蓝、紫基础色不同的色谱才形成了表面上颜色单一的白色光,如果你深入地看看,会发现白光是非常美丽的。

这一实验后人可以不断地重复进行,并得到与牛顿相同的实验结果。自此以后七种颜色的理论就被人们普遍接受了。通过这一实验,牛顿为光的色散理论奠定了基础,并使人们对颜色的解释摆脱了主观视觉印象,从而走上了与客观量度相联系的科学轨道。同时,这一实验开创了光谱学研究,不久,光谱分析就成为光学和物质结构研究的主要手段。

排名第五:托马斯·杨的光干涉实验

牛顿在其《光学》的论著中认为光是由微粒组成的,而不是一种波。因此在其后的近百年间,人们对光学的认识几乎停滞不前,没有取得什么实质性的进展。1800 年英国物理学家托马斯·杨(1773—1829)向这个观点提出了挑战,光学研究也获得了飞跃性的发展。

杨在《关于声和光的实验与研究提纲》的论文中指出,光的微粒说存在着两个缺点:一是既然发射出光微粒的力量是多种多样的,那么,为什么又认为所有发光体发出的光都具有同样的速度? 二是透明物体表面产生部分反射时,为什么同一类光线有的被反射,有的却透过去了呢? 杨认为,如果把光看成类似于声音那样的波动,上述两个缺点就会避免。

为了证明光是波动的,杨在论文中把"干涉"一词引入光学领域,提出光的"干涉原理",即"同一光源的部分光线当从不同的渠道,恰好由同一个方向或者大致相同的方向进入眼睛时,光程差是固定长度的整数倍时最亮,相干涉的两个部分处于均衡状态时最暗,这个长度因颜色而异"。杨氏对此进行了实验,他在百叶窗上开了一个小洞,然后用厚纸片盖住,再在纸片上戳一个很小的洞。让光线透过,并用一面镜子反射透过的光线。然后他用一个厚约 1/30 英寸的纸片把这束光从中间分成两束,结果看到了相交的光线和阴影。这说明两束光线可以像波一样相互干涉。这就是著名的"杨氏干涉实验"。

杨氏实验是物理学史上一个非常著名的实验,杨氏以一种非常巧妙的方法获得了两束相干光,观察到了干涉条纹。他第一次以明确的形式提出了光波叠加的原理,并以光的波动性解释了干涉现象。随着光学的发展,人们至今仍能从中提取出很多重要概念和新的认识。无论是经典光学还是近代光学,杨氏实验的意义都是十分重大的。爱因斯坦(1879—1955)指出:光的波动说的成功,在牛顿物理学体系上打开了第一道缺口,揭开了现今所谓的场物理学的第一章。这个实验也为一个世纪后量子学说的创立起到了至关重要的作用。

排名第六：卡文迪什扭矩实验

牛顿的万有引力理论指出：两个物体之间的吸引力与它们质量的乘积成正比，与它们距离的平方成反比。但是万有引力到底多大？

18 世纪末，英国科学家亨利·卡文迪什(1731—1810)决定要找到一个计算方法。他把两头带有金属球的 6 英尺长的木棒用金属线悬吊起来。再用两个 350 磅重的皮球分别放在两个悬挂着的金属球足够近的地方，以吸引金属球转动，从而使金属线扭动，然后用自制的仪器测量出微小的转动。

测量结果惊人的准确，他测出了万有引力的引力常数 G。牛顿万有引力常数 G 的精确测量不仅对物理学有重要意义，同时也对天体力学、天文观测学，以及地球物理学具有重要的实际意义。人们在卡文迪什实验的基础上可以准确地计算地球的密度和质量。

排名第七：埃拉托色尼测量地球圆周

埃拉托色尼(约公元前 276—约前 194)公元前 276 年生于北非城市塞里尼(今利比亚的沙哈特)。他兴趣广泛，博学多才，是古代仅次于亚里斯多德的百科全书式的学者。只是因为他的著作全部失传，后人才对他不太了解。

埃拉托色尼的科学工作极为广泛，最为著名的成就是测定地球的大小，其方法完全是几何学的。假定地球是一个球体，那么同一个时间在地球上不同的地方，太阳线与地平面的夹角是不一样的。只要测出这个夹角的差以及两地之间的距离，地球周长就可以计算出来。他听说在埃及的塞恩即今天的阿斯旺，夏至这天中午的阳光悬在头顶，物体没有影子，光线可以直射到井底，表明这时的太阳正好垂直塞恩的地面，埃拉托色尼意识到这可以帮助他测量地球的圆周。他测出了塞恩到亚历山大城的距离，又测出夏至正中午时亚历山大城垂直杆的杆长和影长，发现太阳光线有稍稍偏离，与垂直方向大约成 7°角。剩下的就是几何问题了。假设地球是球状，那么它的圆周应是 360°。如果两座城市成 7°角 (7/360 的圆周)，就是当时 5 000 个希腊运动场的距离，因此地球圆周应该是 25 万个希腊运动场，约合 4 万千米。今天我们知道埃拉托色尼的测量误差仅仅在 5％以内，即与实际只差 100 多千米。

排名第八：伽利略的加速度实验

伽利略利用理想实验和科学推理巧妙地否定了亚里士多德的自由落体运动理论。那么正确的自由落体运动规律应是怎样的呢？由于当时测量条件的限制，伽利略无法用直接测量运动速度的方法来寻找自由落体的运动规律。因此他设想用斜面来"冲淡"重力，"放慢"运动，而且把速度的测量转化为对路程和时间的测量，并把自由落体运动看成为倾角为 90°的斜面运动的特例。在这一思想的指导下，他做了一个 6 米多长、3 米多宽的光滑直木板槽，再把这个木板槽倾斜固定，让铜球从木槽顶端沿斜面滚下，然后测量铜球每次滚下的时间和距离的关系，并研究它们之间的数学关系。亚里士多德曾预言滚动球的速度是均匀不变的：铜球滚动两倍的时间就走出两倍的路程。伽利略却证明铜球滚动的路程和时间的平方成比例：两倍的时间里，铜球滚动 4 倍的距离。他把实验过程和结果详细记载在 1638 年发表的著名的科学著作《关于两门新科学的对话》中。

伽利略在实验的基础上，经过数学的计算和推理，得出假设；然后再用实验加以检验，由此得出正确的自由落体运动规律。这种研究方法后来成了近代自然科学研究的基本程序和方法。

伽利略的斜面加速度实验还是把真实实验和理想实验相结合的典范。伽利略在斜面实验中发现，只要把摩擦减小到可以忽略的程度，小球从一斜面滚下之后，可以滚上另一斜面，而与斜面的倾角无关。也就是说，无论第二个斜面伸展多远，小球总能达到和出发点相同的高度。如果第二斜面水平放置，而且无限延长，则小球会一直运动下去。这实际上是我们现在所说的惯性运动。因此，力不再是亚里斯多德所说的维持运动的原因，而是改变运动状态（加速或减速）的原因。

把真实实验和理想实验相结合，把经验和理性（包括数学论证）相结合的方法，是伽利略对近代科学的重大贡献。实验不是也不可能是自然现象的完全再现，而是在人类理性指导下的对自然现象的一种简化和纯化，因而实验必须有理性的参与和指导。伽利略既重视实验，又重视理性思维，强调科学是用理性思维把自然过程加以纯化、简化，从而找出其数学关系。因此，是伽利略开创了近代自然科学中经验和理性相结合的传统。这一结合不仅对物理学，而且对整个近代自然科学都产生了深远的影响。正如爱因斯坦所说："人的思维创造出一直在改变的宇宙图景，伽利略对科学的贡献就在于毁灭直觉的观点而用新的观点来代替它。这就是伽利略的发现的重要意义。"

排名第九：卢瑟福散射与原子的有核模型

卢瑟福（1871—1937）在 1898 年发现了 α 射线。1911 年卢瑟福在曼彻斯特大学做放射能实验时，原子在人们的印象中就好像是"葡萄干布丁"，即大量正电荷聚集的糊状物质，中间包含着电子微粒，但是他和他的助手发现向金箔发射带正电的 α 射线微粒时有少量被弹回，这使他们非常吃惊。通过计算证明，只有假设正电球集中了原子的绝大部分质量，并且它的直径比原子直径小得多时，才能正确解释这个不可想象的实验结果。为此卢瑟福提出了原子的有核模型：原子并不是一团糊状物质，大部分物质集中在一个中心的小核上，称之为核子，电子在它周围环绕。

这是一个开创新时代的实验，是一个导致原子物理和原子核物理肇始的具有里程碑性质的重要实验。同时他推演出一套可供实验验证的卢瑟福散射理论。以散射为手段研究物质结构的方法，对近代物理有相当重要的影响。一旦我们在散射实验中观察到卢瑟福散射的特征，即所谓"卢瑟福影子"，则可预料到在研究的对象中可能存在着"点"状的亚结构。此外，卢瑟福散射也为材料分析提供了一种有力的手段。根据被靶物质大角散射回来的粒子能谱，可以研究物质材料表面的性质（如有无杂质及杂质的种类和分布等），按此原理制成的"卢瑟福质谱仪"已得到广泛应用。

排名第十：米歇尔·傅科钟摆实验

1851 年，法国著名物理学家傅科（1819—1868）为验证地球自转，当众做了一个实验，用一根长达 67 m 的钢丝吊着一个重 28 kg 的摆锤(摆锤直径 0.30 m),摆锤的头上带有钢笔,可观测记录它的摆动轨迹。傅科的演示说明地球是在围绕地轴旋转。在巴黎的纬度上,钟摆的轨迹是顺时针方向,30 小时一周期;在南半球,钟摆应是逆时针转动;而在赤道上将不会转动;在南极,转动周期是 24 小时。

这一实验装置被后人称为傅科摆,也是人类第一次用来验证地球自转的实验装置。该装置可以显示由于地球自转而产生科里奥利力的作用效应,也就是傅科摆振动平面绕铅垂线发生偏转的现象,即傅科效应。实际上这等同于观察者观察到地球在摆下的自转。

参考文献

［1］　孟尔熹,曹尔第. 实验误差与数据处理［M］. 上海:上海科学技术出版社,1988.

［2］　刘才明. 物理实验中不确定度的简化模式及其表示［J］. 实验室研究与探索,1997 (2):5-10.

［3］　国家质量技术监督局. JJF1059—1999 测量不确定度评定与表示［S］. 北京:中国计量出版社,1999.

［4］　王宝升,张爱军. 大学物理实验［M］. 青岛:青岛海洋大学出版社,2001.

［5］　丁振良. 误差理论与数据处理［M］. 哈尔滨:哈尔滨工业大学出版社,2002.

［6］　吴平. 大学物理实验教程［M］. 机械工业出版社,2005.

［7］　杜全忠. 采用不确定度评定和分析实验误差初探［J］. 大学物理实验,2006,19(4): 45-51.

［8］　赵亚林,周在进. 大学物理实验［M］. 南京:南京大学出版社,2006.

［9］　费业泰. 误差理论与数据处理［M］. 机械工业出版社,2010.